WORD SEARCH

NATURAL HISTORY

EARTH'S TREASURES

Parragon

Published 2023 by Parragon Books, Ltd.

5005 Newport Drive, Rolling Meadows, Illinois 60008
www.cottagedoorpress.com

Front cover:
Tippett, Donn L., *Fenimorea kathyae*, 1995. Taxonomic Notes On The Western Atlantic Turridae, (Gastropoda: Conoidea). Nautilus. 109 (4): 127-138. Accessed August 25, 2022 from si.edu.

Back cover:
Tyrannosaurus rex Osborn, 1905. National Museum of Natural History, Washington DC. Reptilia Dinosauria Theropoda. Accessed June 27, 2022 from si.edu.

ISBN: 978-1-64638-765-6

A portion of the proceeds from the sale of this book goes to support the Smithsonian's educational mission.

Habitats

No. 1

```
E J C N G C L Z C A V D E R S E M D
T I J O R M T D W K V F E U W N S N
A Z V Q P U N C B O F E O O E V C A
R M O U N T A I N S F R O A T I H L
E V G W O Y L D X S E D F T L R A S
P K O T B R B H L F L R G O A O B S
M R W X W U Z Z I A R A C B N N I A
E C A X N Y O N N E C I S B D M T R
T J T L J I O D T S X I V F S E A G
C P F C O C B S Q E M B P E U N T O
J Q B T L P E D V U J R S O R T C C
F E G C M R Z B E F A L U S R S T E
Q I Z V O B I O D I V E R S I T Y T
D L W F O O I S X O S A N N A V A S
F W U T M B H A L T R E S E D P M P
J R R E T U G G S N A E C O W W P P
Q Q N R U J Q H U I S B O T T F W E
A C N Z E E Q W W B G T G I B R P M
```

BIODIVERSITY	GRASSLAND	RIVERS
BIOME	HABITAT	SAVANNA
CONIFEROUS	MOUNTAINS	TEMPERATE
DESERT	OCEANS	TROPICAL
ENVIRONMENT	POLAR	WETLANDS
FOREST	REEFS	WOODLAND

"Habitat" refers to an individual organism's natural environment, the one to which it is specifically adapted. Biodiversity occurs when many organisms live in the same habitat. This biological community makes up the ecosystem.

No. 2

Classification

M	I	F	L	S	O	E	Z	N	B	Z	E	J	O	L	L	B	L
A	O	Z	A	H	U	R	V	W	R	Z	F	U	L	A	A	S	K
H	E	D	O	M	I	E	W	O	Q	M	E	N	D	I	E	Y	N
W	F	V	G	K	I	E	A	W	L	T	H	Q	C	M	B	M	O
U	N	V	W	N	M	L	S	N	X	U	Z	I	L	O	S	I	N
T	N	A	O	Q	I	S	Y	S	N	O	T	S	A	N	U	D	N
A	W	M	Q	P	A	K	E	J	Q	I	P	I	I	I	B	U	O
Q	Y	U	R	L	F	N	R	F	F	E	L	Y	O	B	S	A	R
O	S	L	C	O	R	D	E	R	C	K	G	M	K	N	P	Y	R
N	N	Y	H	H	X	U	M	I	J	C	E	O	D	Y	E	Y	S
X	I	H	G	L	S	I	E	H	J	W	N	N	W	W	C	T	F
N	O	P	B	Q	B	S	M	I	V	F	U	O	T	G	I	T	D
E	L	T	O	T	S	I	R	A	M	R	S	X	X	W	E	Q	L
N	I	A	M	O	D	X	H	Y	C	B	G	A	L	Z	S	S	Z
A	D	C	L	A	S	S	I	F	I	C	A	T	I	O	N	T	B
O	Y	K	A	T	B	P	N	Y	G	O	L	O	H	P	R	O	M
F	M	P	H	Y	L	O	G	E	N	E	T	I	C	P	V	B	P
V	M	N	A	C	X	I	V	C	S	E	L	Y	S	S	F	I	V

ARISTOTLE
BINOMIAL
CLASS
CLASSIFICATION
DOMAIN
EVOLUTION
FAMILY
GENUS
KINGDOM
LINNAEUS
MORPHOLOGY
ORDER
PHYLOGENETIC
PHYLUM
SPECIES
SUBSPECIES
TAXONOMY

One taxonomic classification system used today was developed in the eighteenth century by Carl Linnaeus. It groups organisms by common characteristics. Another approach, called phylogenetics, was introduced in the 1950s. It groups organisms by their evolutionary histories.

Paleontology Words

No. 3

```
S S Z E O Z X R X S L O H M L Y B O
T U J Z X V Z C K P F N M A R J F U
E F I L E I Z Q L K E M S O M W W V
P T U Y D U T S K C Z Q T R F M N T
Q U N I L L T C J O Z S B E Z I E O
I M G E H I C U E R I P L S B O A R
M M N H M V S W E H B H B E H J M U
Y G Q H Z N U S L B T M E A M Q C U
K T L U F V O A O I O N F R C Q J R
C H I S E L R R K F Y R Y C J J T E
V N K N Q U G D I R L O P H C I S B
R Z N S T C L I D V H J W Z I J C M
G E W A L E R I I P N L D B O J B A
I Y N M I V K N Y Y J E I V S D R G
L J V F J F A M W P S X H V E A U P
O O M U K C K F Y Y O Q G L I P S F
G K T W E X T I N C T H Y K P N H N
E R U S A E M E P A T V J H G I G W
```

AMBER
BRUSH
CHISEL
DIG
ENVIRONMENT
EXTINCT
FIELD KIT
FOSSIL
HAMMER
LIFE
LIVING
NATURAL HISTORY
PROBE
RESEARCH
ROCK
STUDY
TAPE MEASURE
VINAC

Paleontology, the study of life before modern humans, can be thought of as a mystery to solve. Paleontologists, the detectives on the case, employ techniques from geology and biology to literally unearth clues to the past and understand their significance.

No. 4

Types of Life

C	S	T	N	O	K	O	R	E	T	E	H	R	B	F	H	Y	J
S	X	E	A	D	D	D	S	H	U	A	E	H	A	T	Z	Z	M
H	L	I	T	M	Y	L	F	K	M	P	E	I	C	A	U	W	O
S	A	A	G	A	A	V	A	E	T	B	Y	Z	T	O	Z	F	J
W	T	D	M	M	L	R	Y	I	H	C	Y	A	E	T	P	A	Y
A	W	N	I	M	Y	O	L	X	L	S	J	R	R	N	O	M	Q
R	R	N	A	O	A	E	E	F	E	B	C	I	I	C	C	P	A
Y	A	C	T	L	S	M	B	V	E	K	N	A	A	G	G	H	Z
H	Z	E	H	R	P	X	S	O	L	X	G	N	S	D	R	I	B
S	S	M	P	A	Y	K	D	V	P	A	C	S	O	I	O	B	Q
K	F	L	O	W	E	R	I	N	G	P	L	A	N	T	S	I	M
S	D	J	U	N	Z	A	Z	Y	X	X	H	Y	V	D	Y	A	Q
U	T	V	E	R	T	E	B	R	A	T	E	S	O	A	E	N	R
L	T	Q	A	T	S	K	A	G	I	R	X	E	B	J	T	S	G
L	S	T	S	I	T	O	R	P	G	V	G	J	Z	C	S	E	C
O	V	A	V	I	U	L	A	M	N	H	C	S	Y	E	G	H	S
M	L	G	Z	O	K	G	P	C	U	V	M	Q	N	Y	M	N	F
I	C	M	N	D	F	Q	Q	H	F	A	E	P	X	X	C	G	Y

ALVEOLATES
AMPHIBIANS
ANIMALS
ARCHAEA
BACTERIA
BIRDS
EUKARYOTES
EXCAVATES
FLOWERING PLANTS
FUNGI
HETEROKONTS
MAMMALS
MOLLUSKS
PLANTS
PROTISTS
REPTILES
RHIZARIANS
VERTEBRATES

Although the notion of a "Tree of Life" features prominently in many religious traditions, a naturalist named Peter Pallas introduced it as a way to represent natural life in 1766. In 1837, Charles Darwin expanded the concept to include the evolution of plants and animals.

Early Life

No. 5

D K L C M W V D A N S M X C Z Y X S
E T H S R S U M D T U S I J Y K E B
L Q Y W S D I A C L O P P K O M Q O
L C H S X T R N T M O Y G H O V V U
E S H A E C R I A C Q F R S G S I U
C Q D E H T C O S G G A O A E L I D
E K R A M E A O M U R M P N K A G A
L U E W L O R R A A O O E U T U Z W
G A N L C C S F B R T G T G O A E G
N D E A I M V Y H E V O L U T I O N
I D P M E S E C N R T M L I J D E W
S E R S K K V P M T Z R V I J Q E I
H Y P L U W Q I M M H J E X T X V W
N B D L W U K C J E B E J V G E W A
E D M E X D T H D X E A S B N A S X
A K A C A I R E T C A B P I F I U I
P H O T O S Y N T H E S I S S E D A
L I S S O F R E P R O D U C T I O N

ARCHAEA	EVOLUTION	ORGANISM
BACTERIA	FOSSIL	PHOTOSYNTHESIS
CELLS	GENES	REPRODUCTION
CHEMOSYNTHESIS	INVERTEBRATES	SINGLE-CELLED
CHROMOSOMES	MICROSCOPIC	STROMATOLITES
EUKARYOTA	MULTICELLED	WIWAXIA

Life on Earth began at least 3.7 billion years ago. To be "alive" an organism must show the ability to do things like capture and use energy, go through developmental changes, reproduce, adapt to its surroundings, or communicate.

No. 6

Jurassic Period

K	J	Z	R	Z	S	B	U	R	N	A	F	N	Y	K	S	Q	F
Q	W	U	R	E	I	J	U	G	I	L	H	H	X	O	H	Y	P
R	M	E	N	Y	F	A	J	F	E	L	W	V	V	R	A	N	E
H	A	K	P	U	S	I	W	N	I	O	R	A	K	N	N	H	K
U	E	T	C	O	P	N	N	S	D	S	O	A	R	S	E	S	A
M	Y	Q	N	D	S	Z	B	O	V	A	H	G	W	M	Y	R	N
I	P	I	B	A	O	U	U	A	C	U	T	L	G	V	C	S	D
D	D	D	Y	C	F	E	R	N	C	R	E	J	I	H	S	U	L
A	C	M	D	Y	T	T	W	U	J	U	Y	T	A	Z	G	X	D
G	B	T	D	C	T	F	J	U	A	S	Q	E	Y	N	A	O	W
N	U	U	T	G	S	U	R	U	A	S	O	I	H	C	A	R	B
G	L	N	N	J	A	A	V	R	J	P	O	P	U	W	T	K	D
C	S	X	K	D	M	G	D	Y	T	S	L	G	K	E	D	A	S
D	W	F	N	A	A	X	O	E	E	N	I	A	E	T	B	Z	U
N	Z	P	I	N	H	N	R	E	W	J	K	K	G	T	Q	J	W
N	D	A	J	P	Q	Y	C	A	W	H	N	R	Q	I	S	A	E
Z	S	V	V	D	X	C	Y	E	F	T	R	N	G	O	Z	P	M
I	N	S	U	B	T	R	O	P	I	C	A	L	J	K	S	N	M

ABUNDANCE
ALLOSAURUS
ARCHAEOPTERYX
BRACHIOSAURUS
CONIFER
CYCAD
DINOSAUR
FERN
FISH LIZARD
HUMID
JURAMAIA
LUSH
STEGOSAURUS
SUBTROPICAL
WARM
WET

For nearly 60 million years, giant dinosaurs thrived in the flourishing ecosystems of the Jurassic Period. Apex predators like Allosaurus roamed the plains of what we now call North America. The first described Allosaurus fossil was discovered in Colorado.

Cretaceous Period

No. 7

A	F	K	G	O	L	F	X	C	Y	C	A	D	M	U	Y	C	H
G	I	O	D	T	G	E	F	V	H	I	E	I	R	X	O	O	A
U	W	D	F	A	R	Q	S	C	D	W	R	N	A	O	D	M	I
M	Y	W	I	T	X	A	E	T	G	T	W	O	W	W	Q	T	H
D	P	K	N	M	U	M	C	H	J	N	L	S	X	P	G	P	C
C	O	S	P	R	A	O	E	O	N	T	Y	A	U	F	S	C	A
G	O	E	O	U	K	R	D	K	N	F	G	U	X	Y	H	E	L
W	A	P	M	B	K	M	A	E	D	I	O	R	E	T	S	A	A
O	O	R	F	A	S	N	N	L	C	C	F	I	Z	D	Z	O	P
D	M	J	E	H	O	I	L	U	J	C	R	E	N	C	N	K	P
K	U	M	D	C	T	E	J	H	I	T	A	A	R	T	C	K	A
A	M	M	O	N	I	T	E	R	N	Z	L	N	K	L	P	B	V
I	R	I	O	M	B	O	S	B	N	N	H	J	T	J	C	B	R
H	C	C	E	Q	N	U	Z	V	I	B	U	Q	T	R	E	W	N
Q	C	X	I	A	N	G	I	O	S	P	E	R	M	D	A	J	W
Q	Z	C	Q	Z	Z	G	H	L	S	Z	L	Y	K	L	Y	P	I
P	J	P	N	O	I	T	A	T	N	E	M	I	D	E	S	O	S
U	X	K	F	T	E	F	X	Q	T	G	M	C	B	K	B	X	V

AMMONITE
ANGIOSPERM
APPALACHIA
ASTEROID
CONIFER
CONTINENT
CYCAD
DECCAN TRAPS
DINOSAUR
INLAND SEA
LARAMIDIA
MESOZOIC ERA
SAUROPOD
SEDIMENTATION
T. REX
WARM

The Cretaceous Period ended with a bang. Or a couple bangs. Recent research suggests that when a meteorite struck Mexico, it exacerbated volcanic eruptions already occurring in the Deccan Traps region of India. Mass extinction followed.

No. 8

Asteroids

W	G	B	J	C	C	I	A	W	I	I	V	D	N	V	S	C	O
I	F	N	L	X	A	H	W	D	F	I	T	N	J	O	B	D	I
T	M	P	E	G	N	F	E	L	D	V	E	S	K	U	E	I	J
I	T	K	I	W	A	B	L	L	Y	O	S	T	L	T	P	T	E
V	U	P	O	A	K	J	V	I	Y	R	Q	U	N	D	B	U	M
I	O	X	L	R	F	O	R	N	K	A	X	B	I	H	P	N	W
P	Q	U	A	A	L	T	R	V	Y	C	B	U	T	N	C	U	R
S	L	O	M	K	M	V	Z	O	I	X	L	I	L	M	R	K	N
T	U	F	U	I	P	T	S	H	M	L	C	T	N	K	N	T	E
Q	C	D	K	L	N	N	C	S	G	A	W	M	C	S	S	U	Q
Q	U	A	B	V	R	E	D	E	F	O	R	T	A	I	K	N	F
C	L	V	P	U	N	V	F	G	O	D	F	L	C	Y	T	G	Y
V	L	H	W	M	R	E	L	D	A	M	W	S	R	W	D	U	G
V	X	R	E	Z	I	Y	L	A	R	W	J	S	A	B	D	S	E
K	W	K	S	E	J	E	R	E	T	A	R	C	M	E	I	K	I
J	E	X	B	W	I	K	S	C	C	V	J	R	A	I	K	A	L
B	U	Q	Q	G	N	A	G	A	U	O	C	I	N	A	M	O	H
T	C	C	H	E	S	A	P	E	A	K	E	B	A	Y	I	M	W

ACRAMAN
CHELYABINSK
CHESAPEAKE BAY
CHICXULUB
CRATER
EVENT
IMPACT
KARA
MANICOUAGAN
MOROKWENG
NEO
POPIGAI
SUDBURY
TUNGUSKA
VREDEFORT
WOODLEIGH

Chances of a major asteroid impact are slim, but not zero. It takes 5–10 years of preparation to alter the course of an asteroid, so NASA is mapping the dangerous ones now. They've identified 40 percent of them so far.

Historic Landmasses

No. 9

A	R	A	F	J	P	D	H	V	M	P	Q	W	A	X	D	Y	I
P	N	O	Y	O	P	U	A	F	A	T	F	M	R	U	I	R	E
P	Y	Q	D	D	A	A	Z	C	F	B	U	Y	Q	B	A	A	U
A	Q	J	K	I	L	Q	I	A	R	L	D	G	H	F	C	C	L
L	U	P	K	B	N	R	C	D	A	M	W	O	O	O	A	I	N
A	I	B	A	X	E	I	G	R	N	E	V	Z	C	R	C	T	N
C	T	R	A	M	T	O	A	A	E	A	G	N	A	P	I	L	W
H	A	Y	A	N	N	M	B	Z	R	U	L	I	B	M	T	A	P
I	A	R	A	D	I	Z	Y	Y	D	I	E	R	X	E	C	B	Q
A	U	L	W	D	C	D	R	U	O	P	D	M	O	T	R	C	P
E	T	A	I	B	R	O	V	U	Z	Z	S	G	U	N	A	R	A
A	N	A	I	S	C	C	O	L	U	M	B	I	A	S	E	C	N
A	K	T	X	N	Z	Q	B	Z	L	D	Z	E	W	X	A	K	N
Q	E	D	I	D	O	L	A	U	R	A	S	I	A	U	J	D	O
D	L	O	Q	J	Z	L	W	V	H	Z	Z	N	O	D	R	X	T
P	Y	G	L	O	S	N	A	Q	B	G	G	T	M	Z	S	O	I
V	E	K	E	F	G	T	C	V	O	X	P	M	W	P	M	M	A
C	E	U	J	A	Z	V	A	O	A	C	Q	E	K	P	O	C	H

APPALACHIA
ARCTICA
ATLANTICA
AVALONIA
BALTICA
COLUMBIA
EURAMERICA
GONDWANA
KENORLAND
LARAMIDIA
LAURASIA
PANGAEA
PANNOTIA
RODINIA
UR
VAALBARA

Around 1910, German geophysicist Alfred Wegener noticed how nicely the continents could fit together, like pieces of a puzzle. He suggested they'd separated from larger landmasses over time in a process called "continental drift." Later, plate tectonics confirmed his theory.

No. 10

Pangaea

V	X	X	M	W	R	F	P	A	L	A	L	X	Z	A	V	P	Q
C	L	R	A	S	U	R	I	R	N	B	U	I	E	M	P	N	X
Y	B	N	N	K	P	A	T	T	C	A	K	J	U	E	U	V	K
W	I	T	T	X	G	A	A	E	P	E	H	S	U	R	L	A	A
A	H	Z	L	R	X	R	N	T	E	C	T	O	N	I	C	I	R
S	U	P	E	R	C	O	N	T	I	N	E	N	T	C	S	G	W
X	E	U	B	T	A	V	C	P	H	O	P	I	D	A	W	X	M
T	F	D	I	I	Q	I	W	F	L	A	Z	L	R	Y	F	N	L
I	G	C	Z	H	Y	P	D	Q	A	B	L	U	A	F	W	A	Q
A	A	N	G	H	E	B	B	N	C	I	E	A	C	T	N	M	H
A	I	L	A	R	T	S	U	A	I	W	R	Z	S	D	E	Q	T
E	M	L	J	B	W	C	O	P	R	V	A	T	M	S	R	P	R
S	C	K	Y	U	P	U	O	U	F	H	W	A	F	L	A	N	A
M	F	D	N	U	X	D	Q	G	A	V	S	H	H	I	H	W	E
J	L	I	V	V	B	D	G	U	L	S	L	P	J	X	R	O	L
X	B	Q	P	E	L	O	P	C	I	T	E	N	G	A	M	D	L
H	T	J	T	D	A	C	V	I	S	A	F	D	V	C	G	T	A
M	C	K	Q	H	G	S	Y	W	R	J	J	V	H	A	R	M	I

AFRICA
DRIFT
MANTLE
ALL EARTH
EURASIA
PANTHALASSA
AMERICA
GAIA
PLATE
ANTARCTICA
INDIA
SUPERCONTINENT
AUSTRALIA
LANDMASS
TECTONIC
MAGNETIC POLE

About 250 million years ago, all land existed as a single supercontinent: Pangaea. The continents drifted apart and became the lands we recognize today, but they're still moving. In the next 200 million years, the land might be reunited as Pangaea Proxima.

Mountain Ranges and Peaks

No. 11

A	Q	J	I	C	W	O	H	C	Z	N	P	T	M	C	T	O	S
D	N	G	M	U	K	T	Q	H	A	I	I	J	O	E	S	X	Q
R	I	D	K	U	Q	K	E	I	K	A	A	D	Z	N	E	W	K
R	Q	M	E	Y	I	G	H	E	N	K	C	K	G	U	R	U	X
A	T	C	P	S	P	C	S	S	W	O	Y	Y	Y	R	E	B	M
P	K	G	N	Q	A	P	H	N	R	C	Z	B	C	D	V	Y	Y
V	N	I	B	L	E	A	C	A	S	A	S	O	J	L	E	N	T
M	T	A	A	A	N	S	J	E	A	U	S	E	A	N	P	R	C
D	O	P	K	W	F	N	M	V	Y	C	Z	M	I	U	U	R	T
A	P	F	F	D	A	V	O	I	A	A	C	S	R	K	R	E	T
A	W	S	Z	M	T	W	N	R	L	S	X	F	L	X	C	C	R
N	G	H	I	Q	X	X	T	F	A	U	D	K	F	M	W	O	E
X	R	L	A	G	G	X	B	C	M	S	A	A	L	P	S	K	R
F	I	D	U	K	J	L	L	Q	I	G	E	B	V	F	Y	W	L
K	F	E	H	C	V	X	A	M	H	Z	H	A	Q	K	T	K	X
D	F	U	J	W	B	I	N	V	Y	S	N	Y	S	F	N	N	U
I	Q	U	J	Z	R	M	C	K	H	H	D	E	N	A	L	I	I
W	Z	V	K	I	A	U	G	A	C	N	O	C	A	L	A	R	U

ACONCAGUA
DENALI
MONT BLANC
ANDES
EVEREST
PIKES PEAK
ALPS
FUJI
ROCKIES
APPALACHIAN
HIMALAYAS
TIAN SHAN
CAUCASUS
KILIMANJARO
URAL

Many mountain ranges are the result of tectonic collisions. When impacts occur, one plate goes under the other, forcing the land above it skyward. Because newer mountains like the Himalayas have had less time to erode, the tallest peaks are generally the youngest.

No. 12

Oceans and Seas

H	R	E	Q	Z	N	B	C	A	F	X	J	D	X	Z	H	C	R
H	S	U	M	L	A	I	R	E	N	I	P	P	I	L	I	H	P
Q	P	I	S	O	T	C	U	B	C	F	Q	U	X	T	J	N	V
T	C	E	R	N	T	P	J	O	X	I	O	X	A	O	R	C	H
I	L	L	A	I	C	W	D	D	V	D	T	I	E	E	O	Y	S
E	L	L	C	A	H	O	V	L	S	X	R	L	H	I	S	H	J
C	T	K	C	A	L	B	S	Q	L	D	I	T	A	C	S	E	Z
A	N	A	I	D	N	I	D	E	A	D	U	C	G	B	A	B	M
Z	F	S	Z	D	R	S	W	R	L	O	L	A	S	Q	G	J	R
B	E	H	D	I	M	P	S	M	S	H	G	R	A	D	R	Z	Q
F	H	D	K	I	H	L	D	X	P	O	Y	I	X	Z	A	J	S
W	K	D	L	H	N	X	U	A	D	V	U	B	C	Y	S	R	U
M	B	T	E	Q	O	D	C	D	T	E	L	B	X	W	A	A	C
D	N	B	D	U	W	I	U	R	X	T	R	E	E	V	E	R	T
F	I	V	B	A	F	W	K	P	J	D	F	A	I	G	F	N	F
P	Z	N	A	I	P	S	A	C	N	S	T	N	E	H	U	L	X
Q	N	O	C	M	E	D	I	T	E	R	R	A	N	E	A	N	B
S	O	U	T	H	C	H	I	N	A	T	N	G	N	I	R	E	B

ADRIATIC
AEGEAN
ARCTIC
ATLANTIC
BALTIC
BERING
BLACK
CARIBBEAN
CASPIAN
DEAD
INDIAN
IRISH
PACIFIC
PHILIPPINE
RED
SARGASSO
SOUTH CHINA
SOUTHERN
MEDITERRANEAN

What is an ocean and what is a sea? The distinction can be subtle. The big difference is size—oceans are much bigger—but the presence of land is a clue, too. The borders of most seas are at least partially defined by land.

Big and Great Lakes

No. 13

M	T	W	J	B	S	U	X	G	P	Z	F	W	Q	P	L	G	V
T	F	G	R	E	A	T	B	E	A	R	L	I	J	O	Y	B	I
Y	V	F	Y	C	K	C	L	L	Y	U	N	N	A	J	E	M	C
T	E	S	R	O	C	Z	V	J	T	G	C	N	A	Q	Q	Q	T
Y	X	M	U	I	R	J	Y	E	H	Z	V	I	O	Z	M	V	O
P	R	R	K	T	Q	H	D	A	R	H	S	P	E	C	A	J	R
M	Z	C	S	B	A	C	I	O	W	Y	E	E	Y	O	G	D	I
Z	M	B	O	Z	J	N	W	D	H	T	E	G	S	G	O	P	A
P	Y	R	C	B	L	T	G	I	P	M	C	J	H	V	D	F	Z
R	O	I	R	E	P	U	S	A	K	O	T	S	O	V	A	S	A
N	W	O	N	T	A	R	I	O	N	M	M	Q	M	B	L	C	E
A	G	U	Z	A	Y	G	I	B	L	Y	I	A	A	Y	A	T	L
X	U	Z	G	V	G	Q	D	W	T	E	I	I	L	C	B	P	W
K	X	O	A	C	N	I	P	T	I	C	K	K	I	A	T	E	X
X	L	K	S	D	O	K	H	R	Y	A	I	T	A	D	W	J	B
E	X	G	F	U	R	V	E	C	L	U	I	M	P	D	D	I	A
U	J	F	E	M	U	N	R	H	I	T	Z	G	P	M	M	O	N
H	C	W	S	C	H	C	Q	Z	Y	M	U	Z	W	D	C	X	T

BAIKAL
ERIE
EYRE
GREAT BEAR
HURON
LADOGA
MALAWI
MICHIGAN
ONTARIO
QINGHAI
SUPERIOR
TANGANYIKA
TITICACA
VICTORIA
VOSTOK
WINNIPEG

What is the world's largest lake? That depends on how it's measured. By surface area, the largest freshwater lake in the world is Lake Superior. By depth or volume, the title goes to Lake Baikal in Russia.

No. 14

Minerals: General

Y	Z	Y	K	U	M	R	E	T	E	V	W	C	B	B	D	H	E
W	S	V	T	P	T	S	T	E	L	W	H	U	A	K	G	T	M
J	P	L	O	G	G	M	A	T	A	Y	U	B	Y	H	A	O	G
E	D	I	F	L	U	S	N	R	C	Q	J	I	E	N	N	S	U
L	L	F	K	M	D	I	O	A	S	T	Y	C	E	O	U	X	W
D	A	U	S	W	M	Z	B	G	S	M	Z	S	C	F	Q	G	H
L	M	N	S	I	W	Z	R	O	H	H	R	L	J	S	G	B	U
D	W	O	O	T	K	G	A	N	O	A	I	H	A	L	I	D	E
S	N	B	D	G	E	M	C	A	M	N	U	M	O	Z	H	C	E
C	B	X	O	Y	I	R	R	L	I	V	M	M	H	L	Q	Y	Q
E	R	H	E	F	X	R	U	C	L	A	N	O	G	A	X	E	H
M	D	Y	I	W	Y	Y	T	C	I	N	I	L	C	I	R	T	S
R	E	I	S	O	R	T	H	O	R	H	O	M	B	I	C	V	T
I	K	G	X	T	C	O	M	P	O	U	N	D	V	T	O	C	R
I	Q	C	S	O	A	O	G	O	F	E	R	W	A	H	H	S	U
B	X	O	I	N	B	L	G	G	K	V	P	S	Z	L	S	O	N
U	E	V	N	H	C	U	W	G	I	P	D	O	J	N	T	T	Z
Y	H	R	Q	H	Z	L	L	C	B	F	A	M	Z	P	O	S	N

ARSENATE
CARBONATE
COMPOUND
CRYSTAL
CUBIC
GEM
HALIDE
HEXAGONAL
LUSTER
MOHS SCALE
MONOCLINIC
ORTHORHOMBIC
OXIDE
STRUNZ
SULFIDE
TETRAGONAL
TRICLINIC
TRIGONAL

This is the stuff rocks are made of. There are thousands of individual minerals, but they have some things in common. Most importantly, a true mineral is inorganic. That means something like amber, hardened tree resin, does not technically count.

Native Elements

No. 15

```
E W A K R N J A M N M Y T K A A G W
L I W B R K Q H O X U P E U X G Y Y
Y A R E P P O C I I N E Z Q S N F Z
H R T A R S E N I C I M H R E D T J
X S U E N I C K E L T X E C M L R I
T O Q C M S S E E N A V M L I O N M
A R N X R N Q J W V L P R D M G X N
Q N G H N E O I S I P P N Y E N B U
T U T H M E M N S U V N Z A T B V C
K B B I P U B X Y J L I K X A T T C
Z Q I N M I N U M D N F W J L S G E
J R B F S O O I O C M I U A M Y P P
A I D M R A N P M Y X P V R N O R I
F B U C B I U Y M U A J M R E M H L
K T A R F U B K P A L E N N J E V Z
H O F O D N O M A I D A R X E T D E
B N B S D E E T I H P A R G Z A P R
Q H B T Y S U U D Z X T Q K N L Z B
```

ALUMINUM	GOLD	NONMETAL
ANTIMONY	GRAPHITE	PLATINUM
ARSENIC	IRON	SEMIMETAL
BISMUTH	MERCURY	SILVER
COPPER	METAL	SULFUR
DIAMOND	NICKEL	ZINC

These minerals are unique because they can be found in their purest form, unmixed with other materials. There are only about 20, but they are very economically important. They can be found in products as different as fertilizers, spark plugs, and jewelry.

No. 16

Gemstones

E	W	L	H	V	K	L	T	S	K	S	J	N	Q	Y	S	P	I
N	L	F	A	D	T	O	A	U	Z	D	U	K	Z	P	O	L	F
I	A	T	Q	M	D	P	Q	P	I	E	W	Y	I	I	U	T	T
L	P	D	G	I	P	P	L	W	R	Z	M	N	O	Z	I	A	O
A	T	L	R	H	I	L	Y	Y	C	C	E	E	A	Z	N	J	N
M	G	E	I	I	I	J	Z	R	O	L	N	L	R	Z	W	Z	Q
R	P	R	A	V	H	I	Z	T	N	W	S	L	A	A	X	E	U
U	E	J	A	D	E	T	K	N	O	I	K	N	J	A	L	G	Z
O	R	D	N	O	M	A	I	D	P	K	I	A	Q	T	T	D	T
T	U	L	X	M	J	F	H	A	A	T	C	M	P	L	E	T	W
R	B	S	R	Q	O	M	L	T	E	H	L	E	T	B	N	J	M
O	Y	C	S	A	Y	O	M	T	Y	K	Y	T	B	U	R	V	D
V	K	D	F	F	E	T	N	E	M	O	Z	H	O	N	A	A	Q
X	L	E	W	W	L	P	Z	S	W	E	O	Y	G	P	G	V	B
E	S	I	O	U	Q	R	U	T	T	F	G	S	L	L	A	U	W
A	Q	U	A	M	A	R	I	N	E	O	O	T	D	T	L	L	F
S	O	V	V	L	S	I	Y	C	Z	T	N	V	E	O	D	Z	T
A	H	O	U	M	W	K	C	X	J	X	O	E	P	T	J	H	K

AMETHYST	LAPIS LAZULI	SAPPHIRE
AQUAMARINE	MOONSTONE	SPINEL
DIAMOND	OPAL	TANZANITE
EMERALD	PEARL	TOURMALINE
GARNET	PERIDOT	TURQUOISE
JADE	RUBY	ZIRCON

At least since the ancient Greeks, gemstones have been divided into precious and semiprecious stones. Four stones form the elite first group: rubies, sapphires, emeralds, and diamonds. This distinction speaks to the translucence, hardness, and rarity of these stones.

Rocks

No. 17

U	D	Q	I	K	C	N	V	A	J	K	N	E	N	G	A	K	A
A	Y	J	G	R	I	K	I	I	L	F	R	I	N	Q	J	G	M
I	C	D	N	N	N	U	R	A	U	O	A	U	D	L	S	D	K
C	H	T	E	C	O	K	H	X	S	T	J	Z	U	E	W	J	L
M	P	Z	O	R	T	C	R	I	N	D	L	W	D	Q	Z	Z	Y
C	A	F	U	X	C	E	O	U	Z	L	M	I	W	C	F	K	C
T	K	G	S	L	E	N	O	H	X	C	M	G	R	J	L	P	U
V	S	V	M	U	T	M	Q	U	D	E	M	A	R	B	L	E	S
O	W	I	L	A	V	B	Q	G	N	H	W	U	Z	L	I	Q	E
L	H	U	G	Q	A	J	I	T	Y	E	H	N	L	C	I	I	O
C	A	T	C	O	I	M	A	P	Q	K	C	R	R	W	V	X	J
A	T	R	I	Z	L	R	C	I	H	P	R	O	M	A	T	E	M
N	A	H	E	L	Y	O	I	C	N	C	A	N	Y	O	N	P	G
O	R	V	V	Y	O	A	E	V	C	R	W	R	D	F	I	I	Y
G	T	B	O	T	F	H	K	G	Y	L	Y	U	T	C	S	J	U
F	S	O	O	U	O	D	T	Q	U	X	I	L	U	I	A	J	D
C	I	N	O	T	U	L	P	A	N	F	H	F	P	M	P	I	X
Q	Z	U	I	N	E	T	Z	A	B	U	C	E	F	G	D	I	B

BATHOLITH
CANYON
CHALK
CLIFF
EROSION
GEOLOGIST
IGNEOUS
MAGMA
MARBLE
METAMORPHIC
MOUNTAIN
PLUTONIC
SEDIMENTARY
STRATA
TECTONIC
VOLCANO

If rocks could talk, what a long story they would tell. Some have been around since Earth's earliest days, four billion years ago! Geologists study them to learn what Earth was like back then.

No. 18

Igneous Rocks

```
E X P C L E T L J I O T A U K B K P
G V K O S A X J G E V Y T S I M W E
Y L I V R R W N J O F E C A Q X M L
S X N S Z P I F P D P F D W U I P E
U V I E U M H O M L P T M C H A O S
Z P B N B R R Y W R X S Q P H E O H
W J D R Z B T U R H G X C O V T G A
Q Q I X B P U N U Y W D E J F A A I
N T T A S K J P I C Z H V M R R N R
E F G F O M E T I L O Y H R V E A G
E V I S U R T X E E T K I M T M I R
F F U T C I H T I L Y U P C K O D A
B M O B E L D N I P S U T I B L I N
E N O T S H C T I P M H U A W G S I
Y R E W H N C Q M I F Y S P X G B T
Y G E L I O Q R C H B A S B Q A O E
B H O M K J B E Z Y L C F L L R V P
L C D S C E M N C T Y Y Z L L U X Q
```

AGGLOMERATE
BASALT
EXTRUSIVE
GABBRO
GRANITE
IGNIMBRITE
INTRUSIVE
LITHIC TUFF
OBSIDIAN
PAHOEHOE
PELE'S HAIR
PITCHSTONE
PORPHYRY
PUMICE
RHYOLITE
SPINDLE BOMB

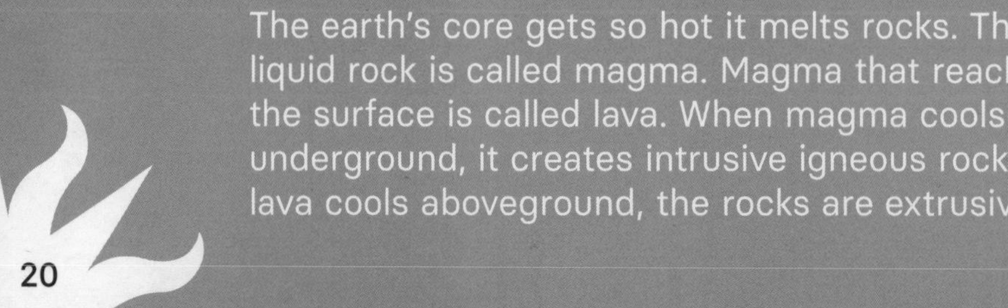

The earth's core gets so hot it melts rocks. The liquid rock is called magma. Magma that reaches the surface is called lava. When magma cools underground, it creates intrusive igneous rocks. When lava cools aboveground, the rocks are extrusive.

Metamorphic Rocks

No. 19

```
U T R S I G R S E F Q T N I F H T E
F Q Q O L G J R S J S E I E D A S T
S K A R N G D E U I G L L H S L I I
E K M Z Z Y U G U U E F A L P L H N
M T A R N U V I A T M N E T M E C I
Y Y I A P P H O Z G V F G C E F S T
W T M R L M Z N P F N F J Y O L Z N
G I P Z U W K A H R H H G M D I C E
C M D N H G L L O C E K C K O N X P
E L B R A M L H S C T B Y J V T S R
Q G K O W W V U L H O C T Q V A T E
B N A B Q J C B F F Y N U A N D S S
M E T A M O R P H I S M T Q V Q F N
E T I Z T R A U Q A T E M A V B V R
A Y K G X Z M A E R U B B N C Z V L
G N P Y R O X E N E O K Q B V T E N
K B R C G C I S X M L C P Y R F D C
J F G F D J A C C P E C D S D T G P
```

AUGEN
CONTACT
DYNAMIC
FULGURITE
GNEISS
HALLEFLINTA
HORNFELS
MARBLE
METAMORPHISM
METAQUARTZITE
PYROXENE
REGIONAL
SCHIST
SERPENTINITE
SKARN
SLATE

Heat and pressure can transform raw meat into food. So, too, they can transform one rock into another rock. What's the recipe for marble? Expose one lump of limestone to the extreme heat and pressure of the earth's crust. Allow to metamorphose. Enjoy!

No. 20

Sedimentary Rocks

G S S C I N A G R O L A V K S M E X
D Y Q T K K X C T R A V E R T I N E
K Y P V R K C G F I O L R I E Z O D
K G K S Q A T U F A I S O P H X T V
Q V B A U H T U T M C P C T Q H S W
Q O Y R J M D I E O I M K T D M N G
M E F G E I S S F F E G S N N C O R
U P M M Q C T H C I N Z A E N E R A
Y T N S L O C Z K D C S L Z I N I Y
P X T N N L Z I O T N A T C Z O S W
D L J E A E N L A E J U T Y Y T A A
K G A S V E O B E U D O B I Y S A C
C F T C S M X R C N W B E A O D P K
G I V S I E G I G F K O D U R N Q E
C E E T O M C T X X V A D O A A M U
L O E D Q P E U I L B B I E B S M W
L A N Y M T B H N F L M N Q U G K Y
H L R A M R K R C Y E L G Y D I P I

BEDDING
BRECCIA
CHEMICAL
CLASTIC
DOLOMITE
GRAYWACKE
GREENSAND
GYPSUM
IRONSTONE
LIMESTONE
LOESS
MARL
ORGANIC
ROCK SALT
SANDSTONE
STRATIFICATION
TRAVERTINE
TUFA

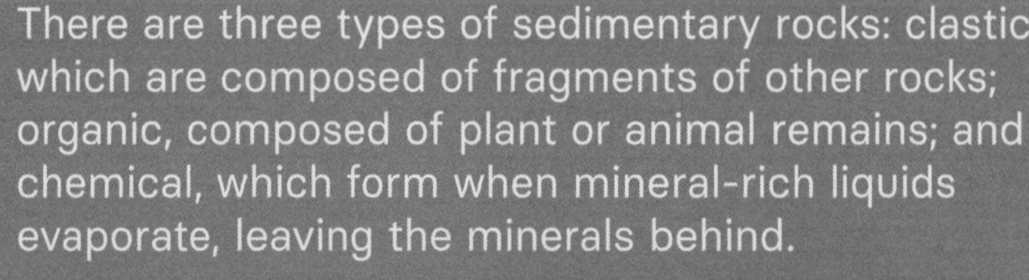

There are three types of sedimentary rocks: clastic, which are composed of fragments of other rocks; organic, composed of plant or animal remains; and chemical, which form when mineral-rich liquids evaporate, leaving the minerals behind.

Fossils

No. 21

F	S	R	E	B	M	A	J	S	E	R	E	H	P	H	L	C	Y
S	R	K	C	S	L	S	K	R	W	U	L	R	C	L	F	U	V
P	N	S	E	O	Q	V	Z	P	O	C	A	T	A	O	U	C	O
P	F	O	R	L	M	V	H	D	Y	P	C	D	L	E	P	E	M
N	J	S	I	I	E	P	U	G	C	W	S	Z	V	U	C	E	Q
F	T	H	P	T	K	T	A	L	V	V	E	Q	P	G	D	T	V
R	O	I	F	M	C	Z	O	C	A	F	M	N	I	S	E	R	X
R	A	I	R	B	O	N	E	N	T	C	I	K	Y	U	T	Y	G
Q	B	X	T	S	U	R	I	P	A	I	T	C	A	U	C	T	J
B	H	S	C	P	O	O	G	T	P	H	O	S	C	Z	I	R	T
R	B	L	L	S	A	W	K	V	X	M	U	N	E	N	O	A	I
K	M	I	I	Y	F	R	P	D	G	E	H	B	D	S	Z	C	R
T	F	O	S	A	E	K	S	Q	W	Y	D	I	H	B	O	E	M
T	N	A	V	B	R	T	X	R	X	O	J	A	H	M	E	S	C
U	T	S	I	O	N	J	T	X	I	A	L	G	B	L	L	B	Y
Y	R	G	Y	Z	C	Q	F	R	G	E	V	J	Q	N	A	U	B
H	P	L	Y	R	W	P	E	Y	R	U	U	E	Z	N	P	D	E
T	M	E	R	M	K	P	C	L	G	F	G	Y	U	U	A	H	C

AMBER
BONE
COMPACTION
DECAY
EPOCH
ERA
EROSION
EXTINCTION
PALEOZOIC
PERIOD
RESIN
SHALE
SKELETON
TIMESCALE
TRACE
UPLIFT

Fossils represent key pieces in the evolutionary puzzle. Skeletons, shells, footprints, and other imprints left by organisms that lived long ago became preserved in stone. These stones give us glimpses into life millions, even billions, of years ago.

No. 22

Plant Fossils

S	H	A	W	P	R	G	C	U	G	T	U	J	G	N	M	W	M
D	U	U	L	E	D	O	X	N	N	I	J	D	I	O	H	C	D
R	Z	O	S	G	N	C	R	O	I	R	C	Q	G	R	Z	T	K
H	W	I	R	I	A	E	A	H	R	E	Z	T	A	D	Y	P	H
R	N	M	F	E	F	E	C	K	E	D	H	D	N	N	Q	F	P
B	T	E	P	U	F	V	V	K	W	W	W	J	T	E	N	R	R
O	R	T	Y	S	J	I	T	I	O	O	W	Y	O	D	G	E	E
B	K	U	T	F	Q	V	N	K	L	O	U	N	P	O	D	W	C
C	I	O	Z	O	S	E	M	O	F	D	A	G	T	D	Z	M	A
H	O	R	S	E	T	A	I	L	B	I	G	J	E	I	I	V	M
E	M	O	Z	I	H	R	V	I	M	R	Z	J	R	P	G	O	B
R	M	O	I	N	V	A	H	R	T	V	A	B	I	E	M	V	R
B	N	M	R	E	S	L	E	N	X	U	R	C	D	L	R	Y	I
Z	H	E	T	C	U	P	Q	G	M	D	E	E	D	P	N	V	A
W	N	A	U	C	A	L	A	M	O	P	H	Y	T	O	N	D	N
X	V	L	A	B	W	W	O	T	Y	G	N	R	D	Z	M	Y	T
T	A	M	W	W	P	K	Y	D	H	B	L	Y	I	K	Y	W	C
R	N	W	H	Q	U	J	A	W	M	T	C	T	O	H	K	E	G

ALGAE
CALAMOPHYTON
CARBONIFEROUS
CONIFER
FERN
FLOWERING
GIGANTOPTERID
HORSETAIL
LEPIDODENDRON
MESOZOIC
PERMIAN
PRECAMBRIAN
REDWOOD
RESIN
RHIZOME
VASCULAR

Some of our oldest fossils are the remains of plants. The coal we use today came from plants that died over 300 million years ago. Algae fossils are even older, dating to the Precambrian, the earliest era of life.

Invertebrate Fossils

No. 23

```
H M W V C N W T Y U P V E H N D Z B
K H J R M G D I O T S A L B O K D E
S T A R C O M M B M R W E P V F V Z
U B O A Q F U A C L R U O Y F J J F
L W D N S S M E Y E T I B O L I R T
L D L I P E H C E C H I N O D E R M
O E C G K K A T H C A O R K C O C S
M O T G J M G S A P H X I C D V T T
P D W I B G M R P O O V E Z Z F T A
D B O R L A B L X O C L W M B K L R
A J I P Z O P X I X N O L B X M L F
I A E S O P T A T E C G R A F T O I
N O O I S R W P C G V U E A C W B S
R Z G O R F H I A K Z D U E L S S H
A O A T Z U Z T U R X R F J Z C T A
R A N R D W L S R T G V D T K Z E J
A R C H A E O C Y A T H I D Y G R C
C J G Z F D J U H R G L P B R S B Z
```

ARCHAEOCYATHID
ARTHROPOD
BLASTOID
BRACHIOPOD
COCKROACH
CORAL
CRAB
EARLY CAMBRIAN
ECHINODERM
GRAPTOLITE
LOBSTER
MOLLUSK
SCALLOP
SEA SPONGE
SPRIGGINA
STARFISH
TRILOBITE
WORM

The hard external shells, or exoskeletons, of invertebrates are particularly prone to fossilization. Because they appear so frequently, invertebrates often serve as "index fossils," organisms that were widespread but short-lived. Scientists use these to construct natural history timelines.

No. 24 **Aquatic Vertebrate Fossils**

Z D A O S N L L E L W M W F X Y C S
P A I R T U F N H F S X N I W A J U
D L N E T T P L U M E V P Q Q E A C
H Z E U T D E O P B E H J Z Q U L S
X R G S H S K I T A A P U Y N K H I
T U I M I K O R A C H L E W M D N C
O T C P N O D M T O O K R V E T L U
P M U H A D S I M K L A A S G N U E
A W L O I O N A Z A N G I H A I G L
B W L L C U B E U A S P F B L D U K
I J A P S A N C I R S P I J O A U F
N J H J N A M X U A N V B C D H J L
I C T R S Z A B N J L T E P O M P F
A S E P S W Y A R G N I T S N M U N
N C I P I R P I A I L L E N A G O L
G S V W T E F D E B A J K N D J X T
A T O O R S W C B I B N J K N U R B
H U R D I A V I C T O R I A H K C U

CAMBRIAN
DREPANASPIS
HALLUCIGENIA
HURDIA VICTORIA
LEUCISCUS
LOGANELLIA
MEGALODON
OCTOPUS
OPABINIA
OTTOIA
PLESIOSAUR
PSAMMOSTEID
STINGRAY
WIWAXIA
XIPHACTINUS
ZENASPIS

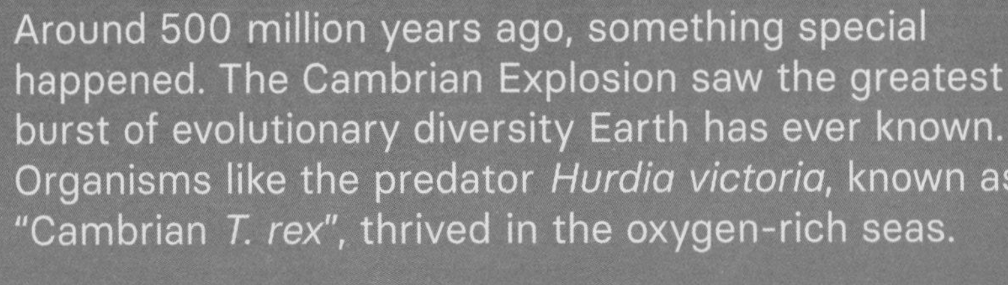

Around 500 million years ago, something special happened. The Cambrian Explosion saw the greatest burst of evolutionary diversity Earth has ever known. Organisms like the predator *Hurdia victoria*, known as "Cambrian *T. rex*", thrived in the oxygen-rich seas.

Bird and Reptile Fossils

No. 25

P	A	J	X	A	P	T	E	R	I	B	I	S	C	L	Y	C	W
Y	U	O	A	N	O	L	I	S	L	I	Z	A	R	D	H	N	A
E	G	P	B	N	A	I	L	I	D	O	C	O	R	C	X	O	Y
X	F	W	P	O	R	X	Z	I	I	I	S	V	J	I	W	G	U
H	Y	H	Q	I	N	S	Y	L	S	U	N	A	R	A	V	K	U
R	T	R	K	G	G	A	X	C	G	T	S	G	P	Q	O	L	N
O	E	W	E	B	A	E	T	F	M	A	M	D	H	O	T	I	A
C	V	B	M	T	J	V	R	I	F	P	U	R	R	I	K	F	I
R	X	X	M	P	P	V	L	U	T	W	R	J	E	T	Y	I	K
J	Q	T	M	A	W	O	Z	F	S	N	S	R	L	Z	V	H	I
K	Y	K	N	V	K	M	E	N	O	D	O	R	T	E	M	I	D
X	G	A	T	R	N	R	P	A	X	E	N	I	C	I	B	I	S
A	K	Z	A	Z	S	O	C	A	H	R	S	U	R	O	H	P	S
X	G	T	I	K	X	N	I	A	Y	C	G	J	W	I	G	V	B
R	C	O	N	F	U	C	I	U	S	O	R	N	I	S	U	W	B
N	O	D	O	H	P	R	O	M	I	D	J	A	P	B	E	I	G
A	R	C	H	A	E	O	R	N	I	T	H	U	R	A	P	I	U
I	P	S	E	U	D	O	C	R	Y	P	T	U	R	U	S	C	Q

AMBER
ANOLIS LIZARD
APTERIBIS
ARCHAEOPTERYX
ARCHAEORNITHURA
CONFUCIUSORNIS
CROCODILIAN
DIMETRODON
DIMORPHODON
PHORUSRHACOS
PSEUDOCRYPTURUS
PUPPIGERUS
TITANOBOA
VARANUS
WAYUUNAIKI
XENICIBIS

Xenicibis, the Jamaican ibis, was flightless, but not defenseless. This prehistoric bird had wings it swung like nunchucks, likely pummeling predators and competitors in the process.

No. 26 **Mammal and Mammal-like Fossils**

```
B A R B O U R O F E L I S C B J C S
S U P P I H O R O T O R P O T R M A
Q R M Z T G S E L T D S E K T I Z T
O U F E Y N O T N P U R M X L S W A
B G Q Y R H O O R L H K L O P E Z L
V G Y L I Y I D Y O I U D R X T X U
P I T P R C C M O X B O W D D C I G
Z C P J O Q O O A N N O Z P P E D N
F U G T Z N D S D N Y U D W K D M U
S R C P E H T A V U T C E O Y O A O
S E A T K A D B P Q S H I M N L M T
N E S V O W F E A E B E R D D I M O
X N V L A J M R K T W E E O L M O N
O V N N G E S T Z I D Y W K P S T X
A I S L W B T O S U O M F P O O H C
H D E K Y C D O M A S T O D O N I A
X H Q E C Q V T X O H T F S W E A D
E P N M I U M H O N I H R T N A I G
```

ANTHROPOID
BARBOUROFELIS
DICYNODONT
ECTOCION
EOHIPPUS
GIANT RHINO
MAMMOTH
MASTODON
MERYCODUS
NOTOUNGULATA
PROTOROHIPPUS
SABER-TOOTH
SMILODECTES
SMILODON
STENOMYLUS
STROBODON

Mammals really burst onto the scene around 66 million years ago, after the mass extinction of the dinosaurs. And they stuck around! Some of the most impressive, like mastodons and saber-toothed cats, even lived well into the time of humans.

In the Tar Pits

No. 27

S	F	G	L	C	X	O	D	O	O	W	Z	O	Z	P	P	J	S
A	L	L	I	R	T	H	T	I	K	N	N	Q	W	M	A	T	C
L	H	O	O	A	M	E	R	I	C	A	N	C	A	M	E	L	I
A	T	O	T	W	S	U	X	D	M	T	R	D	T	R	B	C	M
M	O	W	J	L	E	Z	Z	O	F	L	Q	R	A	C	L	Y	I
A	L	Y	I	P	Z	R	W	N	A	X	E	T	Q	F	K	F	T
N	S	I	J	L	F	H	I	B	Y	E	O	M	G	Y	H	V	A
D	D	X	J	E	U	D	R	D	F	R	L	Z	T	L	Y	I	R
E	N	Q	A	I	S	E	T	R	N	Y	D	P	B	T	E	V	T
R	U	D	X	S	A	F	O	I	G	O	K	S	L	U	K	M	O
L	O	I	E	T	Z	G	S	T	P	C	L	A	I	Q	R	T	O
P	R	M	L	O	D	S	H	J	A	F	H	W	A	O	U	K	T
G	G	P	X	C	R	E	K	C	E	P	D	O	O	W	T	D	H
M	P	W	W	E	C	W	N	O	S	T	C	E	D	F	G	Q	E
E	W	T	V	N	Q	F	Q	A	Q	F	E	W	G	G	Q	Z	D
S	P	L	V	E	P	O	N	P	B	H	H	J	U	V	P	X	V
G	A	R	T	E	R	S	N	A	K	E	F	R	Q	C	N	X	K
C	A	H	W	H	K	Z	F	P	W	U	Y	L	S	C	D	W	R

AMERICAN CAMEL
ASPHALT
DIRE WOLF
GARTER SNAKE
GROUND SLOTH
LA BREA
OWL
PLEISTOCENE
SALAMANDER
SCIMITAR-TOOTHED
TERATORNIS
TREE FROG
TURKEY
WOMAN
WOOD OX
WOODPECKER

Tar pits are unique geological features where tar, or asphalt, naturally bubbles to the earth's surface. Over time, a vast array of creatures have been trapped and preserved in the sticky substance, making the pits a rich resource for paleontologists.

No. 28 Dinosaurs

W	R	I	P	L	O	D	R	C	U	S	S	O	S	X	C	Q	B
H	P	V	G	I	A	M	S	Z	Y	V	G	T	K	D	X	N	Y
O	E	J	I	S	N	A	W	S	J	E	A	E	O	S	V	Z	R
L	E	V	X	X	K	R	V	R	F	S	D	F	R	T	O	M	G
E	R	L	E	C	Y	G	Q	T	W	P	D	Z	N	Y	D	B	P
S	R	T	N	Q	L	I	T	H	Z	E	R	O	I	R	I	A	T
J	H	T	J	J	O	N	S	E	I	V	C	G	T	A	P	R	E
S	U	R	U	A	S	O	T	R	E	B	L	A	H	C	L	O	R
D	T	I	O	B	A	C	G	O	C	C	N	L	O	O	O	H	O
O	P	C	N	K	U	E	D	P	E	L	H	L	P	S	D	P	D
P	D	E	D	A	R	P	U	O	R	A	H	I	O	A	O	O	A
O	P	R	T	Q	U	H	R	D	A	D	T	M	D	U	C	E	C
R	Z	A	R	F	S	A	G	Q	P	E	L	I	A	R	U	R	T
U	V	T	E	X	H	L	M	F	O	P	S	M	U	U	S	Y	Y
A	M	O	X	P	F	I	T	O	D	H	A	U	F	S	M	H	L
S	O	P	R	N	H	A	T	F	A	W	C	S	E	W	D	T	T
G	T	S	W	G	X	A	N	Z	U	W	Y	L	I	E	I	G	Z
W	S	T	E	G	O	S	A	U	R	U	S	J	Y	C	J	R	Z

ALBERTOSAURUS
ANKYLOSAURUS
ANZU WYLIEI
CERAPODA
CLADE
DIPLODOCUS
GALLIMIMUS
MARGINOCEPHALIA
ORNITHOPODA
PTERODACTYL
SAUROPOD
STEGOSAURUS
STYRACOSAURUS
T. REX
THEROPOD
THYREOPHORA
TRICERATOPS

Named after a fire- and water-breathing Mesopotamian demon, *Anzu wyliei* represents the first North American discovery of a group of dinosaurs called oviraptorosaurs. This feathered dinosaur with a bird-like crest was 11 feet long.

Tyrannosaurus rex

No. 29

O	Z	P	E	X	H	L	F	Q	M	M	C	N	B	H	S	J	S
U	A	P	E	X	P	Z	E	R	O	I	M	G	W	U	J	T	T
X	Q	J	Y	G	M	C	A	R	N	I	V	O	R	E	V	G	T
I	L	O	P	P	O	R	T	U	N	I	S	T	I	C	O	F	K
M	A	Z	B	I	P	E	D	E	Q	F	A	S	C	T	D	I	M
G	B	T	Q	Q	Q	W	E	H	H	I	H	P	Y	J	N	T	K
A	U	H	T	S	U	O	E	C	A	T	E	R	C	G	W	X	A
N	N	E	D	O	A	I	E	P	C	E	A	W	F	S	M	Z	N
Q	D	R	A	G	O	B	L	F	U	N	Y	B	E	T	A	I	A
N	A	O	Y	U	O	T	W	S	T	M	H	A	A	C	Z	U	T
S	N	P	J	L	U	C	H	L	R	R	U	L	T	I	X	F	N
Y	T	O	Q	R	I	N	I	L	K	P	S	A	H	B	P	V	O
K	L	D	U	Q	G	Z	V	L	H	E	S	N	E	I	S	A	M
S	F	F	A	T	A	Z	A	N	Y	U	X	C	R	X	B	P	Z
B	L	O	K	R	E	P	F	C	N	B	D	E	I	Z	D	W	M
T	K	J	D	I	Y	W	H	O	L	E	R	D	N	T	K	L	I
J	O	I	M	P	G	E	K	L	I	J	M	F	G	P	W	L	B
X	D	P	D	H	P	Z	O	S	F	M	Q	Y	A	Y	R	O	D

ABUNDANT
APEX
BALANCED
BIPED
CARNIVORE
CRETACEOUS
FEATHERING
KING
MONTANA
OPPORTUNISTIC
SUE
THEROPOD
TOOTH
TYRANT LIZARD

T. rex is one of the best-known dinosaurs of all time, but controversial new research suggests it may actually have been three distinct species. After examining 37 specimens, researchers named two new Tyrannosaurs: *T. regina* and *T. imperator.*

No. 30

Long-Necked Dinosaurs

G M Q E A R B E T R E V W B Q B O D
P H S I H E R B I V O R E K D O W L
G E Y B U T I N Y H E A D J R B T Z
I R K C U D V A D P R L B E Z R G T
G D I D H Y H B O I X P Z U O A R A
A S U C O D O L P I D C R U O C A J
N G Y I Z G W V W N D O K H Q H V Y
T S Q Z L V F O O T P R I N T I I X
I Y S C V T V A C Z F V S L H O P R
C A R G E N T I N O S A U R U S O A
B Z K T O O F D R A Z I L D H A R O
I P D P L S A U R O P O D A N U T C
M Q U A D R U P E D H U N O X R A L
K F Z W M T R A C K W A Y E A U L W
V E Z N T U R R R P Z G N S C S Y J
W Y P K Y F I X O Z W B E J U Y H F
I U M X C A S R I A S Q A D U J K J
K R N O H M D E N O S A U R U S R R

AIR SAC
ARGENTINOSAURUS
BRACHIOSAURUS
DIPLODOCUS
FOOTPRINT
GIGANTIC
GRAVIPORTAL
HERD
HERBIVORE
LIZARD FOOT
QUADRUPED
SAUROPODA
TINY HEAD
TRACKWAY
VERTEBRAE
OHMDENOSAURUS

Long-necked dinosaurs, or sauropods, were the largest animals ever to walk on the face of the earth. One of the biggest, *Argentinosaurus*, was longer than a basketball court and weighed as much as 12 school buses.

Raptors

No. 31

B	L	N	N	B	S	E	R	A	H	O	N	A	V	I	S	M	S
H	I	A	J	B	V	U	O	D	G	S	E	T	E	H	T	U	N
D	N	X	D	J	A	F	T	V	V	L	J	Y	C	Z	L	T	A
E	H	Q	W	R	W	M	A	C	A	Z	W	B	I	D	S	L	L
I	E	R	L	O	C	V	B	Q	X	Q	K	M	P	U	P	A	O
N	R	S	P	T	Q	A	O	I	F	T	N	Z	R	P	T	U	V
O	A	P	T	P	L	S	L	G	R	J	V	U	A	R	D	S	O
N	P	S	V	A	G	D	L	G	D	A	A	M	O	F	H	T	T
Y	T	C	U	R	U	F	I	R	J	S	P	C	V	A	V	R	P
C	O	R	N	O	P	V	H	F	A	A	I	T	N	J	H	O	Y
H	R	X	E	R	K	Z	C	D	R	R	R	A	O	H	E	R	R
U	J	U	N	C	Z	M	A	A	A	F	G	V	C	R	F	A	C
S	W	V	L	I	E	A	P	P	Z	G	U	F	B	A	L	P	D
C	Q	I	A	M	I	T	T	Y	N	P	H	P	E	Z	W	T	L
O	N	L	G	M	O	O	C	U	T	A	H	R	A	P	T	O	R
A	V	G	I	R	R	O	T	P	A	R	O	R	Y	P	A	R	Y
E	D	R	A	R	O	T	P	A	R	I	C	O	L	E	V	D	A
E	O	V	P	K	E	S	K	Z	G	T	I	X	W	C	A	K	X

ACHILLOBATOR
ADASAURUS
ATROCIRAPTOR
AUSTRORAPTOR
BALAUR
BAMBIRAPTOR
CRYPTOVOLANS
DEINONYCHUS
LINHERAPTOR
MICRORAPTOR
NUTHETES
PAMPARAPTOR
PYRORAPTOR
RAHONAVIS
SHANAG
UNENLAGIA
UTAHRAPTOR
VELOCIRAPTOR

Like many dinosaurs, Microraptors had feathers. What really set them apart were their wings—all four of them. Specialized feathers on all four limbs and in their tail made the cat-sized dinosaurs excellent gliders.

No. 32

Pterosaurs

D	N	G	N	X	I	S	Z	V	E	N	P	N	R	Q	N	Q	M
S	E	Y	K	W	O	J	T	C	O	Z	O	A	S	W	E	U	J
K	I	R	X	R	T	B	R	R	T	D	N	I	O	O	S	E	J
K	V	N	D	Y	X	E	I	W	O	D	O	D	L	J	O	T	Q
P	L	E	R	N	T	P	X	N	D	A	Z	A	R	W	D	Z	P
A	S	O	Q	O	T	M	A	T	C	G	Z	C	O	S	O	A	E
Q	M	H	R	E	E	R	Y	Z	U	N	L	H	T	U	N	L	L
A	L	N	R	U	E	A	S	T	K	W	L	A	E	R	S	C	N
M	I	U	P	T	Y	V	L	U	H	Z	A	R	B	E	P	O	O
S	S	D	P	O	N	H	H	A	R	U	X	R	O	T	Z	A	I
V	A	R	A	J	E	P	A	T	P	E	N	Q	H	P	D	T	U
J	F	U	S	U	G	I	Z	F	W	E	T	G	P	O	Q	L	Z
T	M	C	G	W	D	C	U	Z	L	H	T	P	A	A	O	U	S
T	X	F	S	I	N	R	O	E	T	S	O	X	E	H	U	S	O
W	I	L	R	L	A	O	P	T	E	R	Y	X	P	G	L	I	J
D	D	G	H	H	W	P	X	M	M	W	N	S	U	A	E	K	C
S	N	P	T	E	N	O	D	A	C	T	Y	L	U	S	K	G	X
I	S	U	G	N	O	L	I	E	F	F	U	N	A	A	Z	S	C

AIDACHAR	LAOPTERYX	PHOBETOR
CRETORNIS	MYTHUNGA	PTENODACTYLUS
FEILONGUS	NESODON	PTERANODON
GEGEPTERUS	NORIPTERUS	QUETZALCOATLUS
HAOPTERUS	OSTEORNIS	SORDES
INGRIDIA	PALAEORNIS	TAPEJARA

Pterosaurs first appeared about 228 million years ago. These flying reptiles flourished for another 150 million years, 500 times longer than the time of humans. Some pterosaurs were the size of sparrows. Others were the size of fighter jets. They may have been warm-blooded. They might have even had fur!

Dinosaurs That End in -ceratops

No. 33

```
C B X V J X E C K W D R I A E M J K
T K R W N I C N A K T Q N T V G P O
C M N U W L I P M D D U O B R A O S
K U Q L K F T S F D N K R O N I V M
N K H D Y T L V H N Z N T F N P A O
E N V J Q B E U B O B H X K E J R L
A F R O D S C B N B H Q Q N E R B R
O N A T I T I I V O O C T F R H H K
P R O T O A S F I Z J A L V R Z A G
X P Z T K J K P R C O D H Y A L Z O
A R T D H V A N V W C A D X I G J S
W U Z M J F Q M A S A J D U E S A O
Q M O N K R X R A T G L H H S T W L
O J G K J C Z E K H A A P S I I A B
O H B I P T N B O U O T I K G X I A
U T A H U J M F V C A N C A X H D I
A T R E B L A H C Z A D L Q B S P D
X D J N W U K N E B U L G C F F P H
```

ALBERTA	KOSMO	TATANKA
AVA	MOJO	TITANO
BRAVO	OJO	TRI
COAHUILA	PENTA	UTAH
DIABLO	PROTO	VAGA
	SINO	

The -ceratopses, or "horn-face" dinosaurs include one of the best known, *Triceratops*. Long imagined to be *T. rex*'s ultimate nemesis, it's unlikely that there was ever a confrontation. *Triceratops* would have been too formidable! It's more probable that *T. rex* scavenged *Triceratopses* after they'd died.

No. 34 Dinosaurs that End in -saurus

E	C	K	Z	K	K	M	G	I	I	N	K	P	W	O	M	A	M
G	M	Z	O	B	O	Z	S	D	Z	I	O	X	H	C	G	C	T
Z	E	N	I	S	Q	P	R	E	T	L	L	F	W	C	O	H	L
L	W	M	A	H	I	S	R	U	W	E	Y	X	O	C	G	E	R
B	A	Q	R	N	E	O	G	A	O	I	K	T	T	A	T	L	X
J	K	F	O	F	P	G	F	L	C	U	N	Y	D	B	I	O	Y
S	I	O	J	K	X	I	C	B	U	W	A	R	Y	L	Y	U	G
O	T	C	T	P	F	B	R	E	O	L	O	A	J	K	W	X	G
U	C	Y	H	A	S	O	H	R	G	E	R	N	R	I	P	V	L
V	F	G	R	U	P	G	I	T	W	P	H	N	B	T	S	T	D
R	D	D	F	A	N	S	A	O	J	T	O	O	O	N	N	I	M
A	C	S	K	Y	C	G	K	V	M	O	V	B	X	O	D	N	J
L	Y	N	T	G	B	O	K	O	R	O	T	A	G	T	D	C	A
L	T	Y	P	E	A	A	B	I	F	U	Q	L	R	H	O	R	X
N	O	M	E	M	G	B	E	P	N	M	X	A	Y	P	X	G	A
Q	O	Q	M	M	V	O	T	P	M	G	B	M	X	Y	C	V	R
O	A	P	T	P	N	K	M	V	Y	U	O	O	J	N	O	Z	T
L	A	P	A	T	O	O	S	S	U	W	V	M	S	K	X	E	O

ACHELOU
ALAMO
ALBERTO
ANKYLO
APATO
CHUNGKINGO
GOBI
JAXARTO
KOTA
LEPTO
MOSA
SPINO
STEGO
STYRACO
TORO
TYRANNO

When dinosaurs were first discovered, paleontologists believed them to be lizards. In fact, the suffix "-saurus" derives from the Greek word for "lizard," *sauros*. However, we now know the dinosaurs' evolutionary path actually split from lizards' around 270 million years ago.

Human Origins

No. 35

V	P	H	O	M	O	S	A	P	I	E	N	S	G	X	W	C	L
O	I	M	S	I	L	A	D	E	P	I	B	V	Y	D	M	O	I
I	H	J	A	F	M	P	R	I	M	A	T	E	R	L	A	M	T
G	Q	S	L	O	O	T	T	K	Q	Q	T	H	A	Y	P	P	Z
E	I	O	K	L	H	M	A	M	Z	T	Q	H	Y	O	R	L	B
A	W	K	H	O	M	I	N	I	D	B	T	K	K	D	E	E	E
W	K	L	K	G	X	A	B	O	Q	R	L	F	H	O	E	X	V
J	A	V	Q	T	X	T	Y	R	E	X	S	W	L	E	R	B	O
N	O	I	T	A	T	P	A	D	A	K	D	U	L	Z	E	R	L
G	Y	X	Z	H	P	S	N	A	X	T	E	B	Q	J	C	A	U
C	O	M	M	O	N	A	N	C	E	S	T	O	R	R	T	I	T
S	M	W	N	Y	E	W	L	A	N	G	U	A	G	E	U	N	I
J	T	V	H	N	O	B	A	F	R	I	C	A	W	E	S	V	O
L	L	U	C	Y	L	T	H	W	C	J	S	S	F	U	R	M	N
O	G	T	O	R	E	Z	A	N	B	P	K	Z	R	Q	G	P	O
O	V	C	A	U	S	T	R	A	L	O	P	I	T	H	F	P	N
O	B	T	K	K	X	I	F	O	P	Q	A	N	C	F	T	W	D
V	H	O	M	O	E	R	E	C	T	U	S	D	H	C	L	D	K

ADAPTATION
AFRICA
AUSTRALOPITH
BIPEDALISM
COMMON ANCESTOR
COMPLEX BRAIN
EVOLUTION
HOMINID
HOMO ERECTUS
HOMO SAPIENS
LANGUAGE
LUCY
NEANDERTHAL
PRE-ERECTUS
PRIMATE
TOOLS

Paleoanthropologists study early humans and their ancestors. Although around 20 species of early humans have been discovered, the most famous individual is called Lucy, a 3.2 million-year-old *Australopithecus afarensis*.

No. 36

Ice Age

N	O	X	C	T	N	M	T	A	T	T	O	O	R	A	D	E	Z
R	G	I	V	C	A	O	M	T	N	A	I	G	N	W	X	J	E
A	P	P	E	R	M	A	F	R	O	S	T	U	U	T	I	A	R
G	L	K	M	L	A	L	M	B	V	H	A	N	I	B	M	E	O
L	E	H	O	Y	V	C	A	N	X	F	R	N	K	F	A	F	S
A	I	H	D	A	C	I	H	M	A	D	C	Q	U	I	S	N	R
C	S	A	E	J	K	Q	I	G	X	T	J	U	C	C	T	K	B
I	T	M	R	D	M	B	E	Y	I	D	N	A	V	E	O	B	F
A	O	P	N	E	T	M	K	O	Q	Y	O	T	P	M	D	I	U
T	C	F	H	X	K	A	N	M	Y	J	D	E	O	A	O	R	G
I	E	W	U	Z	G	E	H	Z	L	D	O	R	T	N	N	I	X
O	N	M	M	K	V	A	B	I	J	H	L	N	V	O	D	S	S
N	E	J	A	E	Z	K	U	W	B	D	I	A	E	T	X	H	Z
V	H	P	N	M	B	I	R	R	L	I	M	R	D	Z	T	E	E
E	L	T	C	O	P	P	E	R	A	X	S	Y	K	I	X	L	S
B	E	R	I	N	G	S	T	R	A	I	T	A	W	W	F	K	Y
A	X	V	Z	D	Y	P	K	Z	C	T	O	N	Y	B	W	E	D
H	T	O	M	M	A	M	Y	L	O	O	W	H	W	S	L	C	E

BERING STRAIT
COPPER AX
EXTINCTION EVENT
GIANT MOA
GLACIATION
ICEMAN ÖTZI
IRISH ELK
MASTODON
MEGAFAUNA
MODERN
PERMAFROST
PLEISTOCENE
QUATERNARY
SMILODON
TATTOO
WOOLY MAMMOTH

At the height of the last ice age, global temperatures were more than ten degrees cooler than they are today. Land bridges, like the Bering Strait between Asia and Alaska, enabled human and animal migration. When the ice age ended, the rise of human civilizations began.

Things Ötzi Carried

No. 37

K	S	R	R	F	L	Z	S	C	J	T	Q	J	B	L	C	M	B
M	C	B	B	K	D	L	Y	E	D	O	I	V	O	L	O	I	E
S	S	F	Z	V	G	O	B	A	S	K	E	T	S	O	P	Q	A
E	J	E	E	W	G	I	U	D	R	S	L	Z	I	B	P	T	R
O	A	D	R	U	Y	N	K	M	W	R	F	Q	E	I	E	V	S
H	L	Z	O	J	A	C	C	A	P	C	O	A	K	W	R	D	K
S	N	A	K	X	Y	L	N	S	N	N	R	W	I	F	A	Z	I
A	V	S	O	B	S	O	D	V	B	S	C	S	S	N	X	W	N
X	A	T	T	R	F	T	N	V	K	E	S	M	D	F	E	C	C
L	R	O	B	C	I	H	B	I	M	P	G	U	L	W	X	O	A
S	I	N	E	I	R	I	N	O	H	O	P	S	E	I	D	A	P
K	P	E	R	U	E	Q	U	I	V	E	R	H	G	D	Y	T	K
B	F	K	R	J	K	K	O	H	L	O	S	R	G	C	B	F	G
B	H	N	I	G	I	A	O	P	Q	O	U	O	I	N	P	L	B
E	H	I	E	B	T	F	O	T	T	V	D	O	N	B	V	L	A
L	M	F	S	J	O	D	R	L	I	H	Y	M	G	Z	B	Q	D
T	T	E	U	X	J	W	F	D	C	G	Y	S	S	O	G	Z	G
G	Q	Z	M	I	Y	C	V	V	P	A	U	A	X	W	M	T	O

ARROWS
BASKETS
BEARSKIN CAP
BELT
BERRIES
BOW
CLOAK
COAT
COPPER AXE
FIRE KIT
LEGGINGS
LOINCLOTH
MUSHROOMS
QUIVER
SHOES
STONE KNIFE

Iceman Ötzi died in the Alps around 3250 BCE. His body, preserved beneath a glacier, was discovered in 1991. Subsequent study of the remains has revealed rich information about the lives of ice-age humans, including the earliest known example of tattoos.

No. 38

Ancient Civilizations

G	W	F	N	O	K	A	O	G	I	G	J	D	Z	H	Z	T	H
R	R	Z	M	S	H	A	N	G	X	S	Q	E	P	A	A	P	Y
E	A	F	Y	J	E	Y	O	K	I	X	J	L	O	C	I	X	U
E	P	W	F	O	C	T	F	E	R	L	I	T	O	U	B	W	G
C	A	H	R	Y	S	H	R	N	C	W	O	L	M	E	C	D	A
E	N	N	B	U	I	N	B	U	I	E	R	X	H	U	D	E	B
O	U	D	M	Y	P	N	D	R	S	K	G	N	U	W	U	S	C
Z	I	E	M	L	G	F	D	H	X	C	Y	I	M	I	H	R	A
F	R	Y	G	E	V	G	N	U	H	V	A	S	A	S	X	J	R
C	D	V	J	A	L	J	K	H	S	T	C	N	U	M	M	R	T
I	G	E	B	N	D	A	H	Y	O	V	G	K	K	A	B	M	H
N	M	N	B	D	A	T	M	A	G	K	A	I	E	Y	X	Y	A
R	U	G	N	E	L	T	N	T	O	C	W	L	T	A	A	B	G
G	S	U	G	A	Q	M	P	R	T	P	O	R	L	Z	V	K	E
S	K	T	P	N	B	D	I	Y	J	U	Y	P	T	E	B	F	V
J	A	B	K	Q	H	A	I	Q	G	S	Q	E	U	N	Y	X	I
U	J	H	H	G	N	S	E	Y	F	E	C	K	F	P	H	O	J
S	N	N	B	F	Y	C	S	J	G	A	C	N	I	K	F	G	J

AKSUM
ANDEAN
ANGKORIAN
AZTEC
CARTHAGE
EGYPT
ELAM
ERLITOU
ETRUSCAN
GREECE
INCA
INDUS VALLEY
KUSH
MAYA
NOK
OLMEC
SUMER

Aboriginal Australians comprise one of the oldest known contiguous civilizations. They have been living on the landmass now called Australia for more than 50,000 years, since before the continent split from the islands of New Guinea and Tasmania.

Ancient Greece

No. 39

N	O	H	T	A	R	A	M	Q	D	B	B	A	J	F	F	Y	A
U	S	P	V	O	R	A	C	L	E	B	X	R	U	U	F	Q	Z
S	P	G	H	S	P	A	R	T	A	H	E	X	C	Y	C	C	S
N	A	J	X	G	Y	D	U	O	E	D	N	B	M	B	P	H	F
E	R	Z	L	W	S	A	T	X	C	E	E	J	L	W	P	I	J
H	T	P	P	E	U	R	O	X	J	M	C	R	X	Z	W	T	U
T	H	N	O	P	E	I	N	V	C	O	N	W	D	G	K	O	X
A	E	A	L	R	Y	S	T	O	F	C	L	M	E	F	A	N	O
Y	N	C	E	J	R	T	H	G	M	R	J	Q	I	O	Y	S	E
L	O	R	I	S	I	O	E	A	X	A	G	V	L	B	T	G	U
J	N	O	S	P	T	T	A	B	M	C	P	Y	O	R	A	R	P
H	T	P	F	C	G	L	T	L	G	Y	M	K	A	R	D	O	F
T	R	O	R	L	X	E	E	J	V	P	X	C	T	K	O	A	F
N	D	L	W	J	Q	X	R	I	U	O	I	E	L	M	G	A	Y
W	L	I	P	A	X	B	R	S	Z	Z	M	E	S	W	R	T	B
M	A	S	C	I	T	V	F	X	E	I	C	K	V	E	Q	D	S
F	P	F	Z	E	U	S	F	A	S	A	I	T	H	U	S	R	I
D	Z	B	E	L	F	U	P	M	Y	L	G	D	L	K	D	O	H

ACROPOLIS
ARISTOTLE
ARTEMIS
ATHENS
CHITON
DEMOCRACY
HERA
MARATHON
OLYMPUS
ORACLE
OSTRACIZE
PARTHENON
POLEIS
SPARTA
ZEUS

What's a scholar to do when she encounters gaps in an Ancient Greek text? Well, she could make an educated guess at what's missing, or tap a new artificial intelligence program called Ithaca to fill in the gaps for her.

No. 40

Inca Empire

V	S	U	L	L	Y	A	T	K	S	M	F	S	Z	G	O	I	W
T	O	K	A	P	U	L	N	U	A	H	S	H	B	S	B	D	O
H	T	X	L	K	Q	Q	W	N	N	C	X	N	Q	S	M	B	O
Z	E	Y	T	O	A	B	C	R	M	I	O	N	M	P	A	K	V
T	M	M	L	N	D	O	R	C	G	I	C	C	G	E	T	J	F
Z	K	A	D	J	C	Z	U	V	L	N	P	I	F	V	Y	Y	H
P	F	E	C	A	C	E	Q	Y	Z	G	P	O	R	J	A	O	R
M	S	P	P	H	L	L	A	M	A	A	P	G	X	V	T	Y	O
X	F	A	U	B	U	Z	H	V	E	N	L	E	Y	A	N	F	J
F	C	N	A	V	W	P	G	N	J	U	X	M	T	M	A	B	C
F	E	Q	E	U	B	S	I	S	V	B	Y	A	W	A	L	R	K
B	W	Q	P	U	D	U	J	C	A	T	I	M	H	U	L	D	F
I	Y	I	O	X	G	J	F	X	C	W	X	A	K	T	O	C	N
G	U	F	C	I	X	K	D	K	I	H	Y	O	U	A	N	Z	T
Q	P	W	S	K	J	A	G	T	E	C	U	C	Z	Q	J	L	I
Y	A	P	U	V	P	Q	X	V	M	I	N	L	G	H	N	Z	G
Z	N	W	C	R	O	T	I	S	D	S	W	L	H	V	B	C	Q
P	A	A	O	M	W	H	X	J	T	H	Y	O	L	N	O	G	C

AMAUTA
GUINEA PIG
OLLANTAYTAMBO
ANDES
LLAMA
QUIPU
AYLLUS
MACHU PICCHU
TOKAPU
COCA
MAMA OCLLO
TUNIC
CUSCO
MANCO CAPAC
YUPANA
MITA

At its peak, the Inca Empire, known as Tawantinsuyu, encompassed an area the size of Nevada, Arizona, New Mexico, and Texas combined. The empire was connected by an engineering marvel: Qhapaq Ñan, or Road of the Inca.

Aztecs

No. 41

K	C	C	E	T	A	L	O	C	O	H	C	C	P	D	M	R	I
C	A	H	G	Q	C	M	I	R	R	X	C	C	Y	P	K	F	A
C	C	I	X	Q	W	D	O	L	K	H	A	T	R	V	R	R	Y
Z	A	N	K	H	X	E	C	Z	T	R	E	F	A	Y	Y	N	Z
G	O	A	C	F	V	S	D	N	H	N	Q	H	M	W	V	M	B
C	F	M	Y	Q	Q	X	F	X	O	U	A	I	I	V	G	K	A
A	U	P	R	I	E	S	T	C	O	G	C	P	D	C	M	I	P
L	Q	A	N	M	U	H	H	H	D	A	H	E	M	B	Z	M	Q
E	O	L	J	J	Y	T	V	N	Z	S	K	U	T	O	I	Y	Q
N	R	V	F	I	I	O	A	F	Y	R	R	T	R	O	Z	Q	A
D	O	F	N	T	C	H	X	O	C	O	C	X	E	T	M	T	M
A	W	M	L	I	U	R	G	A	M	A	G	M	G	Z	Q	K	A
R	W	A	X	A	T	L	M	L	C	T	A	N	N	R	V	O	L
S	N	E	T	S	M	P	F	A	N	O	R	K	J	F	Q	S	U
T	M	L	X	T	A	L	S	N	T	S	A	U	R	G	E	O	M
O	M	Z	M	N	U	B	C	A	F	A	N	K	A	E	D	D	I
N	Q	U	E	T	Z	A	L	C	O	A	T	L	V	P	W	Q	A
E	E	K	S	A	R	U	R	B	S	K	Q	V	V	Y	I	B	F

CACAO
CALENDAR STONE
CAMPAN
CANAL
CHINAMPA

CHOCOLATE
MEXICO
MOTECUHZOMA
NAHUATL
PRIEST
PYRAMID

QUETZALCOATL
TENOCHTITLAN
TEXCOCO
TZOMPANTLI
ULAMA

Aztec influence reached farther than the Aztecs could know. John Dee, court astronomer to Queen Elizabeth I, possessed an obsidian "spirit mirror" of Aztec origin. It's believed he attempted to use the mirror to communicate with angels.

No. 42

Ancient China

S	I	G	D	O	J	Y	N	Z	N	B	P	R	D	Y	I	W	O
R	U	L	G	U	V	T	Q	I	I	B	D	W	I	O	D	Z	F
G	Y	I	N	N	R	R	A	R	T	N	R	Q	R	K	I	P	L
S	R	K	C	R	K	L	J	A	D	V	O	T	T	T	O	V	Q
I	Z	E	Z	U	E	S	S	X	Y	F	I	R	E	W	O	R	K
L	B	D	A	C	F	T	D	A	T	S	N	M	D	C	R	E	G
K	M	X	R	T	R	N	U	E	S	W	Z	U	M	O	E	E	U
R	F	O	E	O	W	M	O	O	A	J	C	D	R	B	Y	V	N
O	P	V	N	N	A	A	N	C	N	F	U	E	F	Q	W	B	P
A	P	O	P	J	N	Z	L	C	Y	H	P	K	Z	E	T	B	O
D	M	J	O	K	D	W	W	L	D	M	R	L	G	M	D	Z	W
Y	E	N	I	C	I	D	E	M	E	B	H	V	A	P	X	J	D
G	C	C	Y	R	A	T	T	O	C	A	R	R	E	T	E	Y	E
P	N	C	N	E	A	Y	H	P	A	R	G	I	L	L	A	C	R
H	O	I	U	P	H	N	Q	S	P	B	L	C	R	N	Y	Y	C
W	W	W	M	A	U	B	F	V	A	X	T	K	E	O	O	W	S
U	Y	W	B	P	U	Z	H	E	J	T	C	O	Q	H	D	C	C
O	V	Y	T	F	P	R	I	N	T	I	N	G	Q	T	L	F	A

ASTRONOMY	GREAT WALL	PAPER
CALLIGRAPHY	GUNPOWDER	PORCELAIN
CONFUCIUS	JUNK	PRINTING
DYNASTY	MEDICINE	SILK ROAD
FIREWORK	MING	TERRA-COTTA

Ancient China introduced much to the world: papermaking, movable-type printing, the compass, gunpowder, and silk and porcelain production. In other countries, the popular porcelain products became simply "china."

Kingdom of Kush

No. 43

N E C E X S D Z T P A M C H S J N V
B R K Z A E U S L T P E C A R T W F
F I J A F E Z D A B Y R O Y E A A O
M I Z F D L S P A W T O S I N H M E
N Q U M E N A D X N I I M Q E A R L
M F M R G N A G E O A T O A K R E S
A E G U R C B K T R V I P S E Q K P
O P R K U S H I T E D C O W O A W N
U T M O E J U X E Q N P L H X E X E
W T D R E N A I B U N Y I K S M U P
N D D D N Y E S K G J R T A I T B D
J A K Z T M P F B F E A A D D O R C
O G V J K S P Y G N P M N D Z S T I
X W Y H A P Z E I Y T I U Q H Q Q Z
R J Z G O C C L S D J D Q Q N I A C
P G R I K O E D H M Y E S N Q H K M
N C E U R I F A H M D V X G M X Q X
S O P H I S T I C A T E D V B S B V

COSMOPOLITAN
DEFFUFA
HAFIR
KANDAKE
KERMA
KUSHITE
MEROE
MEROITIC PYRAMID
NAPATA
NILE
NUBIA
RED SEA
SAQIYAH
SOPHISTICATED
SUDAN
TAHARQA

Located in modern-day Sudan, the Kingdom of Kush was a powerful force in the ancient world. The kingdom competed with Egypt for dominance of the Nile Valley, and Kushite pharaohs ruled Egypt for over 100 years during the 25th Dynasty.

No. 44

Vikings

S	D	W	U	S	B	U	K	E	D	K	W	Z	P	R	L	S	V
B	A	L	X	O	O	V	D	I	R	O	D	O	B	P	N	D	H
J	I	G	A	D	V	A	A	T	E	R	C	S	C	O	B	Y	S
O	O	I	A	K	R	R	M	K	M	A	Q	Q	R	B	M	C	N
M	Q	Z	T	T	S	S	C	N	R	N	T	S	N	Y	A	R	N
V	O	Y	A	G	E	R	J	O	A	G	E	D	T	N	W	V	B
K	P	P	P	C	U	F	N	L	F	A	F	S	D	R	U	L	N
L	O	N	G	H	O	U	S	E	O	R	W	I	U	G	R	E	A
D	L	N	F	R	X	E	L	F	K	N	N	J	U	A	L	Z	V
U	U	F	I	I	D	U	Y	R	Z	A	G	K	J	E	R	L	I
N	J	A	K	D	V	A	E	Y	V	E	L	S	O	U	O	P	G
I	F	W	S	N	O	Q	B	I	D	J	L	B	H	M	H	A	A
W	S	Z	A	C	K	H	A	Q	J	E	T	Q	G	I	T	E	T
G	N	I	R	A	F	A	E	S	I	J	G	U	A	T	P	V	O
H	R	A	C	J	O	X	Q	X	J	L	L	Z	D	H	E	T	R
A	C	I	R	E	M	A	H	T	R	O	N	U	N	I	O	L	C
N	K	N	M	S	A	F	V	U	C	B	K	R	O	C	W	O	I
A	K	T	R	E	U	Q	F	I	W	M	Q	W	R	U	N	E	V

FARMER
JARL
LONGHOUSE
LONGSHIP
NAVIGATOR
NORSE

NORTH AMERICA
ODIN
RAGNAROK
RAID
RUNE
SAGA

SCANDINAVIA
SEAFARING
SKALD
THOR
TRADE
VOYAGE

Vikings were great explorers and navigators. They made the first known transatlantic voyages between Europe and North America. In fact, a new dating technique confirmed they had a settlement in Canada in 1021 CE. Why they left remains a mystery.

Smallest Living Things

No. 45

S	Q	U	C	J	H	V	W	J	T	N	X	Q	G	B	A	P	I
U	L	U	P	B	T	W	Z	Y	W	S	G	T	A	U	R	U	N
O	A	J	X	A	R	O	N	N	G	R	R	K	C	P	T	B	F
R	W	I	M	C	J	W	A	U	N	L	H	O	C	Q	B	Y	E
E	V	O	J	T	R	E	X	E	X	L	L	W	M	N	K	R	C
M	H	H	I	E	C	M	M	W	F	O	M	P	K	L	C	R	T
U	J	V	C	R	F	I	T	E	N	H	C	M	H	U	M	E	I
N	Q	G	M	I	T	L	P	Y	R	S	A	M	F	U	V	B	O
H	L	K	Q	A	L	H	D	O	S	T	V	R	L	S	M	E	U
N	O	R	C	I	M	O	E	T	C	I	X	L	C	I	G	R	S
F	L	O	R	A	R	I	U	R	G	S	E	E	C	H	B	I	N
E	L	I	H	P	O	Y	R	C	M	G	O	R	K	E	A	F	M
U	S	I	M	P	L	E	F	M	A	O	O	R	N	Q	N	E	R
S	R	M	J	R	J	W	T	L	U	M	P	Z	C	P	L	U	A
E	Z	I	M	R	A	I	F	D	E	T	Z	H	G	I	S	Q	V
F	V	I	P	D	N	D	U	T	Z	B	C	E	I	Q	M	P	F
U	R	L	T	P	N	Z	E	W	Q	S	W	T	R	L	G	P	C
L	Y	M	U	Q	M	R	E	Z	S	E	F	F	E	M	E	Q	B

ARCHAEA	FLAGELLUM	MICROSCOPIC
BACTERIA	FLORA	NUMEROUS
COLONY	GUT	ROD
CRYOPHILE	INFECTIOUS	SIMPLE
EXTREME	MICROMETER	THERMOPHILE
FIREBERRY	MICRON	USEFUL

The first living things to evolve remain the most abundant. Individually, bacteria and archaea are the smallest living things. Collectively, they are the most diverse and widely distributed. They thrive everywhere, from the bottom of the ocean to the interior of human bodies.

No. 46

Protists

E	A	I	C	G	F	A	D	P	L	A	N	K	T	O	N	X	R
V	T	U	O	B	L	B	I	K	H	O	L	P	O	M	F	H	W
Q	A	A	Q	M	Q	E	S	E	G	B	M	I	R	A	I	X	W
V	E	D	L	O	Z	O	E	A	L	C	U	H	D	Z	Y	C	S
T	P	Z	I	O	Z	M	A	D	X	C	O	L	A	P	B	I	Z
D	R	S	R	N	E	A	S	A	I	Q	U	R	G	J	S	L	T
C	E	J	E	S	O	V	E	Q	G	J	I	N	Y	E	U	R	E
Y	C	K	Y	U	T	F	L	N	S	A	B	F	H	S	O	U	J
N	Y	J	B	Q	D	J	L	A	N	H	R	T	G	W	R	S	R
E	C	D	I	A	T	O	M	A	E	P	N	R	E	A	G	L	A
G	L	C	L	G	N	M	P	T	G	Y	Y	N	U	F	M	S	A
Y	E	D	G	Z	I	H	E	O	S	E	O	K	R	O	L	F	A
X	R	C	N	V	Z	R	U	O	D	T	L	O	O	F	R	O	H
O	F	F	U	Q	O	E	T	M	S	P	A	L	N	J	E	U	M
F	F	R	Q	K	R	O	Z	B	U	D	B	B	A	F	A	E	F
S	Y	K	O	I	H	M	P	L	E	K	F	G	L	T	B	V	E
H	R	N	Z	P	D	L	O	M	E	M	I	L	S	N	E	Z	E
T	T	H	J	L	M	K	J	D	H	B	I	O	N	G	U	G	J

ALGAE
ALVEOLATE
AMOEBA
BLOOM
DIATOM
DINOFLAGELLATE
DISEASE
HETEROKONT
KELP
NUCLEI
OXYGEN
PHOTOSYNTHESIS
PLANKTON
PSEUDOPOD
RECYCLER
RHIZARIAN
SLIME MOLD
STONEWORT

A diverse kingdom of organisms, protists are distinguished from other single-celled organisms, like archaea and bacteria, by the presence of cell nuclei. They range in size from microscopic amoebas to yards-long seaweeds, also functioning as primary photosynthesizers.

Amoebas and Flagellates

No. 47

M	E	R	L	E	R	F	C	L	H	U	Y	S	E	N	Q	H	M
S	F	S	W	A	I	J	S	G	F	S	A	O	V	V	Q	V	H
A	W	J	O	L	I	Z	A	A	J	S	O	Z	C	S	H	T	W
L	N	I	O	B	N	D	L	M	O	N	O	P	O	D	I	A	L
P	V	S	T	J	O	S	O	R	E	T	I	C	U	L	O	S	E
O	E	O	T	W	E	L	H	P	C	F	Q	I	X	T	G	N	O
T	T	D	A	F	Q	Z	Q	F	Y	D	A	Z	U	C	B	C	E
Y	A	N	E	L	G	U	E	D	I	L	E	Q	U	M	D	K	Y
C	V	E	U	I	R	L	O	I	B	P	O	R	W	E	T	Z	K
U	T	O	V	Y	T	P	R	I	H	I	T	P	Y	I	X	N	B
O	D	R	W	F	O	A	T	A	V	A	C	X	E	O	P	B	X
X	N	M	R	N	E	E	C	G	Z	E	J	A	B	S	R	D	O
Q	T	S	I	L	V	H	W	L	P	D	Z	L	F	I	M	V	B
L	Q	T	C	L	P	H	A	G	O	C	Y	T	O	S	I	S	U
E	C	U	O	P	I	S	T	H	O	K	O	N	T	A	C	E	B
A	N	N	T	B	G	A	Q	A	O	Z	O	B	E	O	M	A	X
C	O	N	I	C	A	L	N	M	M	S	F	B	O	W	G	D	G
R	I	Y	S	R	K	U	Z	W	H	A	B	R	L	N	Y	L	G

ACTINOPOD
AMOEBOZOA
CONICAL
CYTOPLASM
EUGLENA
EXCAVATA
FALSE FEET
FILOSE
LOBOSE
MEIOSIS
MONOPODIAL
NUCLEARIID
OPISTHOKONTA
PHAGOCYTOSIS
POLYPODIAL
RETICULOSE

Microscopic organisms, like all creatures, need to get around and they need to eat. Amoebas rely on "false feet" to move like the oozing Blob of the movie. Flagellates use flagella, their namesake "tails," to chase prey. They catch the prey in a mouthlike opening.

No. 48

Rhizarians

E	F	T	X	Q	J	J	H	X	T	S	Y	F	W	Z	U	A	Y
T	L	X	A	Z	O	H	I	F	E	T	X	O	D	L	X	X	R
D	F	E	K	C	D	F	O	F	L	E	R	R	T	N	A	I	G
O	E	M	G	H	I	S	T	T	L	L	A	A	M	D	W	P	Q
G	K	L	L	A	S	L	S	M	E	L	D	M	U	Z	Y	R	I
D	V	T	L	I	N	C	I	L	N	A	I	I	N	O	E	I	C
W	F	D	L	E	A	T	A	S	A	T	O	N	G	H	I	R	J
F	T	I	W	L	H	C	D	B	G	A	L	I	A	G	G	K	V
V	Z	B	Y	A	I	S	S	B	R	N	A	F	H	V	L	W	Z
E	F	F	O	R	T	S	E	T	O	V	R	E	P	C	Y	R	E
L	H	W	E	Q	C	N	U	C	A	G	I	R	S	F	G	O	S
D	J	H	S	P	I	N	Y	K	I	R	A	A	Z	I	T	O	A
L	P	I	G	Z	I	Z	Z	P	E	T	N	N	L	L	E	H	S
S	D	E	M	R	A	E	E	R	H	T	T	M	G	U	X	C	F
Q	U	A	D	R	I	C	O	R	N	I	S	A	T	U	F	U	S
N	A	R	F	E	I	N	G	H	H	V	M	S	L	N	G	G	U
B	C	F	C	M	S	Y	C	E	R	C	O	Z	O	A	N	Y	K
B	K	W	D	S	A	V	D	R	C	V	H	E	M	F	Q	R	B

- CERCOZOAN
- ELEGANT
- FORAMINIFERAN
- FOSSILIZE
- GIANT
- LATTICE-SHELLED
- ORGANELLE
- QUADRICORNIS
- RADIOLARIAN
- SCALY
- SHELL
- SILICA
- SPHAGNUM
- SPHERICAL
- SPINY
- STAR
- STELLATA
- THREE-ARMED

It's too bad Rhizaria are microscopic, because they're very pretty—a zoom-in reveals structures with colors that look like stained glass. The structures are shells made from silica, which rhizarians harvest from the ocean's surface when they bloom.

Alveolates

No. 49

G	E	G	E	L	I	A	S	V	A	Q	A	J	P	Q	P	C	F
G	M	T	Z	W	L	C	O	N	Z	X	X	N	Y	H	P	A	S
Q	U	P	A	V	E	T	A	L	L	E	G	L	F	D	N	I	D
M	V	T	E	I	P	V	M	Z	Y	R	E	D	T	I	D	E	B
T	U	O	C	X	L	A	D	R	U	P	M	F	S	N	T	A	I
S	L	I	Y	I	L	I	O	Q	O	N	U	W	O	O	Y	P	O
I	P	J	D	A	L	T	C	I	W	A	I	S	J	F	B	I	L
E	L	R	R	O	A	I	S	F	J	X	N	O	J	L	Z	C	U
J	I	I	S	D	M	O	A	M	L	E	I	B	O	A	H	A	M
H	A	M	E	T	N	S	G	T	L	L	D	Z	Q	G	I	L	I
L	H	R	J	O	J	S	A	V	E	P	O	D	S	E	M	C	N
B	P	D	U	P	K	V	C	L	Y	M	N	E	Q	L	S	O	E
M	H	S	M	S	Z	I	E	U	P	O	M	M	D	L	V	M	S
Z	R	C	G	M	Z	Y	O	P	C	C	Y	I	M	A	W	P	C
X	G	F	D	Z	X	H	G	N	Y	I	G	N	F	T	M	L	E
S	T	X	T	H	N	C	K	U	Q	P	V	E	W	E	G	E	N
E	L	K	R	A	P	S	A	E	S	A	B	R	C	Y	C	X	T
C	R	Y	P	T	O	S	P	O	R	I	D	I	U	M	V	O	S

ALVEOLI
CRYPTOSPORIDIUM
PLASMODIUM
APICAL COMPLEX
DINOFLAGELLATE
POISONOUS
APICOMPLEXAN
GUT CILIATE
PREDATORY
BIOLUMINESCENT
GYMNODINIUM
RED TIDE
CILIATE
MALARIA
SEA SPARKLE

There are three groups of alveolates: dinoflagellates live in the ocean, some releasing toxins from their stinging barbs, some glowing with bioluminescence; ciliates live everywhere, including the guts of other organisms; and apicomplexans are parasites, most infamously responsible for malaria.

No. 50

Algae

D	T	P	D	B	V	V	G	K	X	J	H	G	X	O	S	B	K
U	C	J	A	L	A	B	D	H	J	D	S	O	X	P	R	L	C
P	H	Y	C	O	E	R	Y	T	H	R	I	N	O	V	N	A	P
C	V	B	S	V	S	O	G	K	R	D	T	R	M	D	A	N	S
C	A	B	L	E	O	R	T	D	Z	E	E	R	G	T	Y	K	Y
E	N	L	S	A	T	L	C	V	F	E	Z	L	O	L	E	E	B
H	C	L	C	D	C	F	V	N	F	W	R	V	W	N	F	T	Y
J	U	U	K	I	T	K	M	O	M	A	G	S	I	P	I	W	D
D	Y	X	T	U	F	Y	C	L	X	E	Y	R	A	S	V	E	E
I	W	J	B	T	D	I	E	A	U	S	A	N	J	I	H	E	P
R	U	Z	O	E	E	V	C	H	R	M	M	A	E	R	L	D	A
I	U	A	Q	Y	D	L	G	A	X	R	X	N	I	A	V	U	R
S	A	S	T	R	E	V	A	Z	T	D	A	W	K	L	Y	G	G
H	U	R	A	Q	Z	O	G	E	W	I	X	G	K	L	K	P	A
M	J	N	H	O	T	V	T	H	S	V	O	H	E	R	F	P	E
O	D	E	E	W	H	S	A	L	E	Y	E	N	H	E	M	N	S
S	N	E	A	T	N	A	L	P	I	D	I	R	I	V	N	W	Z
S	G	R	E	E	N	S	E	A	F	I	N	G	E	R	K	B	W

BLACK CARRAGEEN
BLANKETWEED
CALCIFICATION
DULSE
EYELASH WEED
GREEN SEA FINGER
IRISH MOSS
MAERL
MARINE
PHYCOERYTHRIN
SEA GRAPE
SEA LETTUCE
SEAWEED
SPORE
VIRIDIPLANTAE
VOLVOX

Algae come in red or green. Most, though not all, red algae are marine. The most recognizable are seaweeds, including edible varieties like dulse. Green algae often occur in freshwater, but also thrive in damp forest settings and tidal areas.

Heteronkonts, Stoneworts, and Similar No. 51

M	F	G	K	T	K	T	S	S	K	B	U	O	Q	Y	N	H	X
X	O	N	R	E	G	D	L	O	M	R	E	T	A	W	O	A	G
N	R	T	N	O	K	C	T	M	P	O	X	I	N	H	T	F	U
K	A	O	A	E	S	H	Z	Z	J	W	Y	U	Z	Y	K	M	C
M	U	L	B	I	H	G	K	Y	K	N	Q	H	K	X	N	N	I
A	G	B	M	B	D	U	S	U	I	A	J	D	U	W	A	S	N
S	I	E	J	L	X	Y	H	E	W	L	W	L	Q	V	L	T	N
T	O	H	E	C	S	Z	M	U	S	G	A	M	N	O	P	S	I
I	F	R	M	J	B	G	T	I	W	A	N	N	D	B	O	E	H
G	F	S	Y	D	A	N	D	I	L	E	D	G	R	U	T	M	T
O	D	I	O	Z	I	H	R	L	Z	S	N	D	C	N	Y	I	N
N	E	V	L	A	V	L	L	Y	H	P	O	R	O	L	H	C	A
E	H	E	L	I	O	Z	O	A	N	J	T	P	A	X	P	E	X
M	S	U	C	S	I	D	O	N	A	H	P	E	T	S	X	L	O
E	A	S	T	R	E	P	T	O	P	H	Y	T	A	P	B	L	C
T	R	O	W	E	L	T	T	I	R	B	U	J	E	V	O	D	U
S	X	T	N	A	L	P	Y	R	A	R	O	N	O	H	U	H	F
R	C	S	H	W	I	E	X	A	M	P	J	I	U	B	I	G	F

BRITTLEWORT
HONORARY PLANT
SLIMY DIATOM
BROWN ALGAE
MASTIGONEME
STEPHANODISCUS
CHLOROPHYLL
PHYTOPLANKTON
STREPTOPHYTA
FUCOXANTHIN
RHIZOID
VALVE
HELIOZOAN
SEA OAK
WATER MOLD
SEMICELL

Heterokonts called diatoms photosynthesize like plants, but a pigment called fucoxanthin allows them to tap energy from a broader swath of the light spectrum than plants. Stoneworts share enough characteristics with plants that they're sometimes called "honorary plants."

No. 52

Plants

U	I	N	C	F	N	G	P	N	Y	I	Z	L	C	L	G	F	B
A	D	K	T	C	G	R	R	D	W	E	B	H	Y	I	N	F	T
R	D	K	N	I	H	E	E	U	O	T	J	G	C	V	I	G	C
R	K	D	N	K	F	L	H	F	E	D	E	O	A	E	R	Q	T
S	E	K	E	K	M	O	O	N	W	O	R	T	D	R	E	K	U
O	G	F	S	R	R	Y	P	R	O	M	N	Q	A	W	W	J	L
O	O	I	I	N	S	Q	D	E	O	Y	O	E	O	O	O	L	C
I	H	T	W	N	U	T	O	Z	N	P	A	N	Y	R	L	I	J
W	L	O	H	Q	O	F	O	O	Q	R	H	W	A	T	F	A	H
S	R	Y	Z	F	P	C	R	N	Y	J	Z	Y	E	I	M	T	T
T	S	D	U	T	E	L	C	W	G	K	S	U	L	K	U	E	H
U	U	H	P	J	X	J	F	G	N	U	B	V	Y	L	F	S	N
E	T	Y	H	P	O	T	E	N	G	Y	E	S	K	G	B	R	I
E	T	Y	H	P	O	C	Y	L	K	N	Y	U	R	I	E	O	D
D	M	L	O	G	Z	L	T	W	V	Z	M	X	W	M	J	H	N
J	U	R	S	B	C	J	Z	X	Y	Q	A	O	E	R	X	Z	H
P	H	O	T	O	S	Y	N	T	H	E	S	I	S	E	V	L	D
A	R	Z	V	P	K	X	M	J	G	C	D	F	F	S	C	U	Z

ADDER'S TONGUE
CHLOROPHYLL
CONIFER
CYCAD
FERN
FLOWERING
GINKGO
GNETOPHYTE
HORNWORT
HORSETAIL
LIVERWORT
LYCOPHYTE
MOONWORT
MOSS
PHOTOSYNTHESIS
WHISK FERN

Plants exist in marvelous variety, from towering trees to succulents on windowsills. As with all organisms, many species have gone extinct over the course of time. However, human activity has brought on plant extinction at a rate 500 times faster than what naturally occurs.

Mosses and Bryophytes

No. 53

```
K O S T R I C H P L U M E V I L E K
U R I F E W L O W M G X E I M N J S
D C O S O Z C W G K K L G L A D O I
I E L F T D U R C S V N G G R Y T R
D F N T N N W E T E K T B T C W K A
N H I D K I N A T F H T T R H T D M
X H T L R S A F R T H H O O A K Q A
I U W R N O E T R O A G X W N X Q T
E Z V A O A C O N I I W Q R T U C N
A B W D T W W E R U T A C E I F A O
C S P H G E P C R M O D R H O V P M
B L E Y L A A I Y O T M C T P F E M
H R U A H P Q P H F S D J A H L T O
S M C B C T V T Q W H R Q E Y O H C
A S G L M H O R N W O R T F T H R V
D E G T N O W H O O X H Y S A Z E O
Y J H W A R S K R O F E T I H W A W
E K I N T E N S K S I R A M A T D V
```

CAPE THREAD
CLUBMOSS
COMMON TAMARISK
DENDROCEROS
FEATHERWORT

HAIR-CAP
HORNWORT
MARCHANTIOPHYTA
MOUNTAIN FORK
OSTRICH-PLUME
SCALEWORT

SWAN'S NECK
TAMARISK
VELVET FEATHER
WHIPWORT
WHITE FORK

Mosses might be soft and fuzzy, but these hardy plants thrive in some pretty extreme habitats. In fact, they can be found on every continent. Along with liverworts, they are just about the only plants that are at home in Antarctica.

No. 54

Ferns

A J R V E W D G X M L Z C L O G G B
P L J S H T N D R O Y A L C W N E Q
S K L I W I Y V D O H A H K P I Q I
O D S E T A P H N N K T D A F P B F
X K S A R R W K P W V O P R N E S O
W A O P C B O Q W O A R O S Y E Q T
H L E E O X M G J R T N X N I R U I
F B H L R R S U M T D E B A E C I U
G N I R E W O L F N O N M V H L R Q
V L J L M A A P E P P Z U A K W R S
A I E O K S L Z H I O C D G G E E O
S E N S I T I V E Y X K R K I H L M
O Y R E V O L C R E T A W S A W S F
T R O W N E E L P S V E O A H Q F F
P T F F T L W P Y M E R P S S T O E
V L L K R X I P L I C B H C M W O R
R E D D A L B E L T T I R B T D T Y
G D A F I D D L E H E A D Y F Z P H

BRITTLE BLADDER
CREEPING
CROSIER
FIDDLEHEAD
FLOATING
FROND
GAMETOPHYTE
MOONWORT
MOSQUITO
NONFLOWERING
ROYAL
SENSITIVE
SPLEENWORT
SPOROPHYTE
SQUIRREL'S FOOT
UMBRELLA
WATER CLOVER
WHISK

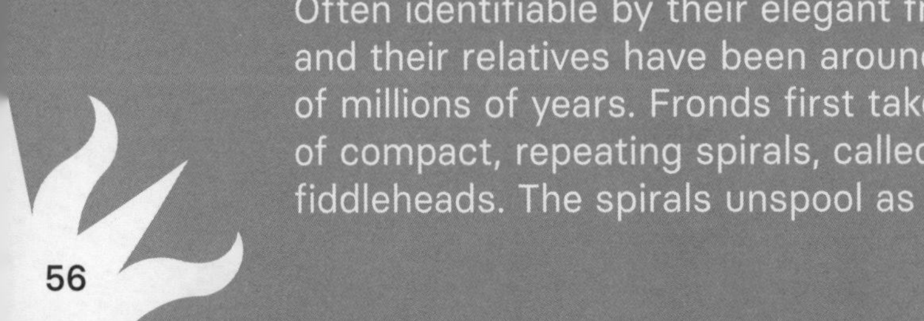

Often identifiable by their elegant fractal fronds, ferns and their relatives have been around for hundreds of millions of years. Fronds first take the shape of compact, repeating spirals, called crosiers or fiddleheads. The spirals unspool as the fern matures.

Conifers

No. 55

V	Q	Q	A	W	F	J	A	L	E	F	H	S	W	L	N	E	J
W	J	O	S	B	Q	D	U	V	Z	S	K	E	R	Z	G	L	L
R	C	F	B	E	S	Q	E	N	A	A	F	A	Q	Q	O	D	H
K	O	C	E	P	P	R	J	I	I	Q	S	O	A	X	O	E	M
V	E	U	R	O	G	O	N	V	V	P	K	A	Z	U	C	E	P
J	O	U	W	R	K	A	H	S	L	L	E	Z	G	V	J	N	O
H	C	N	E	M	W	C	O	A	X	D	L	R	J	F	L	B	D
E	E	E	O	I	P	L	F	W	K	O	L	R	E	F	A	C	O
M	N	A	A	Y	R	D	J	V	C	O	O	S	S	S	J	Z	C
Q	M	T	V	A	N	O	M	K	O	W	N	N	X	J	A	A	A
X	X	I	D	I	B	I	K	P	L	D	G	E	N	I	P	X	R
T	L	E	Z	L	E	O	P	C	M	E	L	H	N	X	I	F	P
F	C	C	H	G	U	S	O	A	E	R	I	J	C	X	Q	A	R
C	Y	P	R	U	S	Q	T	E	H	G	V	R	C	R	N	L	S
T	A	L	L	E	S	T	N	K	Q	X	I	Z	I	W	A	L	R
Z	H	L	N	C	H	O	L	P	Z	E	N	Q	L	F	X	L	P
P	P	A	Y	I	C	R	Z	W	W	M	G	V	M	F	J	H	C
A	I	O	U	Q	E	S	T	R	T	I	G	A	H	V	H	Q	W

CEDAR	JUNIPER	PODOCARP
CONE	LARCH	REDWOOD
CYPRUS	LONG-LIVING	SEQUOIA
EVERGREEN	NEEDLE	SPRUCE
HEAVIEST	PINE	TAIWANIA
HEMLOCK	PINYON	TALLEST

Conifers can be identified by their needlelike leaves and their cones. Cones come in male and female varieties. Pollen-producing male cones usually show up in spring, release their pollen, then decay. Female cones grow slower, get bigger, and contain seeds.

No. 56

Flowering Plants

A	I	Z	Z	Q	F	C	T	D	M	S	I	D	B	V	R	O	T
Q	P	M	V	L	A	O	I	R	I	E	O	J	B	A	G	R	N
N	T	O	O	R	C	I	E	B	X	E	V	S	T	C	X	Q	W
S	Q	W	P	O	L	P	K	V	H	D	P	C	T	I	U	R	F
D	E	E	N	O	S	X	U	H	F	C	E	W	C	A	H	R	E
R	L	O	N	O	S	T	A	M	E	N	O	V	U	L	E	E	F
M	M	G	I	P	O	L	L	I	N	A	T	O	R	B	D	T	F
L	A	G	L	Y	E	W	E	L	A	P	E	S	Y	M	O	W	P
M	N	Q	K	A	N	W	Q	L	E	H	I	T	E	C	K	U	R
A	S	E	M	O	S	Q	X	I	A	L	I	Q	I	I	R	S	A
S	D	I	X	F	Z	A	R	Q	D	A	X	D	E	C	G	X	Q
X	D	Y	X	Z	E	Q	B	F	M	T	U	V	W	R	H	Z	O
W	M	Q	R	V	H	X	Q	G	Q	E	C	X	D	D	W	Y	G
N	E	L	L	O	P	T	D	G	J	P	L	B	M	F	Z	C	A
U	F	K	G	O	S	Q	Y	T	J	B	E	K	T	J	M	W	O
Y	I	L	E	L	L	O	U	X	I	P	B	L	B	L	Z	L	M
B	R	S	U	E	A	H	V	Y	G	B	G	Y	R	H	X	Y	L
H	Y	C	V	B	K	R	A	U	P	V	R	C	W	Z	K	V	S

ANGIOSPERM
BASAL
CARPEL
EUDICOT
FLOWER
FRUIT
MAGNOLIID
MONOCOT
NECTAR
OVULE
PETAL
POLLEN
POLLINATOR
SEED
SEPAL
STAMEN

Angiosperms, plants that bear flowers and fruit, are the largest group of plants and the most varied. Flowers and fruits are important reproduction tools, attracting animals that pollinate the plants or spread their seeds.

Magnoliid

No. 57

X	W	N	Z	E	Y	I	E	T	F	S	S	M	H	B	Z	R	J
Y	L	P	O	Y	P	L	N	I	Y	W	N	M	E	L	L	W	Z
Y	F	A	P	M	A	T	H	R	E	Q	O	G	R	A	V	P	N
N	R	T	U	R	A	T	I	E	G	E	W	T	B	C	T	F	A
M	U	I	E	R	U	N	T	W	W	A	F	R	A	K	E	D	L
J	B	P	W	L	A	S	N	N	R	E	E	Z	C	P	U	H	Z
E	I	N	I	B	O	L	Q	I	E	C	L	P	E	E	W	P	M
P	F	P	B	P	E	W	E	K	C	A	A	A	O	P	P	J	F
C	I	T	A	M	O	R	A	E	L	R	L	W	U	P	I	H	A
M	A	G	N	O	L	I	A	L	E	E	L	P	S	E	P	V	E
S	A	R	F	A	S	S	A	S	N	T	E	A	I	R	O	Y	C
Z	X	T	A	T	K	L	U	L	O	N	N	W	I	C	Z	X	I
Y	L	A	N	G	Y	L	A	N	G	I	A	N	A	E	A	B	P
Q	P	Z	Y	G	U	Z	C	A	E	W	C	D	U	A	Z	P	S
L	X	S	P	X	Q	Y	P	C	A	A	O	Z	B	T	K	J	L
F	H	C	J	I	P	J	N	X	S	R	X	W	T	A	M	W	L
A	R	I	S	T	O	L	O	C	H	I	A	L	C	O	F	E	A
N	T	X	Z	I	E	I	P	M	K	E	H	V	X	I	Y	E	G

ALLSPICE	CINNAMON	PIPERALE
ARISTOLOCHIA	HERBACEOUS	SASSAFRAS
AROMATIC	LAURALE	SWEETSOP
AVOCADO	MAGNOLIALE	TULIP
BLACK PEPPER	NUTMEG	WINTERACEAE
CANELLALE	PAWPAW	YLANG-YLANG

Named for the magnolia family, renowned for their showy flowers, magnoliids also include nutmeg, cinnamon, and avocados. It seems that the avocado, with its large single seed, evolved alongside fauna like the giant ground sloth—animals enormous enough to eat the fruit and spread the seeds.

No. 58

Monocots

X	J	U	N	K	S	O	B	W	A	E	U	H	G	R	C	E	S
D	I	O	R	A	R	L	V	L	U	H	S	E	V	H	G	I	W
S	K	D	P	H	E	J	I	S	H	T	L	I	S	M	M	W	E
V	R	A	A	J	F	S	L	G	O	A	U	J	R	S	M	E	E
D	I	I	K	P	M	D	S	S	E	P	G	B	O	I	E	T	T
V	E	L	L	A	S	S	U	R	W	S	U	S	E	L	V	L	H
K	C	D	T	T	A	S	O	C	Y	E	H	D	L	R	A	A	E
K	A	A	O	R	E	C	D	I	K	A	E	T	C	P	G	N	A
B	L	U	G	Y	S	Y	A	M	S	W	O	T	Y	P	A	D	R
E	T	A	F	O	G	L	Z	P	S	D	E	R	F	D	B	D	T
S	E	S	I	R	W	R	A	B	F	J	Q	E	H	L	N	Q	P
S	E	D	C	D	R	R	B	V	Z	T	M	W	D	T	A	M	L
Q	Z	U	Z	X	A	R	Q	C	A	C	O	R	A	L	E	G	A
J	X	K	C	G	Q	X	M	K	P	D	C	K	S	H	Z	J	N
Z	T	W	A	Q	H	S	F	A	O	X	Q	D	E	Y	P	V	T
D	X	L	Q	N	M	K	K	R	I	P	V	Y	U	O	A	M	D
U	E	Y	Y	G	F	K	H	Y	T	A	R	O	A	Z	F	M	M
L	I	D	O	F	F	A	D	C	H	A	V	G	X	P	J	E	R

ACORALE
AGAVE
ALISMATALE
AROID
ASPARAGALE
DAFFODIL

DIOSCOREALE
DUCKWEED
IRIS
SEAGRASS
SPADIX
SPATHE
SWEET FLAG

SWEETHEART PLANT
TARO
TUBER
WETLAND
YAM

There are lots and lots of monocots—and they're diverse! The group includes plants as seemingly independent of each other as seagrass, daffodils, and bananas. So what do they have in common? They each produce single, leaf-wrapped seeds called cotyledons.

More Monocots

No. 59

Z X U X Y K Y U M T Y W T T E F A T
C V G X Z P A U K X F D U R L K L R
Y O M Z V J C Q K L V S L O A M S U
K G C Q M I I E N A Y W I P R W T E
E G F O H E L A I L I L P I E B R L
N Z L C N T P Y Z E J J A C B J O I
N E L A J U S A W J W W N A I L E L
Z O W R W T T U L Z N H D L G E M Y
C T Y E C N T D E M E U A P N L E Y
Z H O C A N A N A B T K N U I A R S
M K Z A H G H J E T F A A X Z N I C
I O U L P X W J M E N I L A N I A R
Q A X E O T I P K G L C E R J L I E
B E T E L N U T X V Q A P J I E E W
A L L I R A P A S R A S O F D M U P
A P O U P C T J M Q U F P P O M U I
W I N D P O L L I N A T E D K O Q N
U D G G K F U A W Q T A T C V C H E

ARECALE
ALSTROEMERIA
BANANA
BETEL NUT
COCONUT
COLCHICUM
COMMELINALE
LILIALE
PALM
PANDANALE
POALE
SARSAPARILLA
SCREW PINE
TROPICAL
TRUE LILY
TULIP
WIND-POLLINATED
ZINGIBERALE

The *Liliale* order includes some particularly pretty monocot families. Although one might be tempted to incorporate wild tulips or true lilies, like the Madonna lily, into an at-home flower garden, cat owners beware! Felines find these flowers to be toxic.

No. 60 Flowers with Seed-Leaves

W	F	R	H	R	Q	B	T	P	T	W	E	V	U	K	E	E	Z
A	A	Z	A	C	E	L	A	S	T	R	A	L	E	L	P	L	C
F	B	L	A	N	N	E	P	A	O	V	R	R	A	M	O	A	G
F	A	Q	A	P	U	P	E	Y	K	I	A	X	U	G	E	I	L
Z	L	I	Z	U	O	N	K	L	W	T	U	F	G	H	A	N	K
A	E	H	E	W	K	C	C	J	A	B	B	D	U	G	S	A	A
P	R	O	T	E	A	L	E	U	E	T	I	O	N	G	H	R	S
G	N	C	S	B	O	M	C	L	L	L	I	N	N	S	R	E	G
D	O	V	S	J	P	F	A	U	L	A	I	V	E	L	G	G	T
L	D	R	M	S	A	T	F	E	C	R	L	O	R	U	V	Z	U
I	E	K	T	G	R	X	N	M	E	U	W	E	A	D	E	A	D
L	L	A	A	Y	A	I	W	K	Q	L	R	Y	L	N	T	A	G
P	Y	L	M	B	A	S	O	H	L	D	A	B	E	W	E	Y	P
I	T	Q	D	L	P	M	Z	I	F	T	G	S	I	R	K	K	R
B	O	A	E	E	L	A	D	I	L	A	X	O	O	T	G	A	H
R	C	Q	O	F	D	R	G	E	O	Z	B	Y	R	R	A	T	T
E	L	A	G	A	R	F	I	X	A	S	G	J	A	F	S	L	S
Q	K	G	R	J	V	M	H	X	Y	M	F	T	A	O	K	A	E

BUXALE
CELASTRALE
COTYLEDON
CUCURBITALE
DILLENIALE
FABALE
FAGAL
GERANIALE
GUNNERALE
MYRTALE
OXALIDALE
PROTEALE
RANUNCULALE
ROSALE
SAXIFRAGALE
VITALE

As angiosperms represent the largest group of plants, eudicots, identifiable by their pair of seed-leaves called cotyledons, represent the largest clade of angiosperms. Nearly three-quarters of all known flowering plants are eudicots. They can be found in every habitat on land.

More Flowers with Seed-Leaves

No. 61

E	E	S	E	C	X	R	V	Y	M	D	D	J	D	U	U	B	E
D	R	L	J	L	C	P	O	Q	B	B	R	Y	X	D	R	L	L
N	A	I	A	U	A	P	E	B	Y	V	K	W	T	A	A	J	A
H	F	S	C	I	R	D	T	V	B	U	E	F	S	L	E	D	L
S	Y	A	T	A	M	Z	N	M	S	N	U	S	A	O	L	I	L
Y	F	Q	M	E	L	A	X	I	Q	A	I	T	Q	B	A	P	Y
S	B	T	Y	K	R	E	L	E	P	C	N	Q	N	N	N	S	H
E	D	W	F	O	T	A	L	I	A	A	G	B	B	C	A	A	P
H	Z	H	K	X	W	A	L	L	S	A	S	O	R	L	L	C	O
J	H	V	G	J	I	Z	E	E	R	I	J	R	K	S	O	A	Y
L	A	Q	O	P	L	W	U	R	Y	J	S	A	G	I	S	L	R
H	W	V	A	Z	Z	N	Y	P	U	Z	J	N	S	O	K	E	A
V	N	E	L	A	N	A	I	T	N	E	G	G	M	V	J	D	C
N	V	G	U	G	L	Y	H	S	Z	B	N	I	B	W	S	Z	B
I	N	N	Z	E	D	L	T	S	F	N	G	N	X	E	A	W	G
E	L	A	V	L	A	M	W	P	H	Q	R	A	O	Z	M	L	O
A	Q	U	I	F	O	L	I	A	L	E	E	L	C	C	D	I	U
C	O	R	N	A	L	E	K	T	M	T	D	E	W	E	N	D	H

APIALE
CARYOPHYLLALE
LAMIALE
AQUIFOLIALE
CORNALE
MALVALE
ASTERALE
DIPSACALE
SANTALALE
BORANGINALE
ERICALE
SAPINDALE
BRASSICALE
GARRYALE
SOLANALE
GENTIANALE

Some eudicot families have distinctive members. The Caryophyllale family includes carnivorous plants like Venus flytraps and pitcher plants. Among the Gentianales, the carrion flower smells like rotten meat. And tomatoes are in the same family as deadly nightshade, Solanale.

No. 62

Flowering Shrubs and Trees

```
A D W E P P W O D K S M C S O F S K
E T S X W A E Z I K A A W J L U N A
L U H F V S R N O C S E C R F O D O
L B M A S F G W A P E A I N I R E Y
I Z O D T P T D E T E V O H U D A K
V Y M X R A A B B O Y I S M Z E E L
E L Q O W M R O V K F U S R S E C I
R I T V I O X A G D C T L A X R A S
G E F A Q S O J W N I L C Y X T N D
A O N G H D K D I C I R W I X E A E
I U N N H S B P K S E V F E X N T R
T Z H Z K V U S U D G G R X I A A X
N O U R O Z K B L G Z V J A P L L O
F W W E T X Q O E C Y J M N C P P X
W R P M C J T S C R H F H F P S D A
I N S T R U M E N T I S X H V X A A
X E K P S O E P F B X F V E J K U V
R L O M O U N T A I N D E V I L R O
```

BOXWOOD
CARVING
DRUMSTICKS
FIRE BUSH
GREVILLEA
INSTRUMENT
KING PROTEA
MACADAMIA NUT
MOUNTAIN DEVIL
PINCUSHION
PLANETREE
PLATANACEAE
RED SILKY OAK
SACRED LOTUS
SWEET BOX
WARATAH

Most recognizable as hedges or shrubs, boxwoods have historically served a variety of practical and medicinal purposes. As their name implies, they were often used to carve boxes. They've also been used to make instruments, and as a treatment for epilepsy and malaria.

Poppies and Related Plants

No. 63

V	D	X	N	P	U	S	D	B	D	C	H	T	T	V	C	J	O
Z	E	X	P	T	U	U	I	E	U	O	H	I	R	H	Q	O	Y
Z	E	Y	G	E	R	B	E	L	R	T	U	P	O	A	B	E	R
P	S	O	P	S	X	S	A	N	A	R	T	C	F	M	E	M	O
Q	L	V	G	W	N	L	E	R	F	D	O	E	A	H	E	H	T
Q	I	S	X	O	K	D	B	E	B	L	Y	B	R	C	G	C	I
L	A	A	O	R	P	U	L	Z	A	E	D	R	P	C	K	X	M
E	N	M	O	O	H	K	E	T	Q	E	R	K	O	B	U	L	U
O	S	P	P	N	C	E	E	B	R	W	V	R	U	C	J	P	F
N	Q	P	R	I	Z	V	W	C	H	J	W	X	Y	Q	O	G	Q
T	Y	B	S	P	I	X	A	B	I	S	H	O	P	S	H	A	T
I	X	U	U	N	I	S	G	N	I	D	O	E	L	B	D	T	J
C	Q	B	E	C	E	L	A	N	D	I	N	E	M	F	J	P	B
E	P	H	E	A	S	A	N	T	S	E	Y	E	Q	I	R	I	M
L	Z	E	L	P	P	A	Y	A	M	B	R	I	F	L	J	B	Z
G	L	O	B	E	F	L	O	W	E	R	V	M	N	J	N	K	E
R	U	P	S	K	R	A	L	H	F	L	H	K	S	I	D	S	M
L	P	P	T	R	A	E	H	G	N	I	D	E	E	L	B	F	F

BARBERRY
BISHOP'S HAT
BLEEDING HEART
BUTTERCUP
CELANDINE
CHOCOLATE VINE
CORYDALIS
FUMITORY
GLOBEFLOWER
HEART
HORNED POPPY
LARKSPUR
LEONTICE
MAY APPLE
MOONSEED
PHEASANT'S EYE
SACRED BAMBOO
SICKLE FRUIT
SNAILSEED

Seeds of the common poppy remain dormant underground until exposed to sunlight by a disturbance of earth—by a bomb, say, or by trench or grave digging. That's how millions of poppies came to bloom in Europe during World War I, and why blood-red poppy flowers became a symbol of remembrance of those who died in war.

No. 64

Related to the Peony

```
B T E J Z E W K M T X S Y P A E C S
E U C N Y X B L R K I N A Q P E Y R
B J F X I Q J O Q M O R P T W G H A
P L C F F P W P P E R Q Y T S A U E
I L A V A L R O P O X R K G U T A S
G C V C E L H O T G J B Z L R N F T
G X E V K A O I B R A K N X Z A Q N
Y O A Z I C O C Q G A O Z I Q L R A
B N U R B P U D U E J N J K C P S H
A J R P S P B R S R G W Q C Y R W P
C V O I M G H I R T R P B K N E E E
K W S G Z Z F H J A T A O H Y C E L
P A E B R B A I B R N E N T W U T E
L P R K W R O L Z W X T T T A A G Z
A X O O F I R E C R A C K E R S U U
N K O F L A M I N G K A T Y Q I M T
T O T L E Z A H H C T I W B T Q X I
J Z K E E L E S U O H D K R F I V B
```

BLACKCURRANT
BUFFALO CURRANT
ELEPHANT'S EARS
FIRECRACKER
FLAMING KATY
HOUSELEEK
NAVELWORT
ORPINE
PARROTIOPSIS
PEONY
PIGGYBACK PLANT
ROSEROOT
SAUCER PLANT
SIMPOH AIR
SWEETGUM
WITCH HAZEL

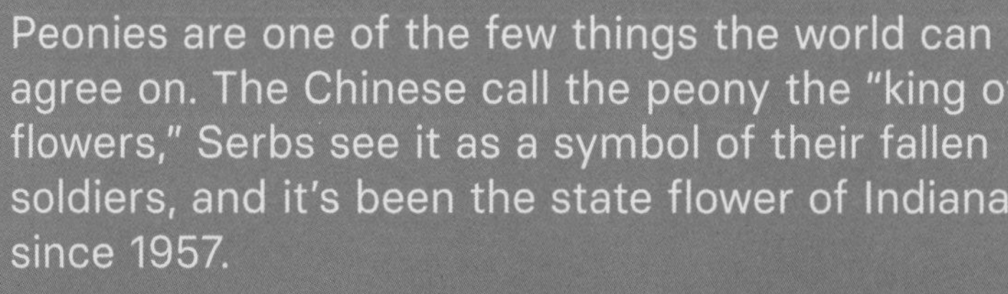

Peonies are one of the few things the world can agree on. The Chinese call the peony the "king of flowers," Serbs see it as a symbol of their fallen soldiers, and it's been the state flower of Indiana since 1957.

Pomegranate Relatives

No. 65

C	T	T	D	I	T	A	W	X	O	O	W	I	S	K	B	Y	M
A	I	K	A	C	D	X	H	M	E	D	F	S	L	I	R	W	M
H	I	G	T	N	K	Z	C	E	S	Q	U	S	S	I	U	B	U
E	M	S	A	Y	R	O	L	G	N	O	S	M	I	R	C	C	I
R	U	T	H	R	K	G	O	J	M	N	E	M	H	U	R	Q	N
B	I	O	X	C	F	I	V	S	C	N	A	O	H	A	E	T	A
R	N	R	M	G	U	L	E	M	I	X	N	P	N	T	H	C	R
O	O	K	Q	A	C	F	O	V	F	E	Y	E	A	V	K	Z	E
B	G	S	N	C	F	C	E	W	Y	M	S	N	T	L	U	X	G
E	R	B	P	O	I	P	L	B	E	B	A	V	G	D	K	B	M
R	A	I	K	X	A	E	U	W	I	R	N	W	X	J	S	N	A
T	L	L	N	R	I	S	L	L	G	P	R	I	M	R	O	S	E
O	E	L	G	D	H	I	L	E	H	G	U	A	V	A	R	K	P
V	P	U	N	V	R	J	M	Z	H	J	U	W	X	W	L	O	K
X	V	A	W	E	F	O	S	E	Z	A	W	M	A	G	C	Z	Q
T	L	T	L	T	P	E	D	A	H	S	T	H	G	I	N	X	J
R	E	P	E	E	R	C	A	I	N	I	G	R	I	V	R	W	R
X	W	A	T	E	R	C	H	E	S	T	N	U	T	B	Q	B	L

CIGAR FLOWER
CLOVE
CRANESBILL
CRIMSON GLORY
FUCHSIA
GERANIUM
GRAPEVINE
GUAVA
HENNA
HERB ROBERT
HONEYBUSH
NIGHTSHADE
PELARGONIUM
POMEGRANATE
PRIMROSE
STORKSBILL
VIRGINIA CREEPER
WATER CHESTNUT

Members of the Lythraceae, or loosestrife, family are primarily confined to the tropics. They produce a remarkable array of products, from fruits like the pomegranate to dyes like the henna some cultures use to make intricate body designs.

No. 66

Related to Peanuts

M O O R B W D Z I Z A R A E N G Z T
F A L S E I N D I G O L E B S O L N
N A E B R E N N U R K R F V P R T A
F U F O W M O Z D I T M R A R S Q L
Q S N L K E J R D S P J V F L E J P
U P O T D P Y N A F G E M N C F H E
E V Y G H Z E D Q X H S A U E I A V
M E G K W Y U A C K L F E N E Q R I
I O Y T V J S L J U V M G S U V R T
L U D E A M O K X E C E I Y T T L I
V X T X M V E O D H Q L C T M L R S
R C O C E O E C O N K M E K A O C N
H U I R X X M A I T I J M T H C M E
V T E F P C U D R R O R R O T U M S
T R S N A S G E H Q O K A I A S J R
D P C R G Z E F D O S C B M P T D K
T T O X H A L F T E Z N I S A Y Y B
O B F X C I Q P Z Z L G Q L L T M H

ALFALFA
BROOM
CAROB
CLOVER
FALSE INDIGO
GORSE

JUDAS TREE
KIDNEY VETCH
LEGUME
LICORICE
LOCUST
PEANUT

RUNNER BEAN
SENSITIVE PLANT
SILK TREE
TAMARIND

With their resources restricted by Northern blockades, Confederate soldiers relied on goober peas—peanuts—for nourishment. After the war, George Washington Carver leveraged the peanut and holistic cultivation techniques as an alternative to cotton for Black farmers in the South.

Nut Trees and Relatives

No. 67

B	F	B	L	E	F	Y	N	D	Q	T	S	A	C	X	H	T	N
J	G	I	O	B	R	T	O	D	N	B	O	V	B	N	K	U	E
G	C	R	G	V	X	O	U	P	J	T	R	A	E	Z	Y	N	T
I	G	C	W	F	W	V	T	N	P	X	R	S	C	A	Z	L	M
R	G	H	D	N	A	S	T	U	T	S	E	S	D	O	G	A	L
K	J	C	O	U	J	U	P	R	U	S	L	A	U	E	C	W	T
H	N	R	U	S	U	S	A	V	C	X	E	C	X	G	R	A	U
C	I	Q	A	C	S	A	U	H	A	Y	A	H	R	Q	W	V	B
T	N	A	L	P	L	L	A	B	E	S	A	B	C	J	O	V	Q
T	X	S	U	R	A	V	S	F	H	L	H	Z	M	O	U	G	Q
L	B	A	E	W	D	J	H	X	A	O	A	O	T	T	N	J	L
X	R	D	N	E	P	S	A	C	K	I	R	G	Z	K	L	B	O
I	L	F	I	P	V	D	X	J	E	I	Y	N	T	A	K	B	V
A	T	E	E	Q	E	P	V	N	C	E	Q	U	B	E	R	V	K
P	B	C	N	N	I	T	W	J	X	C	B	M	U	E	E	L	H
C	A	S	T	A	R	F	R	U	I	T	F	W	J	W	A	W	G
N	R	U	B	B	E	R	T	R	E	E	U	U	N	B	O	M	S
D	N	I	Y	M	J	O	O	T	U	D	G	V	X	W	Z	R	B

ALDER
ASPEN
AYAHUASCA
BASEBALL PLANT
BEECH
BIRCH
CASSAVA
CHESTNUT
COCA
HORNBEAM
IRONWOOD
PECAN
RUBBER TREE
SORREL
STAR FRUIT
SWEET GALE
TUTSAN
WALNUT

A growing body of evidence suggests that, purposefully or not, trees seem to communicate with, and maybe even care for, one another. For example, beech trees may feed a felled comrade, keeping the stump living for hundreds of years.

No. 68 Hops, Berries, and Similar Plants

BLACKBERRY
FRIENDSHIP PLANT
HACKBERRY
HEMP
HOPS
JACKFRUIT
JUJUBE
MEDLAR
NEW JERSEY TEA
SACRED FIG
SALAD BURNET
STINGING NETTLE
STRAWBERRY
SWEET BRIAR
WILD CHERRY
ZELKOVA

Hops in beer are common, but hops in your salad? In Belgium, some hops are grown for their edible shoots. It's a difficult process but worth it—tender hop shoots are one of the most expensive vegetables in the world.

Papaya and Relatives

No. 69

```
E Y Y W Z I A H G R E X U Y S I M H
R E E O L N T V O W M G B S X M T O
N S Z U M I E M Z A Q D E R R A N N
L A R D G E I O U X R R I H M Y B E
B V A E S W R E L I C Y O K F A M S
C A P E R V B R U R T R S Z Q P G T
P R M O W O U S E L S R W T O A H Y
O D C W H W A T E E V Z U V O P L W
A S I Y P Z T L R Z K D Y T O C H A
R C D T W I A A L H S X O O S E K L
V Y D F B K D C Z N A H B W I A N L
P V W G A I E T T E N O N G I M N F
H W O E S S S E R C R E T A W F P L
F R S H W I L D C A B B A G E E N O
S H E P H E R D S P U R S E Z C C W
I T H S I D A R D L I W J J J F C E
W I N T E R C R E S S O R S U Y P R
Q C C B K D B F N Z J Z E B O O C G
```

AUBRIETA
BITTERCRESS
CAPER
HOARY STOCK
HONESTY
HORSERADISH
MIGNONETTE
NASTURTIUM
PAPAYA
SEA KALE
SHEPHERD'S PURSE
WALLFLOWER
WATERCRESS
WILD CABBAGE
WILD RADISH
WINTERCRESS

Every papaya tree is male, female, or hermaphrodite. The third sex is the one that bears fruit, but there's no way to identify hermaphroditic trees as seeds. Mayan farmers were the first to cultivate them, so researchers are studying the ancient civilization for clues.

No. 70

Citrus, Sap, Sweet

J	U	P	F	C	Y	I	D	W	E	N	F	F	M	L	L	D	S
S	A	H	O	R	S	E	C	H	E	S	T	N	U	T	Y	P	A
Z	U	E	R	H	Q	P	C	O	J	H	L	I	W	O	C	D	Y
N	B	M	R	M	V	A	I	K	L	V	S	M	I	F	H	A	E
E	G	N	A	R	O	R	E	T	T	I	B	A	E	H	E	I	C
U	I	N	U	C	O	U	P	K	V	Q	W	S	C	H	E	M	S
Z	G	E	C	W	H	C	A	R	V	I	N	M	S	I	B	M	Y
O	A	S	H	E	M	I	N	I	W	E	N	U	H	W	L	I	C
F	O	S	D	W	A	V	D	O	C	U	B	K	K	U	G	K	A
Y	D	D	O	R	H	C	U	N	M	E	Q	J	F	A	R	S	M
L	G	Q	O	S	J	V	I	V	K	L	U	Q	R	J	G	K	O
E	K	W	W	D	L	K	T	O	T	W	A	O	J	F	Y	C	R
X	J	H	B	S	N	E	M	K	R	B	M	S	G	V	S	D	E
L	S	L	A	A	H	S	M	S	U	G	A	R	M	A	P	L	E
G	I	G	R	G	M	X	N	O	V	W	Q	Y	P	M	P	J	I
W	Z	F	C	T	L	A	S	D	N	A	R	E	P	P	E	P	R
N	E	V	A	E	H	F	O	E	E	R	T	I	N	N	V	J	D
B	Y	F	B	F	E	J	Z	T	J	H	Y	G	Q	X	J	S	H

BITTER ORANGE
CASHEW
CRABWOOD
FRANKINCENSE
HORSE CHESTNUT
LEMON
LYCHEE
MANGO
PEPPER AND SALT
SALMON CORREA
SKIMMIA
SMOKE BUSH
SUGAR MAPLE
SUMAC
SYCAMORE
TREE OF HEAVEN

Huanglongbing is coming for our orange juice! Also known as citrus greening, this bacterial infection decimates citrus groves if allowed to spread undetected. Luckily, there are detectives on the case: dogs. The dogs are trained to sniff out infections, working far faster than any other known method.

Caryohpyllales: Cactuses

No. 71

A	M	W	M	H	Z	S	S	P	N	E	M	S	Y	Y	P	L	G
V	J	X	O	D	P	Q	U	A	A	U	G	A	D	F	G	P	I
X	F	F	J	I	A	C	M	Y	Y	Z	D	G	A	M	Y	C	A
L	S	D	N	I	T	D	V	R	K	L	C	U	L	G	Y	D	N
X	E	E	M	E	L	H	G	M	P	J	G	A	D	M	K	E	T
O	R	R	R	O	R	W	R	O	I	L	C	R	L	S	I	A	C
O	G	A	R	D	J	N	Y	S	O	W	Y	O	O	V	L	S	A
N	L	C	T	A	O	Z	P	R	I	C	K	L	Y	P	E	A	R
C	C	O	G	S	B	O	Y	E	O	T	E	L	T	S	I	M	D
U	E	X	K	T	T	O	H	P	A	C	S	K	R	U	T	N	O
U	F	J	J	O	F	A	A	S	F	R	Q	L	S	Z	Z	A	N
U	D	Y	M	T	J	U	I	D	K	S	C	I	H	U	H	S	V
O	N	E	E	V	R	V	U	L	X	N	F	H	T	G	I	Q	V
O	I	X	S	Y	F	F	O	W	J	K	O	L	S	T	W	I	I
V	A	N	U	E	W	Z	E	T	W	N	F	M	R	H	E	M	D
S	R	P	Q	R	R	R	U	D	G	R	T	G	N	G	E	E	L
L	B	C	R	A	B	T	C	Q	W	Y	N	J	W	W	N	M	S
W	P	I	F	R	E	U	P	P	Z	W	K	B	M	Z	L	C	O

BARREL
BRAIN
CLARET CUP
CRAB
DESERT
GIANT CARDON
GLORY OF TEXAS
MISTLETOE
MONK'S HOOD
OLD LADY
OLD MAN
PRICKLY PEAR
RAT'S TAIL
SAGUARO
SPINE
TURK'S CAP

Monk's hood, a unique cactus now scarce in the wild, looks like a spiny eight-point star when viewed from above. This fact is reflected in its genus name: *Astrophytum*, which is Greek for "star plant."

No. 72

Other Caryohpyllales

X	D	C	U	Z	D	X	K	W	O	T	S	B	K	A	S	R	W
T	A	E	H	W	K	C	U	B	E	A	O	G	P	X	Y	C	A
H	J	P	E	R	X	J	W	E	M	U	Z	I	J	X	Y	I	J
N	E	O	C	L	T	F	B	Q	G	P	T	G	J	I	J	H	R
B	I	K	J	B	K	A	Y	A	I	C	E	P	L	A	N	T	E
R	M	B	M	O	E	C	I	Q	H	P	Q	D	P	H	M	L	G
A	W	J	O	S	B	N	O	E	A	L	A	P	L	O	P	I	I
B	R	N	Y	R	V	A	R	C	U	S	W	O	R	R	F	V	T
U	M	D	S	I	D	P	M	I	N	C	O	Z	I	T	W	I	Y
H	C	V	L	T	L	E	H	K	U	R	Y	R	O	G	B	N	T
R	B	L	D	A	L	M	G	G	F	Y	O	T	R	K	Q	G	R
C	E	T	N	M	I	K	C	G	Q	T	N	C	W	E	D	S	A
A	O	T	F	A	S	Z	I	A	A	E	X	Y	V	E	L	T	W
U	U	I	D	R	A	Y	Y	B	T	R	J	M	B	D	T	O	Z
I	J	N	V	I	B	V	C	T	P	H	C	I	S	R	B	N	C
M	T	J	P	S	W	E	O	C	L	B	W	W	I	C	J	E	V
Z	N	J	J	K	O	H	S	E	A	H	E	A	T	H	Y	S	Q
A	N	K	G	Y	C	P	A	R	T	Y	L	F	S	U	N	E	V

BOUGAINVILLEA
BUCKWHEAT
CORNCOCKLE
COW BASIL
HOTTENTOT FIG
ICE PLANT
JOJOBA
LIVING STONES
PITCHER PLANT
POLPALA
RAGGED ROBIN
RHUBARB
SEA BEET
SEA HEATH
SORREL
TAMARISK
VENUS FLYTRAP

The carnivorous Venus flytrap is one of only two plant species that actively trap their prey. When an unwitting insect stimulates a flytrap's jaws (actually modified leaves), the jaws snap shut. To prevent a snap on an inanimate object, two separate stimulations are required.

Santalales, Cornales, and Ericales

No. 73

C	V	Y	K	E	X	Z	S	C	S	H	Z	G	M	T	C	U	J
A	O	R	U	I	E	D	S	O	G	C	Z	O	F	O	C	R	H
L	O	B	B	F	W	R	Q	W	X	B	C	L	W	J	U	T	M
L	A	R	R	T	B	I	T	B	Z	K	Y	S	K	A	G	N	G
B	C	W	F	A	Z	P	B	E	O	D	L	L	E	R	W	O	H
U	S	H	N	C	P	D	N	R	R	I	S	G	N	H	K	M	R
M	P	B	Y	E	H	L	A	R	P	I	N	Z	J	G	M	M	P
M	R	U	R	P	T	N	A	Y	F	A	F	S	E	H	I	I	B
T	Y	N	B	T	G	S	U	N	R	R	J	T	Z	S	S	S	M
P	G	F	H	E	D	F	A	D	T	E	Z	X	R	B	T	R	R
S	W	Z	Q	H	I	Q	Y	N	N	H	E	I	L	B	L	E	A
S	I	G	D	C	I	H	B	Q	D	T	V	L	F	L	E	P	S
W	I	R	J	A	C	O	B	S	L	A	D	D	E	R	T	P	I
O	N	T	Y	V	A	U	H	G	T	E	L	J	S	B	O	L	F
U	K	L	B	S	W	O	S	Y	Z	H	N	W	Z	Z	E	J	U
D	O	O	W	G	O	D	I	R	P	Y	E	G	O	U	U	F	I
S	L	L	I	B	O	T	I	U	Q	S	O	M	D	O	Q	A	N
Y	U	B	R	H	O	D	O	D	E	N	D	R	O	N	D	N	P

COBRA PLANT
COWBERRY
COWSLIP
DOGWOOD
FIRE TREE
HEATHER
HYDRANGEA
JACOB'S LADDER
KIWI
MISTLETOE
MOCK ORANGE
MOSQUITO BILLS
OSYRIS
PERSIMMON
RHODODENDRON
SANDALWOOD

Although commonly associated with amorous holiday traditions, mistletoe is actually a parasite. More precisely, it's a hemiparasite, a term referring to plants that gain at least some nutrients from a host. Mistletoe takes water and food from shrubs and trees.

No. 74 Boraginales, Garryales, and Gentianales

B F W Q B N K R Y H B T W G B G A O
U M F B N E J E J Z O S Q N Y Y O E
W E S F R H A D O Y R Q Y F R I W O
L A U C U B A D L E A V H R C G L D
L T T V G R P A P P G R A A H E L O
E U T O R U B M B L E G R Q A V V G
W X N G N W V T D L A R M N V A D L
M I U G R E M U S T I N D O T S E E
O I M U W Q M S R O C E T C L T I S
R R S C U O A T N H R I M R H R N S
G N A B W T R F E J Z I J N Z Y A A
E X T E F B L T V G E E F F O C P T
L W O L T O X U H T R T G U M H I K
P J I U W Y N E G M B O X C Y N G L
R S J E S S A M I N E N F J M I N I
U T R E L K N I W I R E P B T N A S
P S P O T T E D L A U R E L C E R Z
A I L E C A H P Y S N A T H I M F Z

AUCUBA
BEAD PLANT
BORAGE
CARRION FLOWER
COFFEE
FORGET-ME-NOT
FRANGIPANI
GARRYA
JESSAMINE
LUNGWORT
MADDER
OLEANDER
PERIWINKLE
PURPLE GROMWELL
SILK TASSEL
SPOTTED LAUREL
STRYCHNINE
TANSY PHACELIA

The story of the forget-me-not family is a good example of the continual evolution of the science of classification. Due to the difficulty in determining how forget-me-nots are related to other families, a new order, Boraginales, was proposed in 2016.

Lamiales

No. 75

L	B	B	G	I	G	G	S	E	S	L	S	W	W	Y	Y	M	M
Z	U	L	T	R	D	U	V	S	Y	O	A	J	H	Z	F	A	J
Z	G	A	G	E	E	I	E	P	L	A	N	T	A	I	N	R	K
S	L	V	T	C	L	W	H	G	Z	K	A	T	K	I	D	J	T
J	E	E	T	O	P	O	O	Y	A	S	O	H	W	Y	M	O	N
N	H	N	T	V	B	L	I	B	W	S	V	T	A	I	G	R	V
V	M	D	U	G	M	J	I	V	Y	G	B	K	N	Y	M	A	Q
J	Q	E	F	B	L	X	P	L	T	R	D	T	R	S	U	M	V
L	L	R	A	M	N	F	E	H	A	Y	O	O	F	E	Y	D	R
B	R	S	W	N	O	W	I	T	A	C	S	L	X	G	F	V	V
T	I	E	B	Y	E	L	A	L	W	E	T	I	G	Y	E	G	B
L	R	H	I	D	T	V	W	W	M	O	A	D	B	F	G	M	G
G	Z	O	A	O	X	B	O	A	R	A	L	U	B	U	T	Y	S
O	L	U	W	K	R	E	R	R	Y	O	W	Y	P	L	L	J	X
V	A	D	U	G	Q	Y	N	O	G	A	R	D	P	A	N	S	J
B	P	Z	E	T	I	N	B	P	H	N	W	T	N	S	E	V	A
R	V	T	Z	E	T	F	P	E	V	Q	A	U	X	B	D	I	C
T	D	O	K	E	Z	C	Y	Q	B	T	Z	M	Z	Y	O	K	A

BASIL
BUGLE
FIGWORT
GLORYBOWER
LAVENDER
LILAC
MANGROVE
MARJORAM
MINT
OLIVE
PLANTAIN
ROSEMARY
SAGE
SNAPDRAGON
TUBULAR
VIOLET

Often identifiable by their tubular flowers and pleasant scents—think sage, rosemary, and basil—Lamiales also serve important ecological functions. Mangroves, for example, help to prevent coastal erosion and offer protection from hurricanes and other natural disasters.

No. 76 Solanales, Apiales, and Aquifoliales

S	L	S	N	G	P	B	Z	A	X	K	K	C	H	C	N	C	C
U	R	E	T	Z	N	I	I	R	C	B	O	O	W	Z	D	T	H
S	S	G	N	R	F	T	Z	O	F	M	U	M	H	U	L	R	I
T	A	R	V	N	N	C	L	D	M	E	P	A	Y	U	H	J	N
E	O	U	Q	A	E	M	H	O	P	S	O	G	Q	W	H	Z	E
X	L	B	R	F	E	F	N	I	H	E	N	B	A	N	E	U	S
N	P	T	A	H	O	D	G	R	L	M	W	A	S	M	T	G	E
K	S	X	U	C	O	T	S	A	J	I	H	A	B	B	O	N	L
A	T	Q	R	D	C	C	A	Y	A	Z	P	Q	C	Y	M	E	A
H	X	U	D	P	H	O	J	T	E	Z	B	E	Z	Z	A	S	N
Z	B	E	I	V	T	H	A	K	O	W	K	Y	P	R	T	N	T
A	R	U	H	K	N	E	Z	G	G	P	K	B	B	P	O	I	E
Y	Y	R	O	L	G	G	N	I	N	R	O	M	R	S	E	G	R
U	Q	R	D	K	B	T	H	O	R	N	A	P	P	L	E	R	N
W	B	I	N	D	W	E	E	D	W	L	K	M	M	F	S	R	Y
A	D	G	R	Q	K	G	I	P	D	E	B	M	I	Y	F	Z	J
Y	L	L	O	H	N	O	M	M	O	C	Q	W	R	Y	P	V	H
I	Q	K	K	D	A	Q	A	G	P	Y	B	J	T	F	K	O	O

ASTRANTIA
BINDWEED
CHILI PEPPER
CHINESE LANTERN
COMMON DODDER
COMMON HOLLY
FENNEL
GINSENG
HEMLOCK
HENBANE
KOHUHU
MORNING GLORY
POTATO
THORN-APPLE
TOBACCO
TOMATO

Potatoes have a complex history. Originating in the Andes Mountains where they continue to thrive in dizzying variety, potatoes saved millions from starvation and fueled European expansion. They also gave rise to modern monoculture agriculture and the development of pesticides.

Asterales

No. 77

P	R	S	P	F	J	E	B	E	M	Z	K	S	C	G	L	V	R
N	P	E	Z	O	D	V	P	Q	A	F	Y	K	P	N	L	Y	E
B	O	M	W	A	X	N	Q	C	T	X	P	C	G	K	E	I	W
B	L	I	T	O	A	Z	H	P	U	N	R	P	B	C	B	C	O
P	U	F	L	E	L	I	X	F	N	I	C	Z	H	S	E	A	L
E	K	T	B	E	C	F	B	U	C	K	B	E	A	N	U	R	F
Q	O	G	T	O	D	R	L	Y	S	I	A	D	H	Q	L	D	N
D	O	U	R	E	R	N	E	L	X	I	X	A	W	M	B	O	A
B	Z	Y	I	O	R	V	A	W	E	V	S	G	I	E	N	N	F
U	C	U	B	L	P	B	G	D	O	B	Z	L	H	S	O	I	A
G	A	Z	A	N	I	A	U	M	Q	L	K	B	T	Q	G	P	Q
F	D	T	K	R	W	O	R	R	A	T	F	E	T	F	A	T	K
S	K	W	R	O	K	G	U	W	H	R	R	N	K	D	R	T	D
C	M	K	R	P	Y	T	G	I	K	O	I	T	U	P	R	U	X
Z	F	R	D	I	J	B	S	V	L	U	E	G	J	S	A	N	R
Y	A	N	Q	D	C	T	H	F	O	M	K	G	O	H	T	V	F
Y	F	T	L	W	L	Z	F	R	F	A	P	W	V	L	V	A	I
R	B	L	V	E	O	U	V	Y	F	I	S	L	A	S	D	L	O

BELLFLOWER	CHICORY	MARIGOLD
BLUEBELL	DAISY	MILK THISTLE
BOGBEAN	DANDELION	SALSIFY
BUCKBEAN	FANFLOWER	SUNFLOWER
BUTTERBUR	FLORETS	TARRAGON
CARDON	GAZANIA	YARROW

Native to the Americas, sunflowers were introduced to Europe in the 1500s. Russia and Ukraine now lead the world in the production of sunflower seeds. In 2022, the flower became a symbol of Ukrainian resistance to the Russian invasion.

No. 78

Dipsacales

N	K	S	S	W	U	O	T	H	Y	H	S	J	O	N	K	Q	Q
D	A	T	C	E	E	E	A	R	L	S	N	M	A	V	N	N	A
O	Q	R	J	A	A	A	R	M	E	U	O	P	U	Y	A	W	L
D	O	E	E	S	B	E	S	T	T	B	W	Z	E	Z	U	G	E
W	P	R	E	C	B	I	O	Z	A	Y	B	K	X	K	T	Z	G
Y	N	L	M	R	I	O	O	X	H	R	E	W	T	X	I	S	I
A	S	L	E	L	R	N	Q	U	C	R	R	W	D	G	A	Q	E
A	O	D	N	K	G	C	O	Q	S	E	R	C	Z	Y	V	Z	W
G	L	C	S	I	M	N	J	L	O	B	Y	T	Z	Z	A	R	I
E	Z	U	H	E	N	U	G	U	M	N	P	B	U	C	W	P	G
K	M	C	U	L	V	V	N	S	C	A	B	I	O	S	A	C	B
O	K	Q	B	W	P	S	A	R	X	R	X	G	I	Z	D	O	D
T	L	J	H	O	N	E	Y	S	U	C	K	L	E	N	Y	Q	K
F	U	X	O	O	Z	W	O	V	I	B	Y	M	Z	Q	Z	U	Z
N	A	I	R	E	L	A	V	E	F	V	I	N	V	S	Q	W	T
J	B	X	N	D	M	F	R	T	G	S	E	V	U	S	I	F	M
A	I	R	E	T	S	E	C	Y	E	L	D	C	J	E	Q	V	M
Z	U	X	D	I	R	A	T	P	S	V	X	Z	P	P	A	T	P

CRANBERRY BUSH
ELDERBERRY
HONEYSUCKLE
INVASIVE
KNAUTIA
LEYCESTERIA
LONICERA
MOSCHATEL
MUSKROOT
SCABIOSA
SCABIOUS
SNOWBERRY
TEASELS
VALERIAN
VIBURNUM
WEIGELA

Some plants in the Dipsacale order are among the most invasive in the United States. One particular variety of honeysuckle, *Lonicera japonica*, was introduced from Japan in 1906. Intended for ornamental use and erosion control, it spread rapidly across the East Coast.

Fungi

No. 79

P	V	N	L	M	Z	A	V	J	T	H	Y	O	F	I	J	T	H
H	U	O	X	I	O	M	F	U	Y	A	R	Q	S	P	Y	F	E
L	Q	I	S	A	C	I	Y	P	I	J	D	A	I	C	T	A	T
M	E	T	D	V	F	H	H	L	F	K	C	T	D	T	Q	B	E
O	T	A	Z	Q	A	A	E	E	L	F	B	L	R	W	X	I	R
O	O	T	V	V	E	C	B	N	U	S	O	E	Z	J	G	M	O
R	A	N	S	E	Y	S	P	N	O	M	S	Z	D	N	Y	N	T
H	D	E	Z	M	N	J	G	I	Y	O	Q	P	U	T	A	I	R
S	S	M	F	N	Y	I	L	K	P	A	S	F	L	L	J	Z	O
U	T	R	H	W	F	C	N	M	M	Y	T	B	R	I	Y	G	P
M	O	E	V	F	A	R	O	G	N	E	E	J	P	I	N	I	H
K	O	F	N	R	B	C	V	L	K	C	I	Q	U	B	J	X	Y
J	L	D	B	I	E	A	N	C	O	A	J	P	O	X	B	E	N
X	O	O	U	D	U	W	A	A	M	G	B	H	I	O	A	Z	L
H	N	X	Z	I	D	R	C	Q	X	M	Y	E	X	S	U	Y	E
R	Q	Q	P	U	B	Y	D	B	M	P	Z	I	T	V	C	F	J
L	Q	W	S	H	T	I	A	V	V	E	A	Z	W	B	L	X	D
C	N	I	T	I	H	C	R	H	V	R	R	U	V	J	C	V	F

BRACKET FUNGI
CHITIN
DECOMPOSER
FERMENTATION
HETEROTROPH
HYPHAE
LEAVENING
LICHEN
MOLD
MUSHROOM
MYCELIA
MYCOLOGY
SAC FUNGI
SOIL CARBON
TOADSTOOL
YEAST

Leaf cutter ants have a complicated relationship with fungi. On the one hand, a parasitic fungus called *Metarhizium brunneum* tries to attack the ants. On the other hand, mycelia deters the parasite. The ants wrap their pupa in mycelia for protection.

No. 80

Mushrooms

A	T	A	S	C	V	X	X	F	T	J	E	C	F	W	U	R	P
X	I	O	M	S	Z	K	B	U	V	I	W	G	U	G	N	O	S
J	W	D	A	E	X	U	J	N	P	N	I	P	N	B	D	L	Y
O	M	U	I	D	O	D	Y	G	I	F	W	C	G	M	E	Z	C
S	P	O	W	S	S	F	F	A	F	X	T	M	I	Y	R	Y	H
O	B	O	R	P	A	T	T	L	L	U	B	J	C	M	G	V	E
C	C	B	M	W	Y	B	O	B	X	S	O	T	U	U	R	J	D
O	A	I	E	Y	A	K	B	O	V	E	X	L	L	S	O	N	E
L	L	P	V	D	C	U	Z	D	L	Q	Q	T	T	H	U	Q	L
B	A	S	I	D	I	O	M	Y	C	O	T	A	U	R	N	Y	I
K	Z	T	Q	O	A	B	P	C	V	W	Y	D	R	O	D	B	C
Z	Z	H	S	S	J	J	L	H	I	Q	T	W	E	O	G	Z	W
C	I	O	H	H	C	G	Z	E	A	X	X	A	B	M	I	R	B
M	E	D	I	C	I	N	A	L	U	G	O	T	W	D	L	Z	E
M	Y	C	O	R	R	H	I	Z	A	C	I	T	E	Y	L	L	G
V	Y	E	Q	O	F	B	B	O	V	U	W	S	N	E	S	K	U
E	R	O	P	S	V	H	Q	H	R	E	W	K	T	B	D	O	U
B	L	M	T	D	H	S	S	F	S	J	V	R	E	U	M	S	G

BASIDIA
BASIDIOMYCOTA
CAP
EDIBLE
FRUIT BODY
FUNGAL BODY
FUNGICULTURE
GILLS
MEDICINAL
MUSHROOM DYE
MYCOPHAGIST
MYCORRHIZA
PSYCHEDELIC
SPORE
TOADSTOOL
TOXIC
UNDERGROUND

Though mushrooms of the psychedelic variety have been called “magic,” other mushrooms might be more deserving of that term. Found in forests around the world, bioluminescent mushrooms like *Panellus stipticus* generate a compound called oxylucerin. In other words, they glow in the dark!

Agaricales

No. 81

```
R S O C X Z R G Y K L L A B F F U P
K I O E G I W L O K L L E T U E H O
N G P A Y O X K E J R B O D Y J E I
L P N H P K P C N V D O Z M H R R S
P O U I Y Y N Z I U F L D U J M A O
C K S P L I K S L G K A S X K D L N
B I D A R R J N I U E J U O E N D P
P I R P R H E B I H A Q Q C B R O I
E A E A P A R T D G N W E L R E F E
B H C S G E P N S G H I M X I T W E
T W I X T A U Y O Y V T Y P T N I Y
U V P T A O Y B G E O U J A T A N L
I I I U R W L L R G N D K C L L T I
W B T G E E C E F F A I Q H E O E T
O A N C T L P O P M A H C T S K R X
R U B C F U K Z X P M B S A T C Z O
D R E H S U L B K I N Z I E E A L F
D A E H E M I L S N P N V D M J M O
```

BITTER BIGFOOT
BLUSHER
BRITTLESTEM
DEATH CAP
DECEIVER
DUNG ROUNDHEAD
FLY AGARIC
GOBLET
HERALD OF WINTER
JACK O'LANTERN
OYSTERLING
POISON PIE
PUFFBALL
SHAGGY PARASOL
SLIMEHEAD
SOAPY KNIGHT
THE PRINCE
WAXCAP

Agaricales include many of the best-known, most easily identifiable mushrooms. These are the ones with the umbrella-like caps, gills, and spongy fruitbodies, including the fly agaric, a red mushroom with white spots. You may have seen the fly agaric illustrated in a fairy book (perhaps with a gnome beneath it).

No. 82

Boletales, Cantharellales, Geastrales, and Gomphales

Y	F	E	C	P	T	Z	U	P	T	N	E	W	Q	G	V	X	Z
U	E	E	A	O	N	G	D	O	V	D	K	O	A	I	N	D	N
R	O	S	R	R	Q	D	P	P	W	M	I	O	Y	A	N	C	J
K	O	T	P	R	T	R	G	B	R	N	P	D	T	N	L	F	E
A	E	G	Q	C	E	H	Z	E	Y	S	S	H	U	T	U	S	T
W	K	I	H	P	K	L	S	P	H	B	R	E	N	C	E	L	E
J	U	C	P	S	E	Q	U	T	I	Z	E	D	U	L	L	I	L
B	N	E	K	D	I	X	E	T	A	H	P	G	B	U	N	P	O
C	P	V	J	Q	X	R	T	L	S	R	P	E	Y	B	G	P	B
N	J	L	T	K	V	E	L	Z	L	I	O	H	N	H	U	E	G
W	E	A	G	L	R	L	A	F	M	E	C	O	N	Y	C	R	N
H	U	I	Y	B	A	M	J	A	U	M	R	G	E	K	W	Y	I
J	Q	N	E	B	P	L	G	P	J	D	L	E	P	A	B	J	P
Z	E	E	E	E	A	R	T	H	B	A	L	L	T	C	O	A	E
X	C	Y	D	R	O	S	Y	S	P	I	K	E	L	N	H	C	E
H	D	B	E	T	E	L	O	B	E	N	I	V	O	B	A	K	W
Y	T	N	E	L	P	F	O	N	R	O	H	S	K	V	Q	H	S
Q	S	M	I	R	L	L	O	R	T	E	V	L	E	V	T	Q	C

BITTER BEECH
BOVINE BOLETE
CHANTERELLE
COPPER SPIKE
DYEBALL
EARTHBALL
EARTHSTAR
GIANT CLUB
HORN OF PLENTY
PENNY BUN
PEPPER POT
ROSY SPIKE
SLIPPERY JACK
VELVET ROLLRIM
WEEPING BOLETE
WET ROT
WOOD HEDGEHOG

The classic button-cap mushroom shape is far from the only one. Several Gomphale mushrooms resemble sea corals. One called giant club looks exactly like its name—a giant club. Many Geastrales bear an uncanny resemblance to the Michelin man.

Tubular Spores

No. 83

```
R K Z P K I R J D R L Q T S R Z Q H
Y A U U R B E C E R I W N E M O S E
M F B W T L Z T O A A T Q L K N R N
Z A D A L A T U P Z T M M A R E S O
H V Z Y N O V O O O Y P Y R B D Y F
V H R E R N L K J R E Z X O Y R I T
N O K D G Y I A U S K B H P Q O G H
T H O V P I O C Q T R T X Y O S N E
H O X O I B L O L R U F E L P E U W
W Z R K I M K L J O T F A O M T F O
G E M L T W I U Z P B N N P Q T T O
B L U S H I N G B R A C K E T E S D
R E W O L F I L U A C D O O W V U S
D R Y A D S S A D D L E L E O Q R X
K Y P S L A E T I P O R U S K X C J
T E K C A R B R E D N I T J X G M L
F A T D L G Y K P O D I P U B D A E
W N D K H Z N O E S Y L V B N G E W
```

BLUSHING BRACKET
CINNABAR
CRUST FUNGI
DRYAD'S SADDLE
HEN OF THE WOODS
JELLY ROT
LAETIPORUS
MAZEGILL
POLYPORALES
POLYPORE
RAZOR STROP
TINDER BRACKET
TURKEY TAIL
WOOD CAULIFLOWER
WOOD-ROTTER
ZONED ROSETTE

Polyporales like hen of the woods are typically found growing on trees or decomposing logs. This is because most are wood decomposers, drawing nutrients from wood as they break it down. Hen of the woods favors trees struck by lightning.

No. 84 **Caps, Stems, and Warty Spores**

```
N B E O N P K L I M Y V F R E V I L
O B A A M F A U R I D E W K T S C M
R S A R R O Y E L L O W S W A M P H
F M I S C P R A R K O S I M X L F F
F R O R H O I V Q C L Y Q E R W B K
A Z A G G U O C O A B Q Y N O R C T
S H I N F I N R K P Q S M N O M B T
C J D W D J A W I F P L G Y T R G R
Y U Y R C L F R I S U J E V R E K W
T B W M T P F R O Y I N A D O K D M
W B H O H R T A R Q X C G P T Y Z E
Y X O A U Y K R W A B K K U D O S Z
G T K U J B U E D O B H H E S R O F
H F U S U C P H Q Y U Q Z Y N W Y Z
G P A G W M S N F W L T C M P E G Y
S O O T Y W O O L Y E G A U T Y R G
L L I G E L T T I R B Z U R J Y K X
W N S O A Y H F B P S X O F A C W T
```

BLOODY
BRITTLEGILL
CHARCOAL
CORAL TOOTH
CRAB
CURRY
EARPICK FUNGUS
LIVER
MILKCAP
OAKBUG
ROOT ROT
SAFFRON
SICKENER
SOOTY WOOLY
UGLY
YELLOW SWAMP

Russales such as milkcaps may look like run-of-the-mill mushrooms, but they are anything but ordinary. Many have warts on their spores that turn dark blue in iodine. Others "bleed" latex when cut. Some of the latex is white, some is pink, and some is, well, blood red.

Assorted Spores

No. 85

W	J	X	D	D	L	B	J	X	X	E	J	R	E	M	P	F	M
S	F	E	E	E	R	G	R	M	N	Q	E	P	I	H	H	A	I
L	T	V	L	A	H	N	I	E	F	T	L	U	N	T	L	L	O
O	K	I	C	L	U	L	F	I	T	N	L	O	O	O	W	S	Z
C	E	K	N	T	Y	T	O	U	L	Y	Y	O	V	O	U	E	K
A	E	G	B	K	P	E	B	O	O	W	T	F	I	T	Q	T	D
T	Q	D	A	R	H	S	A	H	T	S	O	R	M	R	G	R	N
Z	N	I	R	C	E	O	B	R	L	A	O	E	I	E	S	U	C
L	H	A	D	H	D	Z	R	I	K	N	T	F	G	T	F	F	L
M	J	I	C	I	O	E	V	N	Y	I	H	T	N	T	Z	F	D
V	I	T	T	E	R	E	R	J	X	J	Y	U	U	I	I	L	X
E	I	I	D	O	D	S	G	M	S	A	D	D	F	B	J	E	T
W	Q	V	G	I	L	Z	K	J	J	K	X	J	Y	Y	D	Q	F
R	X	Z	D	T	S	R	E	G	N	I	F	S	L	I	V	E	D
I	A	A	R	K	H	C	K	X	S	A	Z	R	L	O	L	R	S
X	P	S	M	P	G	E	P	K	T	Q	E	A	E	C	Q	U	B
T	R	I	P	E	F	U	N	G	U	S	G	X	J	D	P	S	Y
N	A	F	H	T	R	A	E	S	T	S	U	R	C	Z	C	F	O

BITTER TOOTH
BRACKET
CRUSTS
EARTHFAN
DEVIL'S FINGERS
DEVIL'S TOOTH
DRAB
FALSE TRUFFLE
JELLY EAR
JELLY FUNGI
JELLY TOOTH
RED CAGE
STINKHORN
TRIPE FUNGUS
WITCHES' BUTTER

Due to their wide array of physical features, fungi in the Theleporales group, including the earthfan and bitter tooth, long went unrecognized as belonging to the same group.

No. 86

Smut, Rust, and Other Fungi

```
M I R D Q K L N Y I M N F K T A R T
G R B I J M L J Q U Y B I B A N S S
Y B Q L T G A Q I A F W V W E E M U
P I V M S N G N S U C I D U P M I R
G B Y R X E I O Y V W H I I R O Y E
W V H L S C D F M W P O I X N N Z S
P T E S C O I O C L P I C W F E W O
B J Q A R F X O S G L U H A W S W R
E F V O W V N T F L T W S R L M M N
A A U N T R I L A K H U B T L U Z T
A S E U Q N H A E A S I T M U T L U
I B M C K E I T A R O S P M A L E M
E T L H A N T S M U T F U N G I E S
V M O I I L F U C H S I A R U S T N
I R A C G U L T F E Y D O R P Y K R
N G C D M H S A J O S O P D O Y Q O
V U W R K X T D H A M I C G R P H C
P C O Z Z M H C P P B R Z N G R R N
```

ANEMONE SMUT
BLIGHT
CORN SMUT
FUCHSIA RUST
GALL
IMPUDICUS
MELAMPSORA
ODOROUS
PHALLACEAE
PUCCINIA ALLII
PUSTULE
ROSE RUST
SMUT FUNGI
STINKHORN
VACCINIUM
WART

Parasitic smut fungi grow on corn, onions, and other crops, often destroying them. Although farmers seek to eliminate corn smut, it was cherished as a delicacy by the ancient Mayans and remains a part of Mexican cuisine.

Sac Fungi

No. 87

O	L	W	Y	T	P	M	K	P	G	I	Q	U	E	L	N	V	E
B	O	O	D	C	G	I	Y	M	E	J	C	L	E	E	K	Y	L
S	L	G	C	X	T	D	N	C	A	Z	A	S	G	G	E	Y	A
S	E	I	M	L	Q	L	V	O	O	I	I	O	A	A	X	O	H
C	U	P	F	U	N	G	U	S	D	R	H	Z	S	G	E	F	P
R	R	I	U	J	L	R	K	O	M	T	R	T	A	R	G	Z	I
V	O	C	C	E	V	Y	N	E	A	P	R	H	R	L	Y	R	S
E	T	G	Z	P	L	P	P	P	N	E	F	V	I	M	E	A	Y
F	I	V	R	Q	A	A	I	E	W	N	N	D	Z	Z	L	I	R
O	A	E	M	C	Q	U	I	L	V	I	O	H	E	S	A	C	E
D	L	V	A	Q	I	J	E	R	S	C	G	H	R	E	N	E	V
B	E	E	K	M	A	N	Y	L	A	I	C	X	T	I	I	H	U
O	M	U	X	S	T	L	S	M	K	L	E	Y	X	B	R	T	J
A	T	O	C	Y	M	O	C	S	A	L	Y	W	Z	A	H	I	C
E	L	A	E	R	C	O	P	Y	H	I	C	X	P	J	P	R	O
H	E	L	O	T	I	A	L	E	D	N	E	L	O	G	A	E	O
E	L	A	T	A	M	S	I	T	Y	H	R	P	V	S	T	P	J
T	D	U	S	P	L	E	O	S	P	O	R	A	L	E	X	B	I

ASCI
ASCOMYCOTA
CAPNODIALE
CUP FUNGUS
ERYSIPHALE
EUROTIALE
HELOTIALE
HYPOCREALE
MYCORRHIZAE
PATHOGEN
PENICILLIN
PERITHECIA
PEZIZALE
PLEOSPORALE
RHYTISMATALE
TAPHRINALE
XYLARIALE
YEAST

Sac fungi, of the phylum Ascomycota, include some of the organisms most beneficial to humans. Penicillin is included the phylum, as is yeast. No Ascomycota, no leavened bread or beer suds.

No. 88 Brightly Colored and Parasitic Fungi

```
S R E G N I F S N A M D A E D B C S
U O S K D F M T J E P L L R U X O U
Q G I C L R B E R N W L M L S Q R G
S N A K E T O N G U E P C A I A A N
C R A M P B A L L S F R F P U T L U
V W L Z F M Y E A J A F S S F H S F
T R E T A E E T E L O B L F E M P L
D R K D Z M B Q L X F M U E U Q O I
W P A A L C I I Z L N N V I C D T A
R Y T W E I P L Q A S B R D C L B N
F O J R D R M Y I E E O P C Q O U Q
K C G Y E O T Y L T P B P L N M R B
A O C T E U O D R S A J K O C Y B N
T M A M W L N W O E R R C T L T E Q
K C I T B A N D N K D G I S A O V N
V U B D C H A P F W S W Z S R O S D
T D F N V L Y P A S F G O C F S L A
A E C E C O R D Y C E P S P P C K U
```

BOLETE EATER
CANDLESNUFF
CATERPILLAR CLUB
CLADOSPORIUM
CORAL SPOT
CORDYCEPS
CRAMP BALLS
DEAD MAN'S FINGERS
ERGOT
MILITARIS
NAIL FUNGUS
POWDERY MILDEW
SNAKETONGUE
SOOTY MOLD
TRUFFLECLUB
WOODWART

Some species really take the "fun" out of fungus. One downright scary parasitic species in Thailand infects ants and hijacks their brains, forcing the hapless hosts to travel to the precise spot where the fungus grows best. There the host dies.

Fungi with Disc- or Cup-Shaped Fruit

No. 89

N	T	O	R	N	W	O	R	B	E	L	P	P	A	Z	L	H	C
K	K	X	O	Q	E	N	O	Q	J	E	O	U	R	E	A	T	S
L	C	H	L	K	L	G	I	D	D	N	N	G	U	B	R	A	I
G	R	O	S	E	B	L	A	C	K	S	P	O	T	G	G	B	D
X	R	G	Z	E	Z	J	E	L	L	Y	B	A	B	I	E	S	Y
X	K	E	A	K	D	P	U	C	L	W	F	A	T	I	P	C	L
T	X	C	E	I	I	K	J	L	A	K	L	N	T	S	U	Y	L
E	O	T	S	N	O	C	S	I	D	N	O	M	E	L	R	E	E
N	U	C	A	N	E	M	O	N	E	C	U	P	Y	A	P	L	J
P	Y	G	Y	X	M	L	N	R	W	M	V	B	G	H	L	L	H
U	U	I	N	D	X	Q	F	M	C	D	U	L	O	H	E	O	C
O	I	C	J	O	H	N	I	C	F	F	U	E	H	T	D	W	E
L	D	F	N	B	T	F	E	W	U	B	W	X	G	Q	R	F	E
E	F	M	Y	W	F	H	W	I	K	P	X	F	T	J	O	A	B
W	G	T	A	W	O	U	T	C	Z	Q	U	D	W	Y	P	N	D
Q	A	E	J	S	K	R	A	R	C	P	K	N	S	B	J	Y	D
D	O	H	U	J	C	L	B	Q	A	T	K	F	W	A	P	G	X
G	H	C	D	H	B	I	I	H	R	E	W	M	Y	S	A	D	N

ANEMONE CUP
APPLE BROWN ROT
ASCI
BEECH JELLYDISC
BLACK BULGAR
BOG BEACON
BROWN CUP
CUP
DISC
EARTHTONGUE
GREEN ELFCUP
JELLY BABIES
LARGE PURPLE DROP
LEMON DISCO
ROSE BLACK SPOT
YELLOW FAN

If you're walking in the woods and see brightly colored cups or discs emerging from the dirt, you may be looking at a fungus in the Helotiale order. If you come across green leaves covered in black spots, or pustule-covered apples, that might be one, too.

No. 90

Truffle Order

X	O	T	G	K	M	I	P	U	R	C	H	M	H	L	H	S	P
L	V	R	H	K	D	R	S	G	N	O	R	N	S	P	A	K	U
M	E	H	A	K	X	Y	K	T	X	M	I	L	Q	I	T	T	C
Q	F	R	A	N	J	Y	Y	X	C	M	I	E	S	Y	Z	P	F
D	X	S	O	R	G	H	S	P	S	O	H	B	T	J	Q	Y	L
B	P	I	G	M	E	E	L	F	I	N	S	A	D	D	L	E	E
L	E	R	O	M	E	S	P	P	U	E	Q	R	X	E	T	L	T
I	P	A	A	D	V	S	E	E	Q	Y	K	X	L	N	C	O	E
S	Z	D	M	T	C	H	L	A	E	E	D	D	I	M	O	T	L
T	E	U	Y	Y	I	I	Z	A	R	L	D	M	S	T	R	P	R
E	D	R	O	G	I	R	E	P	F	A	Q	Q	H	U	F	U	A
R	Z	B	Q	B	X	E	G	U	S	S	X	E	F	P	W	C	C
E	S	E	L	A	L	I	Z	E	P	H	D	F	E	A	V	H	S
D	U	L	T	N	X	I	T	R	O	C	L	B	H	X	A	T	A
C	L	Y	L	B	A	I	K	C	U	E	Q	V	N	K	O	R	W
U	X	H	K	M	H	D	O	P	E	R	C	U	L	U	M	A	S
P	C	X	O	W	H	A	L	F	F	R	E	E	M	O	R	E	L
U	Q	C	N	A	N	U	A	N	F	T	P	M	P	O	A	F	M

BLISTERED CUP

COMMON EYELASH

EARTH CUP

ELFIN SADDLE

FALSE MOREL

HALF-FREE MOREL

HARE'S EAR

MOREL

OPERCULUM

ORANGE PEEL

PEZILALES

SCARLET ELFCUP

TOOTHED CUP

TRUFFLE

WHITE SADDLE

PERIGORD

Truffles can sell for as much as $3,000 per pound. The highly valued perigord truffles are known as "black diamonds." Historically, truffles have been extremely difficult to farm. Recent breakthroughs on a North Carolina farm may be changing that.

Lichen Words

No. 91

C	U	N	R	Y	R	L	Y	L	F	X	C	I	H	K	O	A	L
Z	Y	H	B	K	A	A	A	A	J	S	G	V	M	X	Y	L	L
J	X	B	N	U	W	I	X	D	J	E	A	I	O	M	Z	U	Y
S	J	Y	X	V	N	C	S	N	E	X	B	A	S	C	M	E	Y
K	X	E	F	O	L	E	Z	S	Q	U	B	O	K	I	U	S	F
O	S	C	L	Z	I	H	O	G	U	A	A	R	L	N	D	O	I
A	E	O	R	E	N	T	R	A	P	L	A	G	N	U	F	I	L
E	C	M	Z	Y	S	I	C	D	G	C	L	L	U	U	D	L	A
V	H	D	E	U	H	R	S	A	R	O	N	T	D	M	E	O	M
V	A	W	R	R	S	E	L	X	P	M	V	L	G	W	A	F	E
F	L	C	W	U	T	P	Q	H	E	P	S	I	K	O	H	F	N
E	Y	B	X	L	A	X	C	W	G	O	G	D	A	P	I	I	T
M	Y	I	V	R	O	B	E	X	R	S	W	G	D	P	V	B	O
G	Z	N	T	P	S	O	R	E	D	I	A	O	W	F	B	K	U
J	P	N	K	O	Q	I	F	R	U	T	I	C	O	S	E	R	S
V	E	S	U	O	N	I	T	A	L	E	G	H	G	H	S	D	U
R	M	H	R	J	O	U	T	E	R	S	P	A	C	E	C	B	F
L	M	O	H	I	J	P	V	T	A	X	W	X	L	L	K	M	N

ALGAL PARTNER
ASEXUAL
COLONIAL
CRUSTOSE
EXTREME
FILAMENTOUS
FOLIOSE
FRUTICOSE
FUNGAL PARTNER
GELATINOUS
ISIDIA
OUTER SPACE
PERITHECIA
SEXUAL COMPOSITE
SOREDIA

Lichens are resilient. They live in a wide variety of difficult environments: deserts, mountaintops, wild seashores. One species was left in the vacuum of outer space for a year and a half. When brought back inside, it grew and reproduced.

No. 92

Kinds of Lichen

O	U	X	J	G	D	G	E	F	Z	U	F	R	P	Y	S	T	Q
B	R	Z	C	V	Z	O	U	G	L	X	E	H	L	D	L	R	D
E	O	A	R	J	L	L	X	L	A	I	A	L	L	E	W	E	E
M	M	B	N	E	B	D	T	F	N	L	E	E	C	I	X	E	L
G	L	R	C	G	X	E	C	D	T	J	I	I	U	K	A	L	A
A	A	Q	Y	M	E	N	E	C	D	H	D	T	A	O	M	U	T
D	R	A	E	B	X	E	E	E	S	E	P	H	R	B	F	N	E
J	J	Z	H	Z	R	Y	R	K	A	E	W	O	L	A	U	G	P
E	X	Q	F	M	E	E	C	Q	M	B	L	A	A	A	C	W	R
Z	F	P	O	B	T	A	I	X	E	L	S	R	R	F	C	O	A
K	B	S	A	S	L	T	J	E	K	K	E	Y	O	N	Y	R	T
L	S	R	I	B	H	S	H	R	C	K	I	R	C	U	I	T	K
I	C	L	S	T	O	N	E	W	A	L	L	O	Q	A	P	T	C
F	B	R	O	C	K	T	R	I	P	E	M	S	Y	Z	O	M	A
K	F	Z	D	L	E	I	H	S	D	E	R	E	M	M	A	H	L
T	P	I	R	C	S	G	Y	U	P	Q	P	T	E	O	G	W	B
R	C	W	A	E	Z	T	Y	M	N	V	B	T	J	G	Y	T	G
T	M	U	Q	E	J	B	W	L	N	X	L	E	K	Y	J	V	L

BEARD
BLACK SHIELDS
BLACK TAR
BLISTERED JELLY
CARTILAGE
CORAL
CRABEYE
GOLDENEYE
HAMMERED SHIELD
HOARY ROSETTE
LECIDEA
ORANGE
PETALED
REINDEER MOSS
ROCK TRIPE
SCRIPT
STONEWALL
TREE LUNGWORT

Cladonia rangiferina, or reindeer moss, thrives on the tundra and taiga lands of the Arctic. The abundant lichen is a key food source for Arctic grazers like moose, musk oxen, and reindeer.

Invertebrates

No. 93

C S P I D D M A Z X S U I S W M G F
N W P D Z S G O G D E P O M V R R F
I A J O M T F S X Z K F H E J O K N
D T V S N W R P Z X T A L Q F W J E
A E W P M G E N C B F V T T I N B G
R R S I V R E N O T E L E K S O X E
I B B N E D O D S T A E G L F B P C
A E E E X L I W W A V I G P R B G Z
N A S L K E B O T Q R A J Y T I N K
X R U E D D R A O A A T O Q D R S N
Q R G S D M F D T S L Z H X Q U Q M
N Y L S C G S N Z P O F F R L Q T C
L L E H S P M A L A A P O L O K N T
O W I X X U W X N H D D O O F P Q A
L S V J V J U M K D G M A U N P O B
M E T A M O R P H O S I S Z S P X D
S E G M E N T E D W O R M U K V A T
D M O D U F O P F M R O W D N U O R

ADAPTABLE
ARTHROPOD
BRYOZOAN
CNIDARIAN
EXOSKELETON
FLATWORM
LAMP SHELL
LARVAE
METAMORPHOSIS
MOLLUSK
RIBBON WORM
ROUNDWORM
SEGMENTED WORM
SOFT-BODIED
SPINELESS
SPONGE
VELVET WORM
WATER BEAR

Some 95 percent of all animals are invertebrates. Yet the vast majority of these species remain unknown to humans. Alarmingly, human activity drives nearly 3,000 invertebrate species to extinction every year.

No. 94

Sponges

```
R H P M S Z T N Q F P E S G G E E G
G P V O A R U V E D L A N E O S S O
D H L B R L D O W E P I O S L A R L
S P O N G I N B P I R B I T F V U O
D J S W G C F H I O O F O L B E P S
Y D D D K M A E B Y X K P O A R W O
Y C R X X N E E R T D E R N L U A M
L Q C G T S B C L A A W F G L Z O A
H Z M H V D V M S H D G W L H A M G
H M I Y W L H P U K R Z G I S S O L
O D X L E Q I L U R E B Q V F I L A
E G S R T C H M N Z C X D I B I H S
C M R X U M Y S P O C D F N T L V S
D A M L W P T T T F M M A G P B U H
B R E G N I F W O L L E Y E Z S U E
C H I C K E N L I V E R L D R J W R
M U L L I G R E P S A S K S S B W N
M R L Q E F S G Q C K A D Q L P V F
```

ASPERGILLUM
AZURE VASE
BARREL
BLUE
BORING
BREADCRUMB
CHICKEN LIVER
ELEPHANT HIDE
GLASS
GOLF BALL
GOLOSOMA
LEMON
LONG-LIVING
PORIFERA
PURSE
RED TREE
SPICULE
SPONGIN
YELLOW FINGER

Biologically simple creatures, sponges can be elegantly complex in structure. For example, a glass sponge named Venus' flower basket inspired the design of London's glass-sheathed Gherkin tower. Back to biology: glass sponges can live more than 10,000 years.

Cnidarians

No. 95

A	C	N	B	G	U	K	F	X	M	L	Z	C	C	I	I	G	Z
V	S	N	A	T	F	B	J	E	L	L	Y	F	I	S	H	N	C
V	N	U	I	O	F	Z	C	B	G	O	D	V	S	H	S	I	A
Y	C	H	D	D	Z	A	D	S	T	L	X	V	J	Z	T	M	X
L	P	Z	H	E	O	O	W	P	U	S	J	E	S	A	Q	M	H
R	D	Q	R	Q	M	C	R	G	Y	B	B	M	T	N	S	I	A
Q	V	K	M	C	X	W	Y	D	L	Z	S	S	D	T	H	W	I
C	B	A	U	B	N	E	T	S	Y	B	G	D	I	P	A	S	Y
K	O	N	M	O	A	Q	G	D	T	H	L	N	Q	C	R	E	V
P	D	R	B	A	N	Z	T	M	S	T	G	B	W	D	P	E	V
P	W	W	A	X	E	I	E	S	P	I	B	L	P	Y	O	R	U
Y	D	I	Z	L	M	W	E	H	N	Y	V	I	U	Y	O	F	L
L	T	I	N	G	O	L	F	G	S	E	L	C	A	T	N	E	T
O	U	A	L	U	N	A	L	P	N	G	V	Q	V	C	M	P	V
P	X	E	N	I	E	S	P	O	S	W	P	A	N	V	X	N	A
F	S	C	A	F	F	T	M	S	B	K	X	O	F	U	U	C	Y
L	G	R	U	J	C	A	R	N	I	V	O	R	O	U	S	J	K
K	B	V	O	Q	U	U	W	J	N	E	M	H	Q	S	U	S	U

ANEMONE	FREE SWIMMING	POLYP
BRAINLESS	HARPOON	STATIC
CARNIVOROUS	HYDROZOAN	STINGING
CNIDOCYST	JELLYFISH	TENTACLES
CORAL	MEDUSA	VENOM
	PLANULA	

Cnidarians come in two varieties: free-swimming medusas, like jellyfish, and static polyps, like corals and anemones. The latter are responsible for the largest biological structures on Earth. Although individually tiny, some kinds of corals create reefs visible from outer space.

No. 96

Jellyfish

G Q X U L M U G D D C T P V T T V C
B A V D X J V E K A W L N X U S A X
P C M R R H K J S O I P L G N H Y S
S U S S R L F S T H V N Y L N R O P
X L H F A C I F Y D O Q E I E S B O
B N L T I O E W G K X H U B G B H T
P Y S E P T W X B D V S M E R Z O T
S W W E C R D I K N P J U E L R A E
A F A H C G A M O U T H S W G F Y D
W C O N I E N I P B C B C L B E O L
A M A E O C O I M O O N L H S W M A
E B G N A S G N G E K D E P N H A G
S E L C A T N E T N C R O Z U R T O
T M L E M L Y U X U I T O H U J P O
E N A M S N O I L F G T X S O U K N
F R Q X A D Z I T Z Y U S F I U H P
Q A C T F S B D T B V C T S T P B W
E D V Z H O M L Y G O H I J V K R U

BELL
CANAL
CASSIOPEA
EYESPOT
GONAD
GUT
LION'S MANE
MOON
MOUTH
MUSCLE
SEA WASP
SPOTTED
LAGOON
STALKED
STINGING CELLS
TAMOYA OHBOYA
TENTACLE

Swimmers hoping to avoid jellyfish stings know to steer clear of the tentacles, but that might not be enough. When agitated, *Cassiopea andromeda*, or the upside-down jellyfish, releases mucus filled with stinging cells called cassiosomes, creating what is known as "stinging water."

Hydrozoans

No. 97

N	A	P	S	B	T	M	Q	H	L	F	F	N	H	M	L	Q	P
D	G	O	P	U	Z	Q	S	H	B	I	O	M	C	K	V	F	D
U	A	L	K	G	O	T	T	C	R	T	H	I	I	V	L	U	K
Y	R	Y	A	S	D	I	O	E	T	C	H	U	J	B	A	Y	L
U	D	P	M	A	I	D	C	U	B	D	M	Y	X	Y	Q	D	T
G	Y	B	A	R	Z	O	B	E	Z	B	Q	B	D	D	X	E	A
P	H	E	U	H	R	E	R	H	O	G	A	N	B	R	H	G	O
U	N	A	O	A	U	O	B	E	L	I	A	E	F	U	O	U	L
R	O	R	L	L	N	F	R	U	S	T	D	Z	A	F	E	I	F
P	M	I	B	L	D	M	A	T	U	B	C	O	J	L	K	Y	D
L	M	N	T	P	Y	R	O	T	A	D	E	R	P	I	N	H	E
E	O	G	S	K	O	L	N	L	F	R	W	Q	F	A	W	B	L
L	C	S	K	D	O	D	E	T	R	A	E	H	K	N	I	P	L
A	V	S	O	N	C	G	O	L	K	G	E	H	O	S	E	T	I
C	E	R	O	H	P	O	N	O	H	P	I	S	T	Q	Z	D	F
E	V	U	Q	S	B	B	Z	T	X	P	E	T	V	A	J	N	S
Z	U	Z	H	Y	D	R	O	M	E	D	U	S	A	B	E	S	A
L	K	O	D	J	M	L	F	W	E	Q	O	L	U	V	H	F	G

BLUE BUTTON
COMMON HYDRA
DIOECIOUS
FEATHER
FIRE CORAL
GAS-FILLED FLOAT
HYDROID
HYDROMEDUSA
OBELIA
PINK-HEARTED
POLYP-BEARING
PREDATORY
PURPLE LACE
SIPHONOPHORE
SNAIL FUR
STOLON

A hydrozoan known as snail fur builds colonies on occupied hermit crab shells. They stick to the shell with their stolons, or stems, and give the hermit crab an appearance of having accidentally carpeted the wrong side of its house.

No. 98

Anemones

V E N U S F L Y T R A P G S U B N T
N W V Y L X J F Z A V G K R U M E U
M P L U M R O S E A L C V B G N E B
U S O T H A E O H K O E B H E N R E
L K T M U T G I O L S L A U U W G I
O D H R U O T N E X E I R O N E T N
C Y C N A E A K I T S O D W Z H N P
J V I D L W A Y I F T S C L J M A G
M F R D U N B P W O I U V U A R I G
S R A Q S X A E X P R C P N L D G N
T E L R A T S I R S B L E Q U D E K
B Y Z H I L N D L R D U W N E E U P
E E N O M E N A Q H Y Q T V T F G V
H S I F N W O L C O A Q V B X T G G
M G V D W C O Q Y D I D M B T V Q O
E G S Q P E A O C Q H H Z T P U V Z
Y H K F Q M C W T R R K S V G U P E
E U O Z U Y T D T W R B A F N F Z I

ANEMONE
BEADLET
BUBBLE-TIP
CLOWNFISH
COLUMN
DAHLIA
GIANT GREEN
MAGNIFICENT
NEUROTOXIN
PEDAL DISK
PLUMROSE
SNAKELOCKS
STARLET
STRAWBERRY
TUBE
VENUS FLYTRAP

Anemones live in some extreme ocean ecosystems, like the ones around Antarctica. One species clings to the underside of Ross Ice Shelf. Another was spotted 10,000 feet beneath the surface of the Wendell Sea, amid the wreck of Ernest Shackleton's *Endurance*. It was at the helm!

Soft and Stony Corals

No. 99

```
M R J G D D S A L N Z V O K Q Z W F
S U A E L N H K M O O R H S U M A L
A T H C E O G I M I A P F C Y D E O
Y D A P H R I D T N P I E U H W M W
K N A G T I W N G B K H E P R B Y E
D E A M H R S E W G K W R C Y C U R
S O L F L O R Y F L Q P B R A I N P
M L U G A P R A I E Q M R R E H B O
V U T Z F E H N S W H E N B Q V Z T
D D E L C N S E I F B A W Z P O V K
L D I N H D C H P W T L W Q N C O N
P E D U N C L E A I N O G R O G L U
I D B Q J F L R O D P B I T C Y B X
R V V O F H T N U S O N Z P N S X Q
L T S T F S K Y Y B L E A C H I N G
N O I T A C I F I D I C A G M A E A
H A Y E K C S F D X Y A A Q R I S P
C E S Q Z F D U L C L E W W T O S Z
```

ACIDIFICATION
BLEACHING
BRAIN
CARNATION
FLOWERPOT
GORGONIA
KIDNEY
MUSHROOM
ORANGE
ORGAN PIPE
PEDUNCLE
RACHIS
REEF
SEA FAN
SEA PENS
SEA STRAWBERRY
STAGHORN
WHIP

"Dead zones" are low-oxygen areas of the ocean that suffocate marine life. They may be as damaging to coral reefs as rising water temperatures and ocean acidification. The good news is that controlling pollution and runoff can reduce dead zones.

No. 100

Flatworms

R	A	C	K	G	L	W	J	D	Y	Q	V	D	E	D	F	C	D
S	O	W	X	V	N	O	E	E	U	Q	W	H	R	R	X	A	E
P	K	R	B	T	M	I	C	F	G	U	T	L	E	S	S	N	L
Q	A	Q	Z	J	K	F	R	C	A	N	O	S	O	M	V	D	K
A	I	R	Z	D	P	L	E	O	I	D	H	Z	R	F	V	Y	C
V	T	Z	A	U	F	U	U	M	N	W	E	O	P	X	W	S	E
U	T	Y	D	S	J	K	L	Q	A	S	W	S	O	C	T	T	P
N	Y	W	N	X	I	E	J	T	Y	T	E	J	R	O	N	R	S
V	K	B	C	T	H	T	E	D	A	R	H	L	K	A	Y	I	D
E	I	D	O	Y	I	R	I	L	Y	F	B	A	T	A	Z	P	L
W	W	Y	T	A	L	U	F	C	X	P	Z	N	A	T	H	E	O
T	Y	A	X	I	X	D	U	K	C	A	J	I	P	H	A	T	G
L	L	X	V	E	P	I	Z	O	I	C	R	T	E	T	O	C	A
P	D	E	D	A	E	H	L	E	V	O	H	S	W	M	P	X	T
Q	R	E	T	E	Y	J	D	L	H	G	I	E	O	Y	T	O	Z
D	U	N	G	V	W	B	Q	Q	E	J	R	T	R	P	Z	A	E
T	L	P	S	V	U	E	X	R	G	A	M	N	M	V	R	B	H
S	A	B	Y	Y	M	P	X	K	D	G	F	I	E	G	X	G	U

CANDY STRIPE
CATTLE-SNORING
EPIZOIC
FLATWORMS
FLUKE
FRESHWATER
GOLD-SPECKLED
GUTLESS
INTESTINAL
JACK
LEAF
LIVER
PARASITIC
PLATYHELMINTHE
PORK TAPEWORM
SHOVEL-HEADED

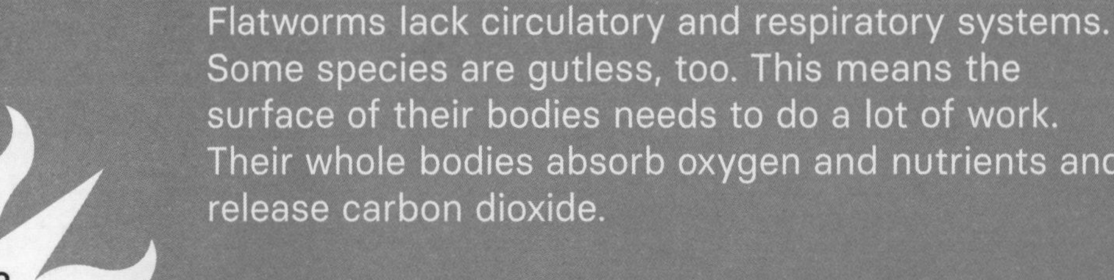

Flatworms lack circulatory and respiratory systems. Some species are gutless, too. This means the surface of their bodies needs to do a lot of work. Their whole bodies absorb oxygen and nutrients and release carbon dioxide.

Roundworms

No. 101

S S C T N A M R O D S E I E M C N D
O I Y M R Q W Z P A A G L R N G I I
Y N L F Q B H H Q R H V O C H N N K
B A I R M D H T I F D W E R I T T S
E C N H P B K L D P K B N T E T U M
A A D N E X T O P O W N T S R N U F
N R R E H T A M O B E O T N A N N C
C A I C U O E H J M F I R C G O B Q
Y C C A Z L Z R A B N C I M T G E K
S O A T K J V T O A E R W I V Z F U
T X L O V A O S L D E T O P S O I L
A O J R J D J Q R M E J G P E O K N
G T O H A L X F A C Q R Q H Z M Q Q
F M A R E X X B U O E R A M S W V H
N E K H P B W S I S A I R A C S A U
R O U N D W O R M Y M D E Y L Q X B
Z A R G R S G A I L Q V I K K L V T
K J R F W Y J P Q O J J W S D S M G

AMERICANUS
ASCARIASIS
CUTICLE
CYLINDRICAL
DORMANT
HETERODERA
HOOKWORM
INTESTINAL
MOLT
NECATOR
NEMATODA
ROUNDWORM
SOYBEAN CYST
TOPSOIL
TOXOCARA CANIS
WHIPWORM

Roundworms are everywhere, many of them parasitic. Unfortunately for the hosts, the parasitic nematodes are remarkably resilient, too. If there's an extreme heat wave, a deep freeze, or even nasty drought, some may enter a dormant state until conditions improve.

Segmented Worms, Velvet Worms, Water Bears

No. 102

P	N	K	H	Q	Y	R	X	D	Z	N	S	M	P	P	O	E	M
A	N	F	I	M	R	G	E	U	N	O	R	C	O	W	N	D	O
C	D	Z	E	R	P	T	I	O	Y	O	U	I	L	H	Y	A	H
U	G	I	F	A	R	M	C	I	W	C	R	A	Y	Q	C	R	P
S	H	Z	L	I	T	T	H	G	P	O	G	C	C	M	H	G	M
T	R	K	V	E	U	H	A	M	P	C	I	G	H	N	O	I	R
O	M	O	G	R	N	R	E	T	T	P	W	E	A	H	P	D	O
L	R	U	N	P	V	N	Q	R	O	T	A	R	E	A	H	R	W
E	N	A	L	E	P	Y	A	C	D	D	N	Y	T	A	O	A	H
F	L	H	J	L	R	S	S	S	K	U	D	C	E	X	R	T	T
P	D	K	M	L	E	O	X	G	Q	P	S	Q	O	R	A	N	R
R	R	V	L	L	R	T	L	E	E	C	H	T	N	E	J	N	A
C	T	Y	X	C	R	A	I	J	R	P	T	B	E	Q	L	L	E
Q	C	A	I	A	I	I	P	L	U	J	Z	I	Z	R	W	O	P
S	U	M	H	Q	I	H	G	N	C	D	B	T	D	S	J	K	M
C	H	R	I	S	T	M	A	S	T	R	E	E	K	B	G	J	S
M	W	O	P	Y	A	R	P	S	E	M	I	L	S	L	Y	M	R
F	W	N	P	C	R	Y	P	T	O	B	I	O	S	I	S	V	H

AERATOR
ANNELIDA
CHRISTMAS TREE
CLITELLUM
COCOON
COELOM
CRYPTOBIOSIS
DETRIVORE
EARTHWORM
FEATHER-DUSTER
LEECH
MICROSCOPIC
NOCTURNAL
ONYCHOPHORA
POLYCHAETE
RAGWORM
SLIME SPRAY
TARDIGRADE

Tardigrades, more adorably known as water bears, will outlive us all. Despite the cute moniker, the species has proven to be nearly indestructible. In fact, scientists believe tardigrades would even survive catastrophic events like a supernova or an asteroid strike.

Arthropods

No. 103

```
R S F Q C N S B Y L S K L G R R L I
E M Y U C X A Y J L L O B S T E R C
D M F D T R T C B N D R H Y E H D H
I O J Z N F J M B M W P L D C Z T K
P D R A G O N F L Y U F E A R L R C
S I C Z V D G N H U R P O L F Y S C
A L I A D G V S H E I R E N W Y R S
E W Y P B Y C O T L K H Y U E P W I
S N A Y K O Q T L C E N T I P E D E
A G K T R U U I O G J L E Y B C C L
P I E P E B M C R A B R G B U S K T
Q Q I H O R S E S H O E C R A B I E
P O P C S R F Y C H B T J P B C C E
N Z H P K W S L B H Z M F R K U Y B
L L K R C V W M E C U U E Z T Q P T
H S C M Y S I T N A M G N I Y A R P
P U O G R L R C X K L K W I M O N O
D Y M M T S P I D E R L F N X F S I
```

BARNACLE	DRAGONFLY	SCORPION
BEETLE	HORSESHOE CRAB	SEA SPIDER
BUTTERFLY	LOBSTER	SPIDER
CENTIPEDE	MILLIPEDE	TICK
COCKROACH	PRAYING MANTIS	WATER FLEA
CRAB		

The phylum Arthropoda includes a wild array of armored, joint-legged creatures, from creepy centipedes to ancient horseshoe crabs to barnacles riding on whales. Indeed, there are more animal species in this single phylum than in all the others combined.

No. 104

Arthropod Words

```
C O I N L P H G S O C E L L I U K G
U V M O C N R A A E H S R I Y Y G I
T S L T X U Z S N Q G I E P L N N L
I I A E B I R G Q I I M X T I V S L
C S D L I N S T A R T T E T A E V S
L O M E L E F E X M R I L N Y E X D
E H U K C S L Z G A A O H E T A S D
M P E S Y M F A C A M V D C Q E S O
R R E O L R V H L H L N T U B N D P
W O E X F M E B A F U F F Z U C B A
R M O E N A N F G O O B U C Q G Z I
C A V D E N N Z P K Z M Q O V P Y R
D T L G P I P M L Q M H A P M S D Y
W E F U M K O Q X A M D G C L A G M
V M J N O C R A L L I P R E T A C V
E L C A R I P S T A D U M C A S H T
N M O Y O Q R V M M L G T V H I S A
W Z P Y C D G M U Y A C U H W C L T
```

CAMOUFLAGE
CATERPILLAR
CHITIN
COMPOUND EYES
CUTICLE
EXOSKELETON
GILLS
GRUB
INSTAR
METAMORPHOSIS
MOLTING
MYRIAPOD
OCELLI
SEGMENTED
SETAE
SPIRACLE
TRACHEAE

Despite the wide variety of arthropods, they do have some things in common. For example, they have exoskeletons. Made from chitin, the exoskeletons do not grow with their bodies, so arthropods molt, shedding each old exoskeleton so a bigger one can replace it.

Millipedes and Centipedes

No. 105

A	A	P	C	I	D	D	K	B	H	W	S	G	Z	E	E	Y	Y
M	I	L	L	I	P	E	D	E	R	H	N	Z	R	K	K	E	K
L	A	U	A	J	J	J	K	C	O	I	G	K	K	F	A	L	W
B	L	S	H	Y	Q	H	C	R	R	T	S	I	R	O	N	L	J
L	L	I	P	G	F	V	T	O	I	E	C	T	E	Q	S	O	D
G	T	L	P	L	V	H	B	J	A	R	J	F	L	R	N	W	E
C	L	N	K	T	E	R	M	X	N	I	P	G	T	Y	W	E	G
T	E	K	A	A	N	E	N	Y	G	M	C	Q	Z	B	O	A	G
E	I	N	D	I	C	A	D	T	O	M	N	J	A	Z	R	R	E
J	D	E	T	O	G	O	I	F	Z	E	G	N	N	S	B	T	L
Q	D	U	K	I	P	R	P	G	P	D	D	E	S	U	O	H	E
G	B	A	G	A	P	V	E	K	X	E	V	W	L	M	K	S	U
W	P	S	I	W	S	E	D	G	D	K	D	W	B	Y	F	E	L
S	B	R	C	S	R	I	D	S	I	E	A	X	L	E	L	T	B
J	Y	N	W	O	J	K	T	E	R	T	A	N	B	Y	B	J	W
M	L	G	Z	U	K	O	R	A	W	E	X	Z	U	O	C	V	E
W	G	F	R	S	N	O	O	E	G	Z	Y	G	Q	P	H	Q	M
Q	N	X	K	E	U	Y	Q	F	L	A	T	B	A	C	K	E	D

BANDED STONE
BLUE-LEGGED
BORING
BRISTLY
BROWN SNAKE
CENTIPEDE
FLAT-BACKED
GIANT PILL
HOUSE
LEG
MILLIPEDE
MYRIAPOD
PILL
SHORT-HEADED
TIGER GIANT
WHITE-RIMMED
YELLOW EARTH

You don't need to count every leg to determine whether you're looking at a millipede or centipede, just the legs on one segment. If each segment has two pairs of legs, that's a millipede. If there's only one pair on each? Centipede.

No. 106

Arachnids

```
P R E A R E C I L E H C G X F L M V
T E P Y G M P U U W J M M K S V G N
C K D S O V V B L L N I T B C O E E
H C I I E D W N E V Y O X J G M F T
I U Y P P U B H A L O P Q A T W I I
G S Z Q V A D A I H K F G S O X E M
G D B E K M L O Q P M C E V R B T T
E O N H A F G P S J S V I G L R I E
R O R H Q K R R S C R P D T E X M V
M L S E M F C U U A O D I T G P R L
B B I H H T D D H C N R I D H G E E
J F M N O C D M P H R B P R E B D V
B C O W B S N F H R E E C I F R I L
X I R F R Z X I O K A A G G O P P L
N O I P R O C S P I P F A N Q N S H
D O I U S W H I P S C O R P I O N B
R E F B G T U J H K C B W U E T N V
D Z E H F O L K U S R F P V G X S K
```

BITER
BLOOD SUCKER
CHELICERAE
CHIGGER
HARVESTMEN
PEDIPALPS
PINCHER
PSEUDOSCORPION
SCORPION
SPIDER MITE
STINGER
TICK
VELVET MITE
VENOM
WHIP SCORPION
WHIP SPIDER

Spiders and scorpions and ticks—oh my! Arachnids have a bad reputation, but they do a lot of good. Spiders and scorpions eat pests that carry diseases or damage crops. And ticks are an important food for chickens and other domestic fowl.

Spiders

No. 107

E	L	E	G	A	N	T	J	U	M	P	I	N	G	T	E	G	G
R	B	G	X	M	C	U	O	Y	S	Y	S	D	U	O	F	C	X
B	E	W	L	E	N	N	U	F	W	P	Q	I	R	H	D	A	P
J	F	M	F	E	D	N	I	W	Y	I	I	A	X	T	O	N	R
W	O	O	D	L	O	U	S	E	F	E	N	T	L	E	D	W	B
T	S	Z	Z	U	B	K	D	U	F	G	M	F	T	P	Y	A	K
A	I	Y	Z	W	T	D	T	V	E	J	W	K	W	I	R	E	D
R	B	R	D	E	Q	R	K	B	E	P	O	A	Q	C	N	I	D
A	N	O	I	W	G	F	A	S	A	T	L	G	D	T	F	G	S
N	A	O	P	Z	O	B	P	I	P	M	F	O	Q	F	P	W	M
T	M	D	P	A	O	D	N	E	F	D	R	F	L	B	S	P	H
U	S	P	L	O	H	T	I	R	L	N	Z	I	Z	U	O	S	L
L	T	A	N	P	E	Q	A	W	E	S	O	Y	S	Q	D	M	O
A	N	R	N	D	Y	W	E	D	K	R	R	D	O	N	J	Q	J
Z	U	T	S	E	D	W	L	S	S	C	B	Z	V	F	E	O	G
L	H	U	C	A	J	O	L	N	T	M	A	X	J	B	P	S	Q
U	N	V	Y	G	G	F	Q	A	Q	O	F	L	U	T	I	C	F
W	J	K	Y	L	M	K	V	G	E	E	K	L	B	Y	X	E	E

BLACK WIDOW
DWARF
ELEGANT JUMPING
FUNNEL-WEB
GOLDENROD CRAB
HUNTSMAN
ORANGE BABOON
PAINTED SUN
RAFT
SIX-EYED
SPITTING
TARANTULA
TRAPDOOR
WIND
WOLF
WOODLOUSE

Human beings have long been impressed with spider webs, and rightfully so. The silk they're constructed from has greater tensile strength than steel and more toughness than Kevlar. Researchers now believe they can artificially create what spiders make naturally.

No. 108

Crustaceans

C	Q	H	H	K	S	B	J	D	E	W	K	D	N	T	C	N	P
R	S	N	Y	S	S	Z	E	S	J	A	R	Q	W	T	H	P	K
A	F	E	D	E	H	P	U	K	P	T	I	S	G	V	N	Z	K
Y	S	O	A	S	L	O	I	K	G	E	L	G	V	B	I	S	Z
F	L	I	H	S	L	C	L	N	D	R	L	M	R	S	B	M	P
I	U	H	V	H	L	I	A	E	Y	F	S	I	C	E	B	X	X
S	J	Y	S	S	U	A	U	N	P	L	N	H	T	C	X	S	Z
H	Y	I	E	M	M	U	T	G	R	E	O	R	S	J	M	S	T
N	F	N	B	J	V	N	N	E	S	A	K	B	F	F	A	X	E
L	D	U	C	U	G	X	W	H	R	Q	B	T	S	N	M	S	S
C	O	M	M	O	N	P	R	A	W	N	S	E	D	T	U	I	U
A	P	J	J	E	P	I	U	Y	R	B	M	H	S	O	E	W	O
O	P	Q	E	B	M	D	O	P	E	P	O	C	L	O	E	R	L
T	B	U	J	P	Y	I	B	G	L	P	R	D	O	L	O	Z	A
Z	J	E	X	Z	G	H	Q	P	P	I	O	E	T	Y	X	G	E
P	M	I	R	H	S	D	E	E	S	O	L	Q	G	Y	T	L	S
P	J	I	M	X	L	X	R	O	W	S	X	L	A	I	U	T	U
D	E	E	P	S	E	A	I	S	O	P	O	D	U	G	T	C	F

BRINE SHRIMP
COMMON PRAWN
COPEPOD
CRAYFISH
DEEP SEA ISOPOD
FISH LOUSE
GOOSE BARNACLE
KRILL
SANDHOPPER
SEA LOUSE
SEA SLATER
SEED SHRIMP
SPINY LOBSTER
TIGER PRAWN
WATER FLEA
WOODLOUSE

Crustaceans are unique among arthropods for two key reasons. First, they have double the antennae, meaning two sets of two. Additionally, their limbs are split into two prongs at the end, kind of like a crab fork.

Shrimp and Crabs

No. 109

```
S B E L R P E Y R W P Y C R P R X R
N K P N M E V D O E T L E Y E F O N
B K E I O M L R P W B N W T A C B Y
F W R L A T R D S N A B A M C U Y S
X H A R E A S E D E W W O L O P T T
S I B F M T E T L I H I H R C O R Q
T L E H W J O C M S F T S I K R A Q
E I U T E D D N E B G K R T M C W Z
E X M S Y E L R L X Y L K Z A E Q U
T J U R T Q F O P O S S U M N L Z Y
Q C L T E J I N A G P K X B T A A L
N N O I F H M H W O Q D T V I I Y J
D P U S J I E S B A I C E D S N Z X
S T C W O B N I A R N A C I R F A C
G G G P U B U Y B O Q J C L C Q T H
P V F B U L A Q R S K Q S X I W J P
I U K B K E T R K T V B P V P S P D
G V Z T D N A M C K S P T P I J E X
```

AFRICAN RAINBOW
ARROW
CRAB
FIDDLER
FRESHWATER
HERMIT
MARBLE
OPOSSUM
PEACOCK MANTIS
PORCELAIN
ROBBER
SHRIMP
SKELETON
SPOTTED CLEANER
STONE
WARTY BOX

Rats and mice are the animals most commonly associated with mazes, but, in a pinch, they could be replaced with crabs. In a few weeks, crabs can learn to navigate a maze without error, finishing nearly 70 percent faster than their first attempts.

No. 110

Damselflies and Dragonflies

```
R R H I N E S E M E R A L D P T C P
P E B L U E D A S H E R N V R F N R
P O D T U A C H A S E R K I A D J E
P L F I M C A S T N Z N V Q C U Q M
M J A D L H O S P I K E T A I L S M
L E B I A G F M J O R C R Y A R R I
P W A F N U G Q E C N E C M V E T K
E E S I S S Q N R T M D B T C J E S
T L K B O V C U I M D E H N T M A E
A W E K Q B I L I R R A A A P U X M
L I T H A S V K U W E D R E W F P A
T N T R E N S P I B C D R N K K Q L
A G A R J W F N F E T O N Q E P F F
I M I P O M G O T K R A R A J R S H
L A L D Y M I Z L C G V I H W V K B
B Y I F M E A H J Q P U C L Z R Z M
D W F D E M O I S E L L E E C D O L
K H N A O A G W S N J E P R P V J X
```

AMBERWING
AZTEC DANCER
BASKETTAIL
BLUE DASHER
CHASER
COMET DARNER
DEMOISELLE
EMPEROR
FLAME SKIMMER
HINE'S EMERALD
JEWELWING
PETALTAIL
PLAINS CLUBTAIL
PONDHAWK
RIVER CRUISER
SPIKETAIL
WANDERING GLIDER
WIDOW SKIMMER

Not all dragonflies migrate, but the ones who do take different approaches. Some travel in bursts, seven to eight miles every few days. Others go 100 miles in a day. And one species regularly crosses the Indian Ocean, 11,000 miles each way.

Stoneflies, Sticks, Leaves, Earwigs, Mantids, Crickets, and Grasshoppers No. 111

N	H	X	P	J	W	W	E	M	W	G	M	J	G	S	T	Y	A
K	J	O	N	R	A	A	J	F	E	L	J	M	W	Z	R	L	M
P	R	T	U	S	A	P	L	V	F	I	D	U	E	K	E	L	F
W	L	O	S	S	I	Y	A	K	B	V	Y	R	U	L	E	A	I
P	M	E	Y	X	E	T	I	N	I	R	O	Y	N	Q	W	S	B
T	B	D	C	X	S	C	N	N	E	N	U	I	A	J	E	W	B
A	I	H	T	O	V	B	R	A	G	S	G	A	U	F	T	O	G
W	L	Z	U	D	P	E	N	I	M	M	E	L	N	E	A	L	R
N	C	W	G	U	P	T	B	J	C	D	A	L	E	K	R	L	A
Y	N	R	N	O	Q	W	E	X	M	K	I	N	E	A	X	E	S
E	G	D	M	Y	X	I	F	R	M	Y	E	H	T	A	F	Y	S
A	I	G	H	I	S	O	G	A	A	V	W	T	C	I	F	K	H
R	A	C	J	U	N	G	L	E	N	Y	M	P	H	R	S	O	O
W	D	E	S	E	R	T	L	O	C	U	S	T	P	X	O	D	P
I	C	O	N	E	H	E	A	D	M	A	N	T	I	S	W	K	P
G	D	B	G	M	A	N	T	O	D	E	A	C	K	H	R	Z	E
W	N	C	A	V	E	C	R	I	C	K	E	T	G	B	U	G	R
N	U	R	A	K	C	I	T	S	G	N	I	K	L	A	W	E	K

CAVE CRICKET
CONEHEAD MANTIS
DESERT LOCUST
GRASSHOPPER
HOUSE CRICKET
JAPANESE LEAF
JUNGLE NYMPH
MANTODEA
ORCHID MANTIS
PLECOPTERA
PRAYING MANTIS
TAWNY EARWIG
TREE WETA
WALKING LEAF
WALKING STICK
YELLOW SALLY

Far from being clasped in reverence, the "praying" limbs for which the praying mantis is named are really deadly weapons. In the blink of an eye the front legs strike, impaling any prey that comes too close.

No. 112

Termites

T S O L D I E R T X K V B A L S V V

W H O L E H I S O P T E R A U N K K

M D O O W P M A D Q P R Q Q K I P D

A E T P X K Y A T Q Q K K G N G R K

C V C W S E D N U O M G K G K W O H

R F S U P E R O R G A N I S M O T N

O C S U B T E R R A N E A N E R E Q

T R X M R X Y C R R D J X H U K I S

E E Q L B D E I W E A I A M R E N K

R C Q U E B W C R K Y B J I O R R P

M A L A T E N O T O U P E S S X I S

E A B Q L T V N Q I Q I N S O Y C V

S O P N V I C M L U D M Z J C C H T

R D O V R Q G D T V E N F H I W S S

B V R T K U E I I N U E X U A O F V

Z Z E J G R S S S F I D N Q L W F O

I D Z U L C A B Y V J Q B W J E G D

L S H E L T E R T U B E P L W M I I

ALATE	ISOPTERA	SHELTER TUBE
BUILDER	KING	SOLDIER
DAMPWOOD	MACROTERMES	SUBTERRANEAN
DETRIVORE	MOUND	SUPERORGANISM
EUROSOCIAL	PROTEIN-RICH	WORKER
	QUEEN	

Researchers examining termite colonies on the Japanese islands of Shikoku and Kyushu were startled when they realized there was something missing: male termites. These completely female colonies have evolved to produce asexually, seemingly no longer needing males.

True Bugs

No. 113

W	X	W	A	J	N	F	N	A	S	S	A	S	S	I	N	N	L
L	W	T	A	S	M	O	U	T	H	P	A	R	T	S	M	G	A
Y	L	C	X	T	B	E	K	R	A	B	H	C	R	I	B	P	M
Q	F	W	A	T	E	R	M	E	A	S	U	R	E	R	O	W	C
H	A	W	T	H	O	R	N	S	H	I	E	L	D	N	A	R	I
H	P	L	Z	K	H	P	B	B	K	X	P	P	K	T	M	I	C
Q	K	P	D	X	U	E	W	O	E	C	B	C	E	F	T	Z	A
W	F	A	I	D	S	H	M	G	A	L	A	R	I	N	H	C	D
H	B	A	S	Q	G	J	C	I	R	T	S	E	A	C	I	I	E
O	F	I	P	K	Y	A	Q	H	P	C	M	G	C	Z	S	C	L
L	Y	D	A	R	A	T	B	N	O	T	G	A	M	D	T	A	L
E	A	I	C	E	I	Z	F	R	Y	S	E	B	N	F	L	D	A
N	Y	H	N	H	G	H	P	F	B	W	Z	R	V	C	E	A	H
Q	O	P	E	F	B	I	B	E	D	B	U	G	A	J	L	T	J
J	V	A	E	P	O	N	D	S	K	A	T	E	R	N	A	D	D
M	A	J	R	N	G	O	O	R	E	Z	W	C	Z	E	C	S	D
D	Z	H	G	H	F	K	P	W	J	H	P	X	F	X	E	V	Z
P	M	W	Q	V	F	R	O	G	H	O	P	P	E	R	B	S	G

APHID
ASSASSIN
BED BUG
BIRCH BARK
CICADA
CICADELLA
FROGHOPPER
GREEN CAPSID
HAWTHORN SHIELD
HEMIPTERAN
MOUTHPARTS
POND SKATER
THISTLE LACE
WATER BOATMAN
WATER MEASURER
WATER SCORPION

It might look like a bug and scurry like a bug, but unless it's in the order Hemiptera, it's not a true bug. Bugs have two pairs of wings. The forewings of some are partially hard. All back wings are membranous, or soft.

No. 114

Louse Words

```
O O I O X H U M A N B O D Y A H A E
P E W E K N D B T K Z W C G U X N V
A C H B T V F Y V G T A I M P H O O
R I S U M V P H B W I M A V U E P C
A L W C M H D O D S Q N Z W C Y L G
S K X E U A S P C T U E Y I W V U X
I O S S C B N H W S R E L Z Y Z R N
T O I W G T N H H H V I T C H Y A Y
O B H B D O O U E E F N T T I N B X
S O L P C H M P G A K B T N Q K L E
I Q G E F A O R A O D W C R D R D C
S D R D N U H E A R A N Y M D S F I
N A B U G T Y N Z W A T L B B T M L
P N S G Y J Y I Z M I S Q S I I O K
K T C J C H I C K E N W I Q E T Y R
V K F T K F N C R A O L P T Q N H A
B C R Y P S I S P T O Q R X E O Y B
Z X G I V N K C P L K P J M O K Z M
```

ANOPLURA
BARKLICE
BOOKLICE
CHICKEN
CRYPSIS
ECTOPARASITE

GOAT
HUMAN BODY
HUMAN HEAD
HUMANUS HUMANUS
ISCHNOCERA

ITCHY
LICE
NIT
PARASITOSIS
TYPHUS

Charles Darwin used finches to show how organisms evolve to fill the niches in an ecosystem, but lice might've worked. Head lice evolved to live in human hair. Body lice evolved when humans began wearing clothing, to which the insects stick their eggs.

Flies and Lacewings

No. 115

O	T	I	O	N	D	U	L	P	W	A	M	X	I	G	B	Z	R
W	T	Q	S	W	Z	E	B	E	A	M	Q	C	C	O	N	U	M
L	Q	D	H	G	L	D	A	F	O	L	C	L	G	L	I	U	A
C	G	T	V	L	M	F	O	N	B	P	P	X	N	D	J	B	N
G	U	F	Z	K	A	G	L	B	O	M	A	A	F	E	F	E	T
X	R	D	L	N	C	L	Y	Y	S	I	X	R	R	N	C	A	I
D	C	E	L	O	R	Z	D	L	M	O	L	E	D	E	E	D	S
R	H	S	E	K	W	Z	A	E	F	Z	N	T	M	Y	S	E	P
Y	R	K	A	N	X	E	V	B	R	E	I	F	N	E	T	D	A
C	Y	E	M	L	L	B	R	U	O	F	K	A	L	A	I	Z	O
T	S	S	X	U	N	A	N	T	E	M	L	A	B	Y	V	D	O
T	O	I	E	K	E	E	C	Q	H	N	U	Y	N	F	H	F	S
J	P	S	O	C	Q	Y	T	E	V	R	Y	B	L	S	R	J	M
F	A	D	F	D	H	B	Q	Y	W	P	I	A	G	E	N	C	Y
I	D	W	H	P	W	N	I	L	M	I	G	P	K	K	J	J	L
J	G	A	R	E	T	P	O	M	E	N	N	F	S	H	O	H	U
Z	D	Q	B	K	Y	Q	O	Y	Q	Q	Z	G	M	T	T	F	S
B	G	N	I	W	E	C	A	L	T	N	A	I	G	V	I	K	Q

ALDERFLY
ANTLION
BEADED
CHRYSOPA
DOBSONFLY
FLOWER THRIP
GIANT LACEWING
GOLDENEYE
GREEN LACEWING
LEOPARD
MANTISPA
NEMOPTERA
OSMYLUS
OWLFLY
PALPARES
SNAKEFLY

It's fairly easy to see how lacewings got their name—the veins and designs in their gossamer wings do seem stitched—but don't think them too dainty. They're also identifiable by their bulging eyes and the larvae's sickle-shaped mouths.

No. 116

Beetles

V	Y	L	W	F	W	U	J	W	T	Z	L	E	J	K	B	E	V
I	W	P	D	C	J	H	W	L	M	Y	Y	R	U	M	A	K	U
O	A	K	W	F	T	H	A	U	P	K	E	N	K	J	U	V	Z
L	H	Z	D	H	O	R	E	A	D	D	W	W	Y	A	I	W	X
I	C	D	S	L	D	K	S	E	S	T	O	D	C	O	H	S	V
N	E	D	E	E	C	X	G	O	Z	O	R	K	L	I	T	Y	W
Z	E	M	R	I	N	N	L	U	D	B	E	E	R	A	Z	K	P
R	R	W	L	G	I	D	O	W	P	J	T	L	G	D	S	O	U
B	C	C	H	W	I	U	O	W	F	G	I	J	W	L	W	U	D
Z	S	K	T	E	A	R	D	I	R	G	X	N	L	D	V	Q	R
H	E	E	R	X	M	Q	A	O	I	S	U	X	E	F	O	I	X
L	N	R	U	L	O	A	U	G	J	N	V	R	T	R	K	E	D
T	L	N	O	E	D	N	N	E	E	S	P	P	M	Z	H	I	B
U	H	B	D	Z	D	Q	W	T	V	O	B	S	Z	U	V	U	G
T	J	Z	C	G	A	E	H	I	S	T	E	R	A	I	I	D	U
C	M	J	D	R	L	U	U	T	D	I	X	W	N	U	C	Q	X
L	U	C	T	I	S	E	B	U	B	A	C	G	Q	J	C	N	C
H	Z	R	U	A	T	O	N	I	M	L	E	U	S	J	D	R	H

ANT
CLICK
DIVING
HISTER
JEWEL
LARDER
MINOTAUR
NET-WINGED
POWDERPOST
RED SOLDIER
SCREECH
STAG
VIOLET GROUND
VIOLIN
WHIRLIGIG
WOODWORM

Beetles make up the most numerous order of insects. They've adapted to land and underwater habitats, and come in a wide variety of shapes, colors, and sheens. They're easily identified by their elytra, the hard forewings encasing and protecting the back wings.

More Beetles

No. 117

W A L O G H O C A R D I N A L N B F
X T U N I C O R N Y E K S N V J L U
G G O L I A T H T E K H S W K O M B
Q R V A N T N Z J Q I X A D W W G K
H S Y S E X T O N T L F P E Z O X Y
E Q U D P R B Y C G T I R C L M G Q
R K V U Y V U R Y G N T F D C T D J
C A D N E A S A B L A C K O I L E Z
U F T G M C H U R C H Y A R D W S S
L C R F K W N A C O B U D K E R Y J
E S C A R L E T L I L Y T L S W W R
S M S C A R A B P B M G E A V Q H S
Z N B R E G O A T B I D M R S R O N
E C U X G X F Y Q L F C U Q Y T L H
R H P T B T F L R R H J D J P B E R
O Q L G M D H J O U Y Q S Y W D V F
W Q D M I R T G U V N T T R O V T V
D B X L O N G H O R N T O U K T M P

ANTLIKE	FLOWER	SAP
BLACK OIL	GOLD	SCARAB
CARDINAL	GOLIATH	SCARLET LILY
CHURCHYARD	HERCULES	SEXTON
DUNG	JEWELED FROG	UNICORN
	LONGHORN	

Ancient Egyptians revered the scarab, a dung beetle believed to lead the sun across the sky. The belief was not too far from fact: the beetles sense the sun, the moon, and the Milky Way so acutely that they can navigate long distances in straight lines.

No. 118

Ladybugs and Weevils

T F F B H G U O T L H D B U G Y R G
K E A S L O U P P A C N L M K S G V
N H P E R A S K E R Y R U F G U G T
X R U M L D C E X C V N E R X Z Q T
S D P I U R F K N H R W B U I Y N N
M A X C U R E L V O H L A B M J V W
N S S O M A T V C I S D N E V V R P
G J I P E B O A O Q N E D L O V B K
T O P S N E V E S L S E E K V F W P
B A P T I S I A J D C D D C F A A S
G I R A F F E N E C K E D O Y I C I
T W E N T Y T W O S P O T C N Q B W
V A S G K F V Q H B B X D T P G F P
W B Z D A B R W G J V K E O B I A F
M F E S J E X O S W M D P O L G V O
K Y F D B T S N B Y A X L N D M Y R
E A P N L I Y F P X U L H T M H I V
N A E B D A O R B J M H C M F T H U

ACORN
BAPTISIA
BLACK VINE
BLUE BANDED
BOLL
BROAD BEAN
CLOVER LEAF
COCKLEBUR
EYED
GIRAFFE-NECKED
HOSE-NOSE
LARCH
PAINTED
SEVEN-SPOT
TRUMPET
TWENTY-TWO SPOT

Scientists could never tell how ladybugs keep their very large flying wings folded when not in use. But a Japanese team recently revealed an intricate system that is remarkably reminiscent of origami, and is now trying to mimic the design for human application.

Ants

No. 119

L	S	C	N	C	I	T	N	E	R	T	T	Y	F	T	A	P	R
E	K	U	R	Y	P	S	W	A	W	E	F	B	O	J	R	H	E
F	N	O	A	F	H	A	G	R	L	N	H	D	V	P	C	A	P
D	V	I	B	R	J	H	V	L	U	H	B	V	O	G	L	R	M
B	K	H	T	V	Z	G	U	E	B	G	R	P	F	D	G	A	U
R	S	S	M	N	A	B	N	I	A	M	V	V	R	M	S	O	J
B	O	Q	Z	S	E	O	A	R	E	T	S	E	V	R	A	H	K
M	G	B	F	Z	J	G	D	L	O	N	T	A	J	X	L	R	C
C	R	A	Z	Y	U	E	R	F	F	L	X	M	T	P	E	W	A
F	E	M	J	R	N	K	L	A	W	Y	X	H	Y	T	I	B	J
I	X	L	T	M	D	O	O	W	F	T	I	R	T	W	C	W	L
R	L	B	E	D	O	M	N	S	O	E	A	U	U	G	A	U	T
E	N	G	H	C	M	I	H	P	F	R	C	B	O	C	S	Y	P
S	Y	D	B	A	T	J	S	Y	V	F	E	Z	T	T	P	M	U
H	A	E	E	Z	Z	R	Z	T	A	W	R	S	C	I	C	R	T
I	L	J	N	S	Y	D	I	E	U	H	G	H	Y	S	J	A	P
P	F	O	F	O	F	A	L	C	W	R	K	M	E	A	T	T	S
T	Z	G	O	F	H	L	A	G	D	O	E	R	G	Q	H	H	P

ARGENTINE
ARMY
BULLET
CRAZY
ELECTRIC
FIRE
GARDEN
HARVESTER
HONEY
JACK JUMPER
LEAF-CUTTER
MEAT
MOISTURE
PHARAOH
THIEF
WOOD

Humans and ants share a distinguishing feature: the capacity for full-scale war. As defined by some scientists, this refers to "the concentrated engagement of group against group in which both sides risk wholesale destruction." Often, the predictive factor is major population growth.

No. 120

True Flies

B	J	U	C	Y	M	Z	Y	D	E	H	F	H	I	S	B	S	P
M	E	U	K	D	P	L	U	D	K	A	X	P	A	Y	L	C	Z
U	B	E	A	E	F	Z	D	O	X	S	V	I	W	E	U	T	W
H	O	N	G	E	H	L	Y	X	F	M	H	S	O	L	E	H	F
H	C	X	S	R	W	J	E	C	Z	C	L	B	F	L	B	A	C
E	C	U	R	Z	A	U	A	S	A	I	L	V	Q	O	O	E	K
J	O	E	T	R	G	B	N	M	S	V	S	N	E	W	T	J	V
H	T	M	H	A	L	B	B	K	I	E	O	K	O	D	T	S	M
E	M	K	D	Y	Q	U	S	E	F	T	R	J	E	U	L	E	A
T	O	B	T	N	E	D	O	R	R	S	I	H	P	N	E	S	R
S	N	A	I	L	K	I	L	L	I	N	G	U	O	G	M	R	S
E	G	D	I	M	D	R	A	Y	M	R	A	F	R	U	J	O	H
B	U	O	U	U	Y	H	O	X	X	T	K	T	S	F	S	H	C
T	C	J	K	B	V	C	K	I	A	B	K	M	S	A	Q	E	R
V	K	O	A	P	P	L	E	M	A	G	G	O	T	E	J	B	A
E	W	D	F	X	H	O	V	E	R	F	L	Y	S	J	T	J	N
H	Q	A	A	M	G	F	T	U	U	O	T	T	C	O	B	S	E
J	T	P	R	O	A	O	B	G	V	C	K	H	F	X	W	Y	E

ACHIAS
APPLE MAGGOT
BEE-GRABBER
BLUEBOTTLE
DANCE
FARMYARD
MIDGE
FRUIT
HORSE
HOUSE FLY
HOVERFLY
LESSER HOUSE
MARSH CRANE
RODENT BOT
SNAIL-KILLING
TSETSE
YELLOW DUNG

Flies of the order Diptera—true flies—have a distinctive set of two membranous wings. A smaller set, barely wings at all, helps the insects keep their balance.

Moths

No. 121

L	S	A	J	V	Z	L	U	C	L	O	A	F	T	U	K	I	L
E	U	P	F	H	U	V	Z	L	P	A	F	X	D	N	F	C	R
O	M	P	X	N	G	Z	T	O	C	J	P	P	N	X	E	T	C
P	E	I	A	R	F	D	X	T	E	E	I	P	G	A	M	J	G
A	H	R	I	B	A	Z	V	H	U	A	E	D	E	R	H	Q	E
R	P	G	S	F	C	G	Y	E	Z	J	K	W	L	T	P	J	N
D	Y	A	P	K	T	Q	G	S	X	A	H	B	I	X	Z	M	A
R	L	T	J	M	R	Y	J	E	F	I	A	E	U	W	R	O	I
P	O	N	N	S	O	S	G	N	K	T	T	O	P	Q	G	B	Y
O	P	A	F	O	J	U	Z	V	S	A	L	I	I	Q	F	O	H
W	H	I	R	F	I	O	P	U	A	O	O	H	P	K	S	G	D
N	J	G	S	D	T	O	Y	J	R	P	M	V	L	E	U	I	X
I	P	A	B	K	G	U	K	D	H	T	O	I	L	I	V	X	U
R	E	G	I	T	N	E	D	R	A	G	S	U	D	A	K	K	K
S	N	O	U	T	V	P	U	J	D	Z	C	O	R	I	R	L	V
E	V	E	I	X	H	R	H	W	Z	R	I	L	H	E	E	E	T
V	P	I	L	I	A	U	N	D	E	R	W	I	N	G	R	U	E
R	Z	G	Q	Q	D	O	M	H	A	O	R	U	O	L	M	L	P

CLOTHES
DIVA
GARDEN TIGER
GHOST
GIANT AGRIPPA
HERCULES
ILIA
UNDERWING
LAPPET
LEOPARD
LUNA
MAGPIE
OAK EGGAR
POLYPHEMUS
SILK
SNOUT
VAPOURER

Moths enjoy salt. Many species lick mineral-rich patches of mud for the salt, but some moths seem to have discovered a very different source: the salty tears of sleeping birds.

No. 122

Butterflies

O	U	I	I	F	K	S	H	F	A	O	O	W	B	A	F	B	N
D	O	G	F	A	C	E	R	D	E	H	L	M	I	B	A	I	A
Z	F	H	D	I	X	V	O	S	P	X	U	L	G	H	E	R	M
E	L	I	F	O	X	N	Z	R	U	L	D	U	O	Y	L	D	T
X	C	J	R	K	I	N	O	L	U	B	N	X	U	P	N	W	S
H	V	C	U	S	J	M	T	E	D	C	I	I	J	F	A	I	O
Q	S	I	B	K	N	I	I	T	M	K	T	K	B	E	I	N	P
R	Y	L	X	O	E	E	A	X	H	P	B	O	J	C	D	G	L
Z	U	E	M	A	D	M	I	R	A	L	E	B	R	B	N	R	L
E	K	M	Y	F	W	U	X	Y	T	V	A	R	Y	Y	I	Y	A
M	O	L	I	A	T	W	O	L	L	A	W	S	O	H	Z	T	M
C	M	O	N	A	R	C	H	L	C	W	P	N	R	R	R	A	S
P	X	Z	A	H	I	M	U	W	R	B	D	O	C	F	X	S	F
P	T	A	E	N	G	P	X	O	D	N	L	K	E	B	Z	D	T
R	E	K	C	A	R	C	N	E	E	U	Q	X	V	L	C	O	J
T	I	G	E	R	P	I	E	R	I	D	Y	D	Q	L	C	O	P
O	R	A	N	G	E	T	I	P	G	B	E	L	M	I	G	W	M
S	P	A	N	I	S	H	F	E	S	T	O	O	N	A	L	U	X

ADMIRAL
ADONIS BLUE
APOLLO
BIRDWING
CLEOPATRA
COMMON MORPHO
DOG-FACE
EMPEROR
INDIAN LEAF
MONARCH
ORANGE TIP
OWL
QUEEN CRACKER
SMALL POSTMAN
SPANISH FESTOON
SWALLOWTAIL
TIGER PIERID
WOOD SATYR

Butterflies feed on flower nectar and serve as important pollinators. Surprisingly, the butterfly's proboscis, the appendage with which it eats, evolved millions of years before flowers existed. This suggests that butterfly selection played a role in the development of certain flowers.

Bees

No. 123

F A I R Y P N I O K D J V U R G S P
G R M M Q H O F S U E X S L E N W O
Y A S R K Z K U L S T W E D T I E L
K J N E X C V R V E E A A Z N N E Y
V N R Z I E R R B A F M Q X E I Q E
P G O L D E D O T C O B D N P M H S
N L J S G C Y W U N W K U A R O P T
E E A G A K D T O R C H I D A F M E
Q L I S A M T O N O L H I N C A X R
H D B Y T E D E N R O H G N O L I Q
U S X M R E R E D R A C L O O W D H
R K R G U H R V W X Z M J F Y V F M
F G S P H B V E I I Q A D J T V S F
M L V H A R N S R A S X N V W W U J
C R O Q H I O R N I K V A A B J V Y
T J A W D K B R Q B A J M V U B L J
D O S F E T Z J F S Z P S R C W Z O
D K Y Z E R A M Q Y S O X V U L K Y

BUMBLE	FURROW	ORCHID
CARPENTER	LEAFCUTTER	PLASTERER
DIGGER	LONG-HORNED	POLYESTER
FAIRY	MASON	SWEAT
FLOWER	MINING	WOOL CARDER
	NOMAD	

The concept of zero revolutionized human thinking. However, we are not unique in our grasp of it. Recent research suggests that, in addition to counting to four, bees seem capable of distinguishing zero from the other numbers.

No. 124

Wasps

D	Z	Q	I	I	Z	N	I	P	F	E	C	V	K	O	R	H	G
C	I	B	W	V	N	J	E	L	G	U	Q	H	E	T	H	R	C
I	T	I	A	D	Z	T	O	S	F	D	D	L	A	R	E	M	E
C	S	S	H	P	B	W	X	M	M	J	H	B	R	L	U	M	C
A	Z	M	R	P	E	B	R	A	C	O	N	I	D	K	C	P	R
D	D	K	L	E	I	Q	Y	W	J	Y	T	R	A	M	T	I	Y
A	T	K	B	T	H	T	R	E	V	F	A	S	C	E	M	E	D
K	P	A	R	S	Q	F	F	X	S	W	H	O	R	I	L	I	E
I	A	W	D	W	G	F	K	Y	P	B	C	O	H	L	M	O	K
L	P	X	R	C	L	I	C	E	H	K	M	E	O	V	A	G	J
L	E	D	Z	L	G	L	F	C	R	A	M	W	C	B	J	A	U
E	R	L	V	X	E	H	W	O	L	T	J	A	A	B	T	T	M
R	C	H	O	R	N	T	A	I	L	A	M	W	M	E	S	O	S
S	F	U	F	U	Q	C	D	Q	C	T	D	O	N	M	M	P	Z
T	H	R	F	S	H	O	S	K	P	T	M	R	O	L	O	Y	P
L	W	R	O	X	L	H	E	N	Y	X	O	K	Z	L	Q	T	S
C	F	N	P	N	N	T	U	D	R	H	R	H	Y	A	U	A	H
K	W	A	H	A	L	U	T	N	A	R	A	T	G	G	I	Z	E

BEEWOLF
BRACONID
CHALCID
CICADA KILLER
COCKROACH
EMERALD
FIG
GALL
HORNET
HORNTAIL
MAMMOTH
PAPER
PTEROMALID
TARANTULA HAWK
TIPHIID
YELLOWJACKET
ZATYPOTA

There's a wasp of the genus *Zatypota* in Ecuador that lays its eggs on spiders. When the larvae hatch, they inject their hosts with a hormone that effectively hijacks their minds. The spiders leave their colonies to weave cocoons where the larvae can develop safely, then they are eaten by the growing wasps.

Ribbon Worms

No. 125

E	S	S	J	C	S	S	K	D	T	S	W	C	Y	Y	T	F	S
O	C	K	D	V	C	O	L	U	R	O	V	I	E	W	T	R	I
B	S	A	K	X	R	D	X	I	R	F	P	T	A	J	C	E	C
E	E	U	L	T	A	Y	I	M	M	T	K	N	D	E	A	J	S
S	A	I	O	T	O	B	N	U	L	Y	Y	A	I	D	D	F	O
X	O	D	H	N	O	D	M	C	H	W	N	L	I	U	Q	J	B
A	A	R	I	V	O	O	L	U	P	E	N	T	N	M	T	Y	O
E	I	L	R	N	M	S	B	S	M	O	R	A	I	H	U	X	R
L	F	N	V	E	A	L	I	E	Q	E	U	N	C	Q	N	S	P
N	O	W	G	F	B	L	R	O	M	T	I	O	N	W	J	K	P
A	S	Q	Y	F	Q	T	U	E	P	J	J	M	E	V	D	F	J
M	X	G	F	F	E	F	N	B	H	I	F	M	L	P	X	N	D
S	A	P	F	A	L	E	P	B	U	Z	Q	O	A	J	Z	N	E
Z	N	R	Y	R	T	R	Q	K	U	T	G	C	V	Q	I	P	H
Z	R	Z	I	A	C	Y	L	I	N	D	R	I	C	A	L	E	P
Y	V	W	R	N	O	R	E	G	E	N	E	R	A	T	I	V	E
G	N	C	W	D	E	P	I	R	T	S	C	I	F	I	C	A	P
N	I	X	O	T	O	D	O	R	T	E	T	L	V	B	I	T	L

BOOTLACE
COMMON ATLANTIC
CRATENEMERTIDAE
CYLINDRICAL
MARINE
MUCUS
NEMERTEA
PACIFIC STRIPED
POISONOUS
PROBOSCIS
REGENERATIVE
SLIMY
SOFT
TETRODOTOXIN
TUBULANIDAE
VALENCINIIDAE

Most ribbon worms live in the ocean. While the smallest of the worms are less than a centimeter long, the longest might be the longest creatures on Earth. It is believed that the bootlace worm can reach nearly 200 feet.

No. 126

Mollusks

U	I	C	J	A	U	I	S	V	R	P	L	L	T	R	V	T	O
I	B	U	X	E	P	F	U	G	Z	O	I	L	O	S	D	O	Y
D	N	O	C	T	O	P	U	S	G	L	M	E	P	B	X	W	A
F	B	Y	Q	P	R	A	C	U	P	L	P	H	G	S	W	E	I
K	L	E	H	W	U	D	L	U	M	A	E	S	N	X	G	R	Y
R	Q	X	B	P	U	S	M	F	V	C	T	P	I	J	S	S	O
W	M	C	K	Z	A	E	Q	A	Z	S	I	O	R	E	H	H	J
P	H	Z	H	E	T	D	J	W	L	S	U	T	E	C	Q	E	R
M	D	K	S	I	N	Z	H	H	K	C	J	O	T	R	I	L	E
X	A	Z	R	Y	L	S	I	W	S	E	T	C	A	P	G	L	M
C	J	E	M	E	I	K	D	H	V	E	I	F	W	O	O	C	S
C	N	F	S	F	O	P	E	R	I	W	I	N	K	L	E	Y	N
E	P	S	R	Y	Z	E	R	A	H	A	E	S	U	W	H	Q	A
S	U	A	S	U	L	A	R	O	H	P	O	C	A	L	P	A	I
M	T	T	D	K	A	W	A	L	T	R	Y	Q	V	Y	O	B	L
S	E	D	C	P	D	V	P	Z	O	X	C	I	H	E	K	H	A
R	Z	O	W	R	T	O	K	C	W	D	D	K	B	X	V	A	Y
N	C	A	F	I	S	F	O	M	W	E	A	Q	F	P	P	K	S

APLACOPHORA
CLAM
COCKLE
LIMPET
MUSSEL
NERITE
OCTOPUS
OYSTER
PERIWINKLE
SCALLOP
SEA HARE
SEA SLUG
SNAIL
STARFISH
TOP SHELL
TOWER SHELL
WATERING POT
WHELK

Mollusk shells offer more than just protection. They also guard against excessive dehydration. Some kinds of snail shells have something called an operculum, like a manhole cover they can shut and seal so moisture can't escape.

Bivalves

No. 127

```
C A T S T O N G U E B N M P V T U U
E Z V B E D M Q F I R R C O C O Q B
O D E E I I V G T T O Y V L R P I X
E L I T A J N T E W Z W L L A G T W
Q R N B J X E I P I E V E A D N B H
L A H Q L R R I Q L L S S C L I O S
H E K J S E H O P N O N S S E R E X
L P S W L S O W P S I O U T D E C X
C R E S Y L E Y B N G A M A O T W L
J E A O U B E Z S I V H A E N A V B
T T E Z D M N H A T O S R R A W M Z
H A H H O C N N S Z E A B G X O M Y
F W R Z A R T O Y D M R E P C O P F
C H V U F C C F M C E K Z S K T U T
X S U L L U P L W M U G K C Y H R Q
Y E U A E G S H A R O C N H C O K H
G R M Y T G J B J M O C G I V H D O
C F P I D D O C K C U B X D H X W V
```

BITTERSWEET
CAT'S TONGUE
COCK'S COMB
COMMON MUSSEL
CRADLE DONAX
EDIBLE OYSTER
FRESHWATER PEARL
GIANT CLAM
GREAT SCALLOP
HINGED SHELL
NOAH'S ARK
PIDDOCK
RAZOR CLAM
SHIPWORM
WATERING POT
ZEBRA MUSSEL

Mussels hold on to rocks with their "beards," the term given to a bunch of powerful filaments called a byssus. The stuff is so sticky that scientists are experimenting with it to see if it might help absorb oil spills.

No. 128

Gastropods

S	D	N	Q	K	R	S	W	R	U	Y	O	D	K	I	S	F	T
S	B	U	C	A	K	T	B	L	S	R	D	H	S	R	H	Q	E
O	D	L	D	U	I	O	O	G	T	O	I	D	T	N	C	L	G
I	F	U	A	S	I	M	B	W	P	S	S	Z	H	U	N	S	U
T	L	H	Z	I	H	A	P	A	T	E	L	L	I	D	A	E	L
A	H	H	U	F	O	C	G	W	M	E	P	J	H	I	R	S	I
R	N	B	A	K	O	H	N	O	I	S	R	O	T	B	B	M	D
N	T	E	S	L	Z	F	H	A	J	Y	C	V	P	R	O	V	A
E	B	B	R	F	I	O	E	V	R	L	O	F	D	A	H	R	E
D	G	F	K	I	V	O	S	A	L	B	Y	R	U	N	T	E	K
L	V	O	I	X	T	T	T	E	D	Q	O	L	C	C	S	W	P
O	V	B	Y	U	C	I	H	I	V	I	B	S	T	H	I	Z	K
G	R	H	N	V	P	S	D	H	D	M	B	C	O	Y	P	G	H
J	U	A	T	J	L	V	M	A	T	A	R	M	V	R	O	E	M
K	Z	E	V	G	E	W	H	J	E	J	E	G	O	R	P	K	K
A	M	P	U	L	L	A	R	I	I	D	A	E	U	R	Q	C	E
E	A	D	I	L	L	E	R	U	S	S	I	F	N	E	T	D	Y
U	J	D	T	E	A	D	I	N	I	R	O	T	T	I	L	S	X

AMPULLARIIDAE
FISSURELLIDAE
GOLDEN RATIO
HALIOTIDAE
LITTORINIDAE
NERITIDAE
NUDIBRANCH
OPISTHOBRANCHS
PATELLIDAE
PROSOBRANCHS
RADULA
SHELL
STOMACH FOOT
STROMBIDAE
TEGULIDAE
TORSION

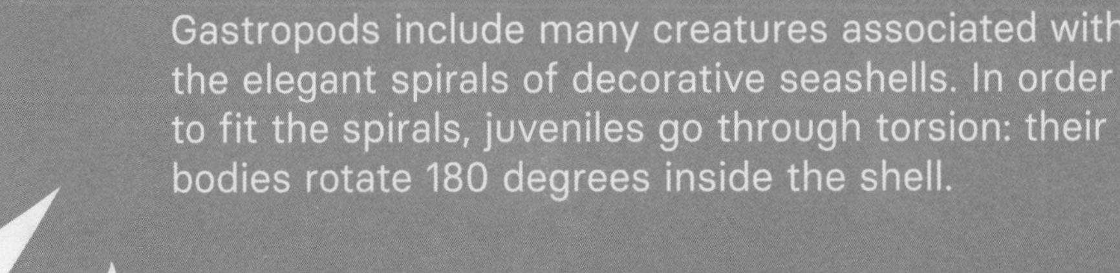

Gastropods include many creatures associated with the elegant spirals of decorative seashells. In order to fit the spirals, juveniles go through torsion: their bodies rotate 180 degrees inside the shell.

Sea Shells

No. 129

W	K	E	V	Q	E	T	D	R	E	I	E	M	P	G	L	R	T
S	E	G	I	H	N	J	G	V	V	T	D	A	R	M	L	I	R
Q	F	N	M	R	A	F	I	B	I	F	C	M	A	I	E	C	U
F	K	H	T	C	W	L	T	R	M	I	Y	E	H	Y	H	T	M
K	N	K	S	L	O	O	E	W	F	T	X	O	L	O	S	R	P
J	Q	G	E	T	E	N	C	I	K	B	D	S	A	K	P	W	E
Z	J	V	N	B	G	T	C	R	J	J	N	T	I	O	O	Q	T
M	N	E	N	A	F	D	R	Q	E	H	A	S	R	M	T	U	T
R	T	F	Z	W	R	J	L	A	A	G	J	X	E	U	T	E	R
Z	C	G	W	U	M	X	N	T	P	T	I	W	P	R	N	E	I
T	I	Y	P	H	W	Z	Y	C	S	J	Q	T	M	E	A	N	T
Z	T	E	X	T	I	L	E	C	O	N	E	V	I	X	I	C	O
G	R	E	A	T	S	C	R	E	W	S	H	E	L	L	G	O	N
U	P	N	P	I	L	U	T	D	E	D	N	A	B	A	A	N	U
F	L	A	M	I	N	G	O	T	O	N	G	U	E	V	K	C	D
R	E	I	R	R	A	C	T	S	R	U	B	N	U	S	E	H	U
Y	M	F	W	S	O	C	L	W	C	Y	H	A	X	B	Q	Z	A
S	I	R	A	M	A	I	R	O	L	G	S	U	N	O	C	J	S

BANDED TULIP
CONUS GLORIAMARIS
FLAMINGO TONGUE
GIANT TOP SHELL
GREAT SCREW SHELL
IMPERIAL HARP
MIYOKO MUREX
PACIFIC DRUPE
QUEEN CONCH
SUNBURST CARRIER
TENT OLIVE
TEXTILE CONE
TIGER COWRIE
TRUMPET TRITON
WENTLETRAP
ZIGZAG NERITE

Seashells may have been the world's first jewelry. A recent discovery in Morocco supports the idea. A collection of 33 shells with uniform holes for stringing has been dated to at least 142,000 years ago.

No. 130

Sea Slugs

```
S S B A N I L L E B A L F Z H U L R
N T L T H S K D T N A G E L E Q E S
O P A L E S C E N T C M T S E C T I
H E C N W H N A S E A B U N N Y T R
L R K S O P S F G X Q L T A U M U O
D E M R I E U P D B E J D P E L C D
F F A W V G N Z Q G R H K L Y P E O
Y V R F I A D E N L S Z I B X Z S M
D H G O S A R A L I Q B L K E P E O
J O I A R L E I N B E H F W R E A R
Y V N F V U U A C L A F C V V E S H
R Q E I L X P G E O N I R B W H L C
O S D B M S V O U C S G R V Z S U P
G D V C E A N M G Q T E I A V A G U
O M B C X I Z T I O M O F X V E O U
D Y J D N F C M W D J C T N U S T X
G L C A F M I K M E P V O Q J E U W
P B C Y E R C E N I G R I C A N S J
```

ANNA'S
BLACK-MARGINED
BLUE ANGEL
CHROMODORIS
CYERCE NIGRICANS
ELEGANT
FLABELLINA
LEAF SLUG
LETTUCE SEA SLUG
MELIBE LEONINA
OPALESCENT
SEA BUNNY
SEA SHEEP
SPANISH DANCER
VARIABLE NEON
VARICOSE

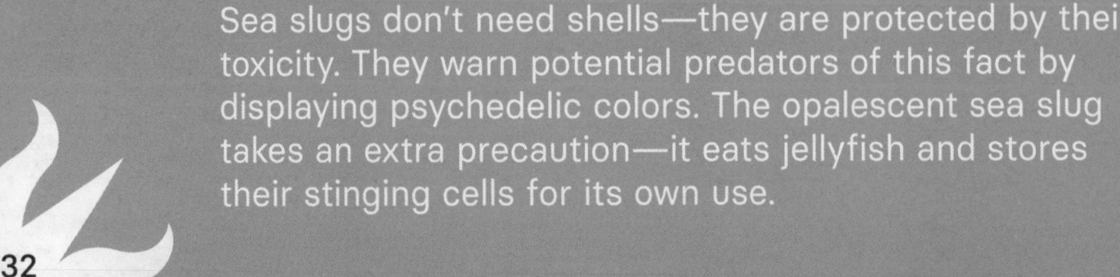

Sea slugs don't need shells—they are protected by their toxicity. They warn potential predators of this fact by displaying psychedelic colors. The opalescent sea slug takes an extra precaution—it eats jellyfish and stores their stinging cells for its own use.

Cephalopods

No. 131

N G P T C S B Y P M R X L Y P I T Q
C I P R E W A P S J X R Z V R N Q K
Q I V F K N W F I P G E P C E K I S
C H R O M A T O P H O R E G H Y U L
S E O A L J A A H X X L I K S L I E
Z U S D M C Z I C N T L Z H I Z H N
W R C A Y A L O B L L I H T F L Y N
U Z O K O L L C B E E N U B E R I U
E W J B E O R A T F X A U E L M M F
E N B E B R O N C R N Y J A T V M X
X S O K S C I D I U Q S L K T R L C
J B D B T A R G O N A U T D U L I O
C E X O E E G A L F U O M A C T I V
A B P D K L R F N K D K U J O G R O
H U Q Y O J T S P C Z E Q N L I H R
S X V E H P W T V Q T B P Q M T U L
G E P S N B K J U W D Y S B F P L J
K K G I H W M R Z C H A V V R I Y Y

ARGONAUT
BEAK
CALAMARI
CAMOUFLAGE
CHROMATO-PHORE
CUTTLEBONE
CUTTLEFISH
FUNNEL
HYPNOTIC
INKY
INTELLIGENT
NAUTILUS
OCTOPUS
SQUID
SUCKER
TENTACLE

Cephalopods are organized by arms and tentacles. Squid and cuttlefish have eight arms plus two retractable tentacles. The tentacles have suckers for grasping; the arms are just for mobility. Octopuses have eight arms with suckers, but no tentacles.

No. 132

Octopus

N	U	L	D	V	U	D	V	N	N	S	T	C	T	N	V	H	S
R	B	O	C	P	I	E	S	C	W	E	A	O	I	K	Z	U	M
O	R	N	U	P	Y	G	M	Y	O	R	P	P	R	M	P	K	L
C	O	G	T	Z	E	N	L	U	I	S	C	U	T	O	I	P	Q
I	D	A	X	E	V	I	B	B	O	Y	I	Q	T	O	B	M	A
R	F	R	I	J	L	R	B	W	S	M	Y	C	E	P	L	T	N
P	Y	M	E	B	R	E	T	K	M	G	O	H	A	N	A	E	R
A	O	E	Q	D	A	U	C	I	T	N	A	L	T	A	N	G	V
C	M	D	C	N	M	L	I	G	O	D	F	A	B	E	K	M	S
U	S	A	R	O	Q	B	M	M	I	F	R	A	V	U	E	H	C
R	Z	E	S	T	C	R	M	C	D	A	H	I	P	T	T	A	P
J	E	A	W	Z	A	O	O	V	Q	E	N	D	B	Q	E	Z	W
F	I	J	X	N	C	X	N	F	W	E	I	T	F	D	D	N	F
C	Z	E	E	Z	Z	U	L	U	H	A	M	M	E	R	N	M	W
S	J	V	H	N	X	X	J	L	T	H	X	F	X	Z	B	A	L
O	E	X	O	M	D	U	M	B	O	C	G	I	O	Q	B	T	S
S	U	D	I	B	V	P	Z	G	W	K	W	K	D	P	U	C	C
P	J	X	M	Q	F	E	A	G	L	A	B	L	A	E	Z	W	W

ALGAE
ATLANTIC
BLANKET
BLUE-RINGED
CAPRICORN
CARIBBEAN REEF
COCONUT
COMMON OCTOPUS
DUMBO
GIANT
HAMMER
LONG-ARMED
MIMIC
MOSAIC
PYGMY
SAND BIRD
SEVEN-ARM
TWO-SPOT

Best known for its eight arms, the octopus has many other highly notable characteristics. It can change its color, and the mimic octopus can even change its shape, disguising itself as another kind of creature. The octopus has also displayed impressive problem-solving abilities and the capacity for short- and long-term memory.

Squids

No. 133

```
F Y V M S O W N R O D D B O U P N G
N E J A E S R T W H I P L A S H I I
X R E P M O A K H D U Y Z B W G F A
P X I R H P P L F M Q P G B P R G N
E T C S N A I J G T S E V P H I I T
B V M M U I J R X V N R I Y L M B S
Y A S Z X P F I E V O I R A B A H Q
R T P O N K G G J H M G S F M L Q U
T D L O B M U H I F M S I A B D Y I
Y O B U S H C L U B O B R C N I A D
T M Z T H K F D N L C K O V P S P Z
N T E C W G G I O O E C A Q W C Q Y
Z W H T B J O C Y T K K V Z F A H F
Z G N I Y L F E S E N A P A J L R W
X E B D E X Y V Y K B G N D G E D X
L N B O S H A E O Q H G A T I D F O
O X O C A H D C X H C Z O K P S L V
L I A T B O B S Y R R E B Y H H P T
```

BERRY'S BOBTAIL
BIGFIN
BIGFIN REEF
BUSH-CLUB
COCKEYED
COLOSSAL
COMMON SQUID
GIANT SQUID
GLASS
GRIMALDI SCALED
HUMBOLDT
JAPANESE FLYING
MARKET
RAM'S HORN
VAMPIRE
WHIPLASH

Squids, like all mollusks, have a shell, but theirs is only for internal support. With no external shell, the squid needs other defenses, such as a squirt from an ink sac. The Japanese flying squid can escape a predator by jetting above the surface of the water.

No. 134

Cuttlefish

G	S	R	U	S	L	B	V	J	U	R	A	P	A	T	D	K	E
U	S	E	B	F	Q	P	F	T	V	D	E	H	N	U	J	N	T
B	R	O	A	D	C	L	U	B	S	C	F	A	F	N	E	I	A
X	D	F	H	U	S	L	Q	S	R	S	I	R	P	Z	L	F	N
Z	F	Q	L	M	V	D	P	E	S	G	S	A	Q	E	P	E	R
R	C	X	K	A	J	Y	N	U	N	E	V	O	F	Y	R	B	O
M	X	D	P	N	M	O	P	A	U	Y	L	H	R	P	L	O	V
O	K	Y	F	I	C	B	I	K	H	V	R	E	B	H	U	N	R
C	S	A	W	E	L	L	O	I	B	B	T	K	N	G	O	E	E
Y	Q	A	S	B	A	S	Z	Y	T	O	P	T	N	I	A	P	D
T	L	O	L	R	H	T	S	E	A	D	P	B	L	Z	P	U	N
B	R	I	T	O	N	I	Z	I	W	N	E	K	N	O	M	S	E
C	J	S	O	E	L	E	W	I	K	W	T	Y	C	W	E	V	L
P	U	D	D	R	B	V	K	L	E	J	V	X	F	Q	P	F	S
A	E	I	V	G	E	L	E	G	A	N	T	U	P	S	I	X	C
D	R	O	T	O	P	N	P	A	J	P	J	R	Q	R	B	P	R
T	D	E	N	I	P	S	Y	P	M	U	T	S	E	O	B	K	T
T	Y	U	J	E	C	E	X	U	G	R	M	Y	D	W	P	Y	G

AUSTRALIAN GIANT
BROADCLUB
ELEGANT
FLAMBOYANT
HOODED
KISSLIP
KNIFEBONE
ORNATE
PAINTPOT
PHARAOH
REAPER
ROSECONE
SLENDER
SPINELESS
STUMPY-SPINED
TRIDENT

Cuttlefish need not exhaust themselves by chasing prey—not when they can use hypnosis instead. Special cells called cromatophores create strange undulating color patterns on their skin, which seems to put crabs into a trance. The mesmerized crabs are defenseless when the cuttlefish move in.

Echinoderms

No. 135

R	D	R	N	Y	C	Y	R	K	O	N	S	F	U	X	O	Z	S
E	E	A	P	X	O	T	H	D	G	I	X	Y	N	P	T	E	T
G	N	Q	D	Q	R	Z	D	S	S	K	L	W	Q	Z	A	P	M
E	N	S	X	N	A	F	F	O	I	J	N	X	Z	C	T	R	H
N	I	M	E	S	K	K	H	E	W	F	C	S	U	Y	O	K	H
E	K	N	M	U	N	P	L	S	A	A	R	C	X	M	P	V	R
R	S	Y	W	O	R	C	U	U	W	T	U	A	B	S	A	U	A
A	Y	H	C	O	I	E	P	Z	I	M	H	I	T	X	E	R	L
T	N	F	M	S	C	U	W	N	B	K	O	E	T	S	S	C	U
E	I	I	S	R	A	T	S	E	L	T	T	I	R	B	P	H	C
D	P	O	J	V	J	A	R	B	G	H	Y	K	R	S	R	I	S
E	S	S	F	I	L	Y	S	I	Y	P	H	A	K	P	T	N	A
P	R	I	C	K	L	Y	R	E	D	F	I	S	H	X	M	A	V
C	Q	N	I	O	E	H	L	M	X	K	L	Q	S	J	Q	O	R
T	U	B	E	F	E	E	T	L	X	U	W	V	X	Z	S	E	E
P	A	Y	R	T	E	M	M	Y	S	L	A	I	D	A	R	N	T
R	R	D	N	B	R	M	O	M	N	L	Z	L	Q	R	Z	X	A
P	A	R	T	H	E	N	O	G	E	N	E	S	I	S	G	N	W

ASEXUAL
BRITTLE STAR
EPIMORPHOSIS
FEATHER STAR
OSSICLE
PARTHENOGEN-ESIS

PRICKLY REDFISH
RADIAL SYMMETRY
REGENERATE
SEA CUCUMBER
SEA POTATO

SPINY-SKINNED
STARFISH
TUBE FEET
URCHIN
WATER VASCULAR

Echinodermia is the largest phylum of creatures that live only in saltwater. The echinoderms' unique vascular system circulates water through the body, empowering the "tube feet" that are used both for moving and catching food.

No. 136

Starfish

U C C O Y I G O V C Q D Z C D D L X
P L V T Z Y G Z G I U A E P V Q A A
C B R L P K O E H X R S B U U X R T
C A N W U S J G O R E G H T S D E L
W R E W O L F N U S D Y D I Y V N X
T X O R G E Y U E O C Y E K O K E W
T Q E C A S L K X H U A T N M N G K
T Z J R H T P L O P S D A O R N D D
D P F V P E S G N M H D L B A I E F
Y C N O F C R N O B I I U B N T R B
N T Y E Q Y E U U D O C N L E W P M
M R H C I A S O M S N O A Y V I H H
B L O O D H E N R Y E N R Q E U A X
G O O S E F O O T E Q L G B S O H I
E C A L K C E N R B A A P G L O C C
C R O W N O F T H O R N S R Q U L A
D E T A L P S G N I M U C P U I E F
I Q W V F Z M C V D B Z W F V P J L

BLOOD HENRY
BLUE
CROWN-OF-THORNS
CUMING'S PLATED
CUSHION
GOOSEFOOT
GRANULATED
ICON
KNOBBLY
MOSAIC
NECKLACE
OCHER
PURPLE SUNSTAR
RED CUSHION
RED GENERAL
SEVEN-ARM
SUNFLOWER
WARTY

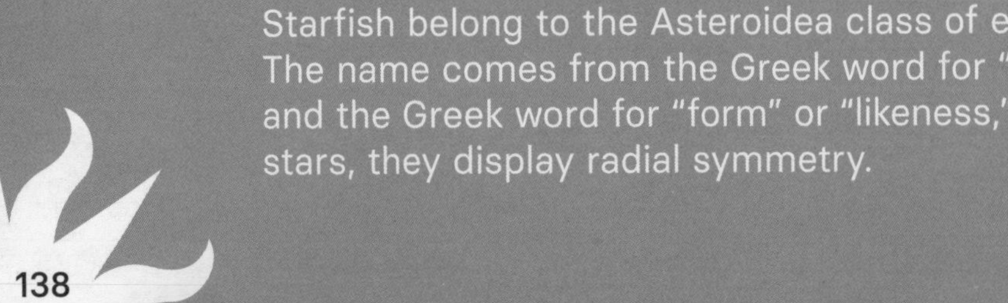

Starfish belong to the Asteroidea class of echinoderms. The name comes from the Greek word for "star," *aster*, and the Greek word for "form" or "likeness," *eidos*. Like stars, they display radial symmetry.

Chordates

No. 137

E	P	B	B	K	S	D	N	V	T	W	R	D	A	C	F	H	P
J	T	W	W	R	K	O	K	E	E	B	I	E	C	M	S	Z	S
S	M	A	L	F	T	H	R	R	L	Y	G	U	P	I	U	V	H
L	Y	M	C	E	A	J	J	T	E	K	U	R	F	T	B	J	P
D	Q	K	L	I	U	U	X	E	C	P	F	Y	M	T	I	F	U
K	G	E	G	N	N	H	G	B	N	W	Z	U	F	Q	L	L	I
E	K	K	F	E	D	U	Y	R	A	S	J	M	K	R	Y	F	E
S	S	M	M	C	M	B	T	A	L	W	A	Y	O	U	T	A	G
D	M	H	B	Z	A	I	W	T	J	M	L	X	B	E	S	H	L
E	R	X	T	R	W	R	L	E	M	J	B	W	V	N	B	X	I
S	E	O	M	E	D	D	T	A	M	R	F	I	D	I	V	E	D
B	I	C	H	K	M	S	L	I	A	V	F	G	N	P	S	Q	D
X	T	X	S	C	H	C	D	I	L	Q	Y	K	T	S	R	P	B
S	X	W	C	I	O	Z	N	Z	X	A	G	C	T	X	Z	U	K
V	W	C	I	K	Q	T	B	O	N	E	G	N	D	G	G	J	L
S	Z	F	M	F	Q	D	O	O	Z	A	A	E	J	U	Y	O	X
G	E	P	E	Y	M	M	V	N	A	M	P	H	I	B	I	A	N
M	E	T	S	Y	S	S	U	O	V	R	E	N	A	M	U	H	B

AMPHIBIAN
BIRDS
BONE
BRAIN
CARTILAGE
FISH
HUMAN
LANCELET
MAMMAL
NERVOUS SYSTEM
NOTOCHORD
REPTILE
SKELETON
SPINE
TUNICATE
VERTEBRATE

One way to remember what chordates are is to think spinal cord. Chordates include all vertebrates and their evolutionary precursors, which had an early version of the spine called a notochord.

No. 138

Fishes

S	I	C	U	A	G	Z	C	R	H	C	Z	N	G	N	H	N	N
E	S	D	H	K	W	M	H	A	G	U	A	F	J	Y	P	O	P
M	S	E	B	S	B	S	I	Y	M	O	I	T	W	W	E	Z	N
D	Y	R	L	C	S	W	M	F	T	N	S	B	F	G	A	A	L
W	E	L	O	W	I	D	A	I	I	N	A	H	R	I	Q	F	U
C	I	N	E	H	A	I	E	N	H	K	E	U	A	H	S	I	N
G	A	Q	N	C	A	J	R	N	Z	N	T	Y	K	R	O	H	G
Y	J	R	H	I	G	E	A	E	I	S	K	B	F	D	K	X	F
X	E	O	T	N	F	Z	S	D	F	K	E	G	K	D	K	C	I
P	L	R	E	I	G	E	U	G	N	O	T	Y	N	O	B	O	S
K	A	B	P	N	L	Y	B	M	E	L	E	P	M	N	I	E	H
I	R	M	B	M	E	A	Z	O	H	V	M	J	R	T	E	L	I
S	A	D	O	K	A	W	G	S	L	G	K	L	Z	O	D	A	C
G	R	Q	O	R	Y	L	I	I	N	J	K	Y	I	W	V	C	H
J	B	A	D	W	V	F	J	F	N	W	Z	S	W	G	I	A	V
S	F	K	Y	J	G	L	Q	K	X	O	R	E	E	T	B	N	E
K	X	D	G	A	O	G	D	U	D	Q	U	Z	E	I	E	T	G
V	N	B	H	M	E	L	Z	U	A	A	Z	S	J	L	Z	H	R

BONYTONGUE	GILLS	RAY
CARTILAGINOUS	HAGFISH	RAY-FINNED
CATFISH	JAWLESS	SEAHORSE
CHIMAERA	LAMPREY	SHARK
COELACANTH	LOBE-FINNED	STURGEON
EEL	LUNGFISH	

"Fish" is not a single taxonomic class. Rather, the category is composed of seven distinct classes with some high-level commonalities. These include gills and a set of organs called a lateral line, which enhances underwater navigation.

Sharks

No. 139

L	N	D	F	W	V	S	A	N	S	X	C	O	N	P	X	T	A
J	I	X	N	F	O	W	W	A	J	O	T	K	U	I	F	Y	U
X	F	V	Z	A	I	B	W	Y	O	L	R	E	J	K	E	K	I
L	W	Z	E	P	L	S	B	K	Q	A	I	P	L	E	E	E	T
P	Q	P	F	D	H	N	I	E	H	V	I	G	X	D	R	R	B
J	S	J	C	A	D	E	E	S	G	Z	B	P	R	D	Q	L	E
J	U	G	R	S	C	N	E	E	Y	O	Q	C	B	O	J	P	V
G	E	K	F	U	H	L	A	Z	R	D	N	U	L	G	X	K	O
G	G	R	T	S	A	K	G	S	P	G	D	G	M	F	Y	I	K
G	N	T	A	H	C	A	T	S	H	A	R	K	R	I	N	I	R
C	E	C	W	D	M	P	T	Q	G	N	F	T	B	S	U	V	A
R	F	B	D	K	F	P	N	H	U	C	S	C	O	H	R	E	H
I	W	M	N	F	Z	R	H	H	L	Z	T	V	I	R	S	K	S
S	I	X	G	I	L	L	I	N	R	E	T	N	A	L	E	L	H
M	J	A	X	S	S	F	R	L	V	F	T	Y	M	C	L	C	G
J	H	F	Q	A	S	B	J	F	L	V	V	D	A	U	Z	S	U
V	K	C	I	C	M	K	U	A	K	E	L	J	B	P	F	Y	O
N	O	S	K	C	A	J	T	R	O	P	D	F	B	L	M	E	R

BULL
CATSHARK
COOKIECUTTER
FRILLED
GREENLAND
LANTERN
NURSE
PIKED DOGFISH
PORT JACKSON
REEF
ROUGHSHARK
SAND DEVIL
SAWSHARK
SIXGILL
WHALE SHARK
WOBBEGONG

Sharks and their relatives are cartilaginous fish. Their skeletons are made not of bone but of cartilage, like the material in your knees. Most sharks are tireless swimmers and they need to be—if they stop, they sink.

No. 140

More Sharks

N	Y	D	T	N	I	L	B	O	G	W	S	H	Y	T	R	K	O
O	E	O	E	I	E	R	S	D	H	U	M	T	S	N	M	K	M
M	I	M	X	J	G	F	W	A	J	P	O	U	S	A	A	O	V
E	W	T	C	L	M	E	M	L	I	W	O	O	S	M	V	W	B
L	G	W	V	B	V	M	R	T	L	H	T	M	E	H	Y	D	G
U	O	X	X	V	E	A	E	X	Y	H	H	A	V	Q	F	V	O
N	G	V	Z	R	P	T	O	N	W	X	H	G	E	A	W	Y	Z
C	O	B	H	G	I	L	L	A	S	J	O	E	N	G	O	Q	E
G	T	E	T	H	R	E	S	H	E	R	U	M	G	T	K	H	B
R	A	S	W	D	S	E	O	K	D	B	N	R	I	M	E	L	W
D	E	S	O	K	W	R	A	G	L	J	D	J	L	W	A	F	Y
O	Q	G	W	H	M	X	J	T	Q	X	F	S	L	C	G	R	P
Q	O	X	I	T	G	P	Z	F	W	P	G	O	K	E	Z	T	D
G	A	X	W	T	K	X	W	E	D	H	I	T	K	V	A	U	J
S	K	X	P	L	D	Q	R	E	N	N	I	P	S	E	J	F	B
N	U	A	F	D	Q	N	T	C	G	P	M	T	Y	U	F	W	G
A	N	G	E	L	S	H	A	R	K	R	L	X	E	U	Q	J	J
N	Q	N	K	Z	I	H	V	S	U	V	G	H	J	C	Q	C	H

ANGELSHARK
BLACKTIP
GHOST
GOBLIN
GREAT WHITE
HAMMERHEAD
LEMON
MAKO
MEGAMOUTH
SAND TIGER
SEVENGILL
SMOOTH-HOUND
SPINNER
THRESHER
TIGER
WHITETIP

The odd-looking goblin shark lives in the deepest reaches of the ocean. It wields its strange, prosthetic-like nose like a metal detector, scanning the ocean floor for prey. It picks up electrical signals the prey naturally emits.

Eels

No. 141

N	E	V	W	G	N	F	R	P	W	X	E	G	E	Y	S	E	U
U	Z	Z	Q	O	S	O	K	Y	W	U	U	V	A	B	P	K	J
T	G	L	B	A	M	B	R	A	Y	Z	R	R	D	R	O	A	E
E	S	B	L	O	I	W	O	L	F	A	O	N	I	J	T	N	D
W	I	G	T	W	W	C	X	I	J	M	P	M	L	U	T	S	X
R	W	G	I	Z	T	K	Z	E	A	Q	E	G	L	O	E	D	X
R	L	Q	K	W	K	S	W	R	E	M	A	X	I	K	D	E	U
B	O	U	B	Q	O	E	B	C	E	C	N	O	U	C	G	D	E
G	Y	P	G	V	L	E	I	O	T	P	W	J	G	Y	A	N	R
T	J	D	X	M	Z	G	S	N	I	N	M	Q	N	M	R	A	I
R	C	A	O	O	V	G	P	G	P	B	E	D	A	D	D	B	X
Y	J	R	P	X	K	A	M	E	R	I	C	A	N	N	E	E	N
P	A	G	B	A	C	D	P	R	S	J	J	M	S	U	N	Y	I
Y	I	L	Y	W	N	S	H	O	R	T	F	I	N	N	E	D	F
D	T	A	G	R	E	E	N	M	O	R	A	Y	O	V	E	F	G
J	F	S	V	E	K	S	S	O	E	U	K	A	H	W	N	W	N
E	B	S	S	X	R	L	L	E	F	C	S	S	O	X	E	Y	O
D	E	L	T	T	O	M	R	G	P	U	A	Q	F	N	G	X	L

AMERICAN
ANGUILLIDAE
BANDED SNAKE
CONGER
EUROPEAN
GLASS
GREEN MORAY
JAPANESE
JEWEL MORAY
LONGFIN
MOTTLED
RIBBON
SHORT-FINNED
SPOTTED GARDEN
WOLF
ZEBRA MORAY

Green moray eels are covered in a kind of slime in which green algae sometimes grows, which gives them their green color. Underneath the slime, their skin is blue.

No. 142

Freshwater Fish

```
R K I U R H P H B N E R D M N P S B
V B V L X S H E A X Z E L X T S G L
H Q B I U I K S G T Q J W R H R G U
G E G F I F L T I C C O P E P N U E
D N D C M D B E Z F N H A R V A C G
I E I T D L N V H N T T E Z Y L S I
S K Q L C O J P I B F A D T O G W L
T I C O R G Z M B I G F C W F I K L
I P B I X E D R S T H I N B V I X N
C N T R S U T H J S A L S P B X S A
H R Y F M C T T I D O J H F S Y A H
O E W Q I Q O F I A F X J F P G Y G
D H B L G K A I C B Z B C J V Z V L
U T K H M R K H B R A B R E G I T Q
S R W N B D A E H L L U B N W O R B
H O G E P I R A N H A T Y R J V O O
D N Z R A I N B O W T R O U T U X F
E X P R Y S C N C C H P A C M M J B
```

BITTERLING
BLUEGILL
BROWN BULLHEAD
CATFISH
CISCO
CLOWN LOACH
DISTICHODUS
GOLDFISH
HATCHETFISH
MUD MINNOW
NORTHERN PIKE
PIRANHA
RAINBOW TROUT
SHEATFISH
TIGER BARB
ZEBRAFISH

Teddy Roosevelt may have been duped into exaggerating the piranha's appetite. Ahead of his arrival in the Brazilian Amazon, local fisherman captured and starved a school of the fish so that when they were given a cow carcass, they ate it in a frenzy.

Lophiiformes

No. 143

```
U W P B H Z N Z X K F O G C M B E F
Q W A H I T A E M X Q T M O U U C A
Z X R S X O E P M S D D N I H P K N
H T A I L M L E S O R K W D K M P F
A N B F G S Z U T B F F E P W N V I
E K I L F O A D M I F R Q S T H A N
R C O L Q E H R S I W T E Q O J H A
U N T A S N S H G Q N A U A D S C N
L P I B B F I T L A T E N P I U G G
X Z C T S J F P M O S M S F O V C L
W V C O Q J R U A A R S N C L A D E
N H R O D P E D J E X I U J E Z P R
P L S F Q F L A K A F D C M H N I S
K T T I E M G H F F G T L Z F J T I
S J S U F R N O O S W U B T S I U L
W H N P A T A C L I V E D A E S S Y
G G I K H W A R T Y F R O G F I S H
K A W Y B J Y B H S I F E S O O G M
```

ANGLERFISH	FANFIN ANGLER	SARGASSUM FISH
ANKIMO	FOOTBALLFISH	SEADEVIL
BATFISH	GOOSEFISH	SEA TOAD
BIOLUMINESCENT	LURE	TEETH
COFFINFISH	MONKFISH	WARTY FROGFISH
	PARABIOTIC	

These bizarre fish are mostly ambush predators. Many resemble the seaweed or the sea floor where they wait for unsuspecting prey. Anglerfish have a bioluminescent lure at the end of a special fin. The light leads curious prey into their mouths.

No. 144

Angelfish

```
N V K W Q Q E S K A U C B Q Y F Z R
X N C U F I U Q F Y E K L A X I B V
X G E D U O L L L W G R X A N B U I
F E V H Q B B Q C A S N F I R D P Q
N R K C U W A L G R A Y I Y W I E N
H C N E R F D T R E G S T K R G O D
J S Y X B F U B H N C U J A U L G N
D T P Q X R M J I R A L E I D P W D
E W N B M C R R Q E E W N W S V C P
D Z O L U J E A B L O E O R S N S Q
K S T F K U B K U L A M S R H Q E N
F O R S L Q C D L N A A F P N W M A
H S E B P O J E C N Z M L Q O J P W
T P P A R V Y B Z K W F C K W T E G
Q Y P S E M I C I R C L E G N V R M
X X I Z F F A S L A W R M J Y C O I
P U L F M X P S C F B J A P T Z R P
V Q C D L H Z X K U P U Z Q B B W U
```

BANDED
BERMUDA BLUE
BLUERING
CLARION
CLIPPERTON
EMPEROR
FRENCH
GRAY
GUINEAN
KING
OLD WOMAN
QUEEN
ROCK BEAUTY
SEMICIRCLE
THREESPOT
YELLOW-EAR

The queen angelfish wears a neon-blue spot, or “crown,” on its head. Its bright blue and yellow body is striking to us, but, in the context of a vibrant coral reef, the colors actually act as camouflage.

Butterflyfish

No. 145

```
W Q Y E L P O U S O P B W H E Q Z R
V M F L C E R B K U L I B Y U X A E
U T O N L Q T B Q F N W W W D C V B
U T F D O R N A T E Y B M L C I L I
A V D V W S N G L F Z F U O S U B G
B A B A F O U R S P O T O R E H C D
S V T G N A R H Y K M N R C S J O E
U I Q A Y I I Y T L Z J H B M T P D
F X C B Y N F B Y J E E I Y J Z P N
M Z C O T G Q T B I E X E I L S E A
M B V N D H V R O K U M A G D H R B
R P Z D S L R S F P B L B E E Z B R
U F H Y Y S N E P B S W V W C R A W
P O R D R A E T A E I Z F N I S N A
X K E G W D Q F C D C P N G T K D F
E L A C S L R A E P F R Z Z T P G Y
P B Z F U Z Z H G H W I O L A Y H C
F E H H F C F P F O H N N F L P R S
```

ATOLL
BANDED
BLUECHEEK
COPPERBAND
FORCEPS
FOURSPOT
LATTICED
ORNATE
PEARLSCALE
RACCOON
SADDLE
SPOTFIN
SUNBURST
TEARDROP
THREADFIN
VAGABOND

Butterflyfish exhibit many diverse color schemes and patterns. One common feature is a "false eye" to confuse predators into attacking the wrong side of the fish. Often seen swimming in pairs, butterflyfish stick with one mate for life.

No. 146

Seahorses and Seadragons

S F S K O W S X X B W D W J V J U W

Z R Q H D I B H I H C N E L Q B D V

C B U F O J J G Y N J S E N Q F L K

E R E O H R B B S X R A D R I X A N

T W O J B E T O V O F C Y D K L P I

I F N W L R Q S H Y N I P S W R C C

G B A L N Z A A N M O O T M N B N M

E Q Y P G E E B O O S N E G W E F H

R M K D Y S D I F Y U I B B O K C B

T O X X T Q U A V F B T J F B L J M

A Z A A W Q J W V E E W V R L B H U

I V E F P H D N W L O N G S N O U T

L R K M Z K P O T T U I S D P C P L

G P F L N F L A H S Z P U F Y B U R

E Q R A X L P R H E D G E H O G L E

R H A R E Q L B W V C X E T K V U O

S N W Y I M V E X L U V C O Q C Q I

H K D B L Z M Z R M I Q H Z R X R B

BARBOURS

BIG-BELLY

CROWNED

DWARF

GREAT SEAHORSE

HEDGEHOG

LEAFY

LINED

LONGSNOUT

RUBY

SHORT-SNOUT

SPINY

TIGER TAIL

WEEDY

YELLOW

ZEBRA

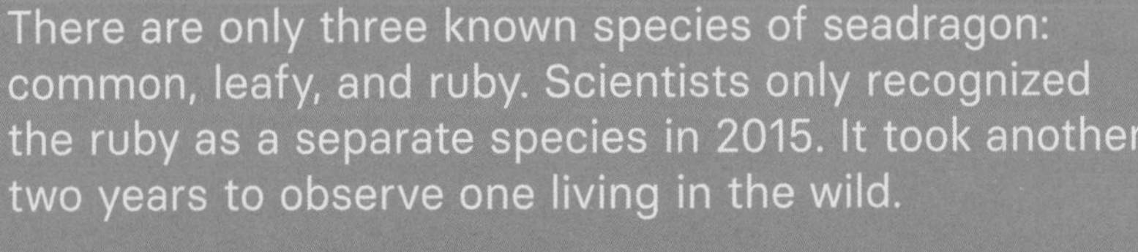

There are only three known species of seadragon: common, leafy, and ruby. Scientists only recognized the ruby as a separate species in 2015. It took another two years to observe one living in the wild.

Amphibians

No. 147

J	U	J	E	H	L	B	V	T	R	U	E	T	O	A	D	H	J
K	R	A	U	A	D	O	X	X	B	E	O	X	L	X	U	L	X
N	R	G	M	P	D	R	J	Y	V	B	K	Y	O	C	Z	R	X
W	B	H	P	P	S	I	E	I	I	L	T	A	F	K	S	S	E
R	V	I	I	C	H	P	Y	N	Z	I	O	H	E	T	V	A	A
I	J	S	R	N	A	I	A	R	D	S	V	P	R	U	A	J	D
U	H	I	P	S	O	T	U	A	H	F	Z	A	N	L	Q	Z	I
M	V	R	L	H	E	D	E	M	T	P	B	Z	N	Q	H	S	R
C	A	E	M	R	N	Z	E	V	A	O	O	U	V	Y	F	N	O
I	J	N	I	F	R	O	G	R	M	Y	N	T	P	B	X	A	T
Y	D	D	T	M	B	S	A	A	M	O	G	V	A	X	R	I	A
P	R	P	I	E	J	H	N	V	U	A	V	B	F	R	U	L	N
E	D	K	N	P	L	T	L	N	E	X	T	O	A	D	E	I	I
R	Q	E	A	D	I	L	A	H	P	E	C	I	X	Y	P	C	B
G	U	Y	O	D	T	C	A	O	X	V	N	E	D	M	K	E	M
V	C	E	A	D	I	I	H	P	O	M	R	E	D	A	C	A	O
D	M	E	S	A	L	A	M	A	N	D	E	R	W	B	E	C	B
E	A	D	I	I	H	P	O	Y	H	T	H	C	I	T	J	D	C

ALYTIDAE
AMPHIUMA
BOMBINATORIDAE
CAECILIAN
CERATOPHRYIDAE
DERMOPHIIDAE
FROG
ICHTHYOPHIIDAE
MANTELLA
NEWT
PYXICEPHALIDAE
RHINODERMATIDAE
SALAMANDER
SIREN
SQUEAKER
STRABOMANTIDAE
TOAD
TRUE TOAD

Amphibians occupy very different ecological niches through the stages of their lives. As larvae, most live in water. At metamorphosis, their bodies undergo dramatic changes, such as growing limbs and lungs, allowing adults to live on land.

No. 148

Toads and Frogs

B	M	A	V	J	B	Z	N	E	H	G	S	E	E	C	D	U	E
C	M	B	D	A	O	V	C	D	N	D	I	Q	A	S	X	L	Y
O	E	I	N	R	N	F	C	I	X	N	X	M	K	V	O	S	C
A	B	X	L	X	L	U	Q	L	M	R	O	X	R	P	Z	X	Y
K	O	C	X	C	O	D	R	G	N	U	O	X	D	Y	U	Q	E
G	X	P	I	U	B	L	Q	A	F	T	W	A	S	J	H	S	U
A	R	D	I	Y	A	A	H	L	J	E	T	T	C	R	V	J	A
O	Y	M	A	X	U	Q	A	C	L	E	B	N	I	K	M	A	Y
O	K	O	F	I	V	G	H	C	Q	L	M	M	U	B	R	P	H
S	F	Z	S	S	E	U	W	O	R	R	U	B	X	J	B	B	R
M	E	T	A	M	O	R	P	H	O	S	I	S	H	U	M	I	E
X	Q	A	Z	M	U	Q	S	B	K	E	L	L	O	M	O	U	R
B	X	M	E	X	V	J	Y	X	V	S	A	S	R	P	G	A	J
J	U	C	D	Q	S	M	O	O	T	H	W	E	D	N	I	M	B
P	I	M	N	O	S	I	O	P	L	I	L	Z	O	F	I	B	M
P	Q	W	P	A	S	P	R	O	M	A	P	T	G	S	E	U	S
M	U	K	V	Y	M	I	H	W	E	E	Q	P	G	X	R	S	X
U	T	K	T	Q	L	Y	K	E	V	Y	P	K	E	A	R	H	V

AMBUSH
ANURA
BUMPY
BURROW
CAMOUFLAGE
CLIMB
EGG

GLIDE
JUMP
METAMORPHOSIS
POISON
RIBBIT
SMOOTH
SWIM
TADPOLE
TONGUE

Frogs have all kinds of survival adaptations. Some secrete poison to deter predators, while many hop to get away. Some take hopping even further. The gliding tree frog has special toe webbing that lets it leap and glide up to 50 feet to safety.

Poison Dart Frogs

No. 149

G	A	T	M	P	Q	F	S	O	V	A	B	N	S	T	A	X	Y
V	R	W	U	V	H	K	C	D	O	P	R	E	W	S	R	U	E
S	T	E	W	N	Y	A	Z	A	D	Q	U	D	P	S	I	F	K
N	N	K	E	B	L	A	N	I	Y	H	D	L	Z	Y	E	N	H
Y	P	O	L	N	T	I	Y	T	W	H	A	O	D	M	D	O	D
Z	Y	U	S	V	A	R	Z	N	A	S	N	G	C	H	A	O	Y
D	E	E	X	N	I	N	B	A	H	S	Z	X	G	E	M	P	E
A	W	S	U	B	A	A	D	B	R	P	M	R	L	D	O	H	I
Y	S	H	C	R	Y	W	A	B	S	B	J	A	H	P	I	A	N
C	I	M	I	M	B	C	S	O	L	O	X	S	L	Y	R	G	G
X	E	F	L	D	K	N	H	S	P	A	B	M	L	R	I	A	C
P	T	N	K	Z	C	O	M	H	I	B	C	E	H	B	D	W	N
R	A	L	U	N	A	R	G	F	A	R	V	K	E	D	K	J	A
Y	X	N	A	Z	M	L	F	U	F	O	O	F	U	Z	D	F	V
H	F	L	G	S	K	D	J	K	L	A	E	D	Y	Q	O	L	W
X	Q	T	H	R	E	E	S	T	R	I	P	E	D	L	T	A	O
N	F	S	T	R	A	W	B	E	R	R	Y	D	W	D	O	H	D
B	Z	I	Q	C	L	I	A	N	B	M	U	H	T	O	Y	L	P

BRAZIL-NUT
DORIS SWANSON'S
DYEING
GOLDEN
GRANULAR
GREEN AND BLACK
LOVELY
MIMIC
OOPHAGA
PHANTASMAL
RIO MADEIRA
SKY-BLUE
SPLASHBACK
STRAWBERRY
THREE-STRIPED
THUMBNAIL

The endangered, highly dangerous golden poison frog is the most poisonous animal in the world. This small dart frog gives off enough poison to kill ten humans. Conversely, the toxins are being used in the development of medicines to save human lives.

No. 150

Tree Frogs

M	S	T	Y	F	H	X	F	N	K	E	P	I	R	R	S	Y	H
B	W	S	X	Z	O	N	A	W	N	C	Q	M	F	E	Q	B	Y
U	A	D	H	D	S	G	E	O	W	G	G	L	S	P	U	B	J
Q	F	R	A	E	N	R	L	R	T	A	Q	N	X	E	I	R	Y
V	D	R	K	I	L	D	D	B	O	N	X	R	S	E	R	X	Q
Z	A	X	D	I	U	J	I	S	N	G	W	M	Y	P	R	D	C
P	D	I	L	Q	N	L	D	E	J	R	K	S	O	G	E	C	U
H	L	U	Y	O	U	G	N	P	F	C	W	S	N	N	L	K	D
G	R	R	S	P	B	D	E	O	E	Q	J	F	V	I	K	W	N
I	D	H	P	M	E	H	L	C	S	W	C	P	K	R	A	E	Y
K	X	Y	H	Y	X	A	P	S	V	W	J	E	X	P	T	Q	Y
H	Q	B	E	P	S	X	S	K	U	M	H	M	K	S	E	B	J
N	K	D	S	H	O	V	E	L	H	E	A	D	E	D	L	Q	Q
T	E	N	A	B	U	C	V	I	T	N	H	S	F	Y	I	L	A
R	S	L	A	D	B	I	S	I	H	W	I	T	K	E	V	E	L
D	E	D	A	E	H	L	L	A	M	S	F	S	U	E	H	M	T
A	U	S	T	R	A	L	I	A	N	G	R	E	E	N	D	U	M
M	A	G	N	I	F	I	C	E	N	T	R	N	V	B	W	R	N

AUSTRALIAN GREEN
BARKING
COPE'S BROWN
CUBAN
GLIDING
LEMUR
MAGNIFICENT
MASKED
PARADOX
RED-EYED
SHOVEL-HEADED
SMALL-HEADED
SPLENDID LEAF
SPRING PEEPER
SQUIRREL
WAX MONKEY

Red-eyed tree frogs are highly attuned to their environment—even when still in the egg. If a snake is feeding on other eggs, the embryo picks up the snake's vibrations. It then hatches itself prematurely and escapes, as a tadpole, into a pond.

Salamanders

No. 151

C	Y	I	Q	F	B	T	S	G	R	X	X	C	S	A	A	G	C
K	J	Z	I	L	S	O	S	O	W	Z	R	P	P	M	N	L	H
X	O	R	L	Z	S	R	E	F	P	U	R	M	U	I	H	T	I
G	E	O	J	K	J	R	L	D	Z	I	D	I	B	U	W	O	N
J	R	F	R	O	S	E	G	K	N	C	H	M	I	F	M	L	E
D	D	E	K	B	R	N	N	G	L	P	I	O	I	T	A	O	S
I	E	U	A	Z	N	T	U	A	M	L	E	F	O	L	X	X	E
A	B	L	S	T	X	A	L	A	C	O	M	C	L	U	J	A	G
K	S	M	B	K	E	L	I	A	A	N	I	T	A	S	N	E	I
B	X	F	O	R	Y	R	R	N	A	W	T	Z	A	Z	K	A	A
Y	C	Y	Y	O	A	K	S	D	I	M	R	D	V	G	J	S	N
E	H	T	S	K	U	M	T	I	M	D	M	I	D	U	A	V	T
P	O	D	D	C	C	T	P	Q	R	S	R	P	Q	E	C	I	M
H	E	L	L	B	E	N	D	E	R	E	O	A	Y	D	U	Y	L
R	M	Y	X	P	M	X	T	C	R	Y	N	H	S	C	B	L	X
L	U	L	O	L	R	Z	V	J	S	I	J	D	E	X	U	V	N
A	W	S	E	N	Z	O	V	D	E	L	C	A	T	C	E	P	S
B	M	C	K	C	C	C	B	H	L	G	Z	C	A	W	P	B	I

AMPHIUMA
AXOLOTL
CHINESE GIANT
CUKRA CLIMBING
DUSKY
ENSATINA
FIRE
GREATER SIREN
HELLBENDER
LUNGLESS
MARBLED
OITA
SARDINIAN BROOK
SPECTACLED
SPRING
TORRENT

The Chinese giant salamander can grow to a length of nearly 6 feet and weigh over 100 pounds. Considered a "living fossil," its family has been around since the time of the dinosaurs. But the really special thing about this giant is its mucus, which has healing properties for human wounds.

No. 152

Reptiles

W W F A R U E D V F I D H X A S P U
J T C E F E S L U S C P W X E D A X
K W G M L D X P I R Q V W N A M J V
U R G T T D O N M D Q U I H P X A I
T V R F T O U Y X R O D A H C N W A
E U J F C Y U Y U P U C I M C N G E
T C E U C J R H L T T S O I A G H R
U R F R J T N T S A B Q E R E T V O
T O R T O I S E U A C N O D C W A T
G C L C N B T I E A T S E K A N S A
J O I Z F X L N Y R T L V X Z C P G
J D Z E F E I F P K L A T G T F V I
B Y A B W A A W H E M Z R V M M M L
Q L R W N V N X H C V O Y A S U Z L
D I D E A W Q S P J U T T N T N X A
V A Y S X L C Z X J F B W O G J X M
R H Y N C H O C E P H A L I A S U Q
C I M R E H T O T C E U L W G A G I

ALLIGATOR
AMPHISBAENIAN
ANCIENT
CROCODILE
CROCODYLIA
ECTOTHERMIC
LIZARD
RHYNCHOCEPHALIA
SCALY
SHELLED EGG
SNAKE
SQUAMATA
TESTUDINES
TORTOISE
TUATARA
TURTLE

Reptiles from more than 295 million years ago evolved into birds and mammals, as well as contemporary reptiles. Today's reptiles still share key characteristics with their forebears. Namely, scaly skin and the need for external sources to generate body heat.

Turtles

No. 153

C	B	D	W	V	F	X	G	Z	S	T	Z	R	S	H	M	S	R
U	A	X	X	J	G	N	R	E	S	E	M	M	G	B	I	O	V
D	Q	R	G	J	I	K	N	T	Z	R	S	C	O	B	G	F	H
F	E	J	A	P	V	I	A	R	I	R	N	N	L	W	R	T	O
T	Y	V	P	P	D	Y	A	E	U	E	Y	G	Z	P	A	S	V
Y	P	A	I	U	A	W	K	X	B	S	S	W	D	K	T	H	S
F	N	V	T	L	I	C	Q	V	H	T	S	T	J	M	O	E	N
S	Z	S	L	Q	G	B	E	E	D	R	K	C	J	V	R	L	Z
C	E	I	R	K	C	N	L	I	N	I	K	U	A	P	Y	L	E
T	F	R	D	O	W	L	O	N	U	A	E	A	U	P	L	T	H
P	L	A	S	T	R	O	N	L	K	L	H	N	H	A	U	B	Q
D	E	K	C	E	N	E	D	I	S	S	C	D	I	C	O	Q	P
D	E	D	A	E	H	G	I	B	H	H	R	G	S	R	H	S	W
O	S	A	Q	D	D	X	D	E	S	O	N	G	I	P	A	C	R
Y	F	V	G	I	E	K	Z	N	M	R	F	Z	Z	V	T	M	D
R	S	Y	O	J	A	E	V	U	C	T	A	J	H	A	J	R	Q
T	O	O	T	H	L	E	S	S	P	O	N	D	X	J	X	L	K
F	R	E	S	H	W	A	T	E	R	M	U	M	K	E	R	Q	D

BEAK
BIG-HEADED
BONY SHELL
CARAPACE
FRESHWATER
LONG-LIVED
MARINE
MIGRATORY
PIG-NOSED
PLASTRON
POND
SCUTE
SIDE-NECKED
SNAPPING
SOFTSHELL
TERRESTRIAL
TESTUDINES
TOOTHLESS

Is that a turtle or a tortoise? In general, turtle shells are a bit flat and tortoise shells are domed. Female turtles tend to be larger than males; the opposite is the case with tortoises. If it's in the water, it's certainly a turtle. Tortoises stick to dry land.

No. 154 Sea Turtles and Tortoises

G W I P A H O O V E R K J B Z J D W

T G T P D A E E R A D I A T E D Z A

H A C C V D E S E R T B I D B K R K

O L I V E R I D L E Y K W N V U E N

I A E H E R M A N N S M N V E X D M

N P F V C Y P H C E P P E T S I F E

D A W C X C D V A L Q N D S X O O L

I G S Z W L A H I N G E B A C K O L

A O X G R E E N E Z R U S M D X T I

N S D H H Q H J V Y M E M T Q J E B

S A L D A B R A G I A N T D D U D S

T B P R Q L E A T H E R B A C K B K

A A F W Y W G P A N C A K E P K S W

R E B E Q I G E M J K E Q W Q W H A

Z X W E Q C O Q K H D F D I V L F H

Z F T O L I L G M M I B J C Y A H T

Z V E L O N G A T E D R M P K K D O

E N J A V I V H H L V R A Q N M A M

ALDABRA GIANT

DESERT

ELONGATED

GALAPAGOS

GREEN

HAWKSBILL

HERMANN'S

HINGE-BACK

INDIAN STAR

LEATHERBACK

LOGGERHEAD

OLIVE RIDLEY

PANCAKE

RADIATED

RED-FOOTED

STEPPE

The mad dashes to the surf made by just-hatched sea turtles are well documented. Less well known is what happens next. The turtles make their way to the Sargasso Sea, where they hide and feed in clumps of Sargassum seaweed.

Lizards

No. 155

A	U	I	C	Z	R	Q	C	H	D	C	L	D	S	Q	E	C	Y
E	S	U	I	K	E	P	J	Z	H	L	J	I	X	E	T	O	L
Y	K	C	M	Z	F	G	T	B	H	Y	F	A	X	D	N	Z	L
S	I	A	R	E	L	G	U	B	E	A	D	E	D	B	G	T	I
H	N	R	E	R	E	C	A	M	O	U	F	L	A	G	E	B	A
F	K	N	H	O	X	T	M	N	L	E	Z	E	B	S	L	D	T
X	N	I	T	H	B	O	Z	S	P	I	N	Y	Z	U	A	M	E
A	P	V	O	J	L	T	D	X	J	R	V	B	F	P	O	A	L
G	A	O	T	H	E	L	M	E	T	E	D	F	T	N	Q	S	B
I	G	R	C	S	E	C	R	N	N	C	U	A	I	T	L	B	A
L	N	O	E	W	D	F	V	C	D	R	B	T	X	E	X	M	H
I	W	U	L	P	I	O	T	C	V	L	O	F	H	M	G	V	C
T	Z	S	O	E	N	G	L	R	E	R	O	G	H	M	M	W	A
Y	O	M	H	U	G	Y	U	I	L	E	G	L	E	S	S	Z	T
L	G	P	W	B	C	H	I	S	E	L	T	E	E	T	H	N	E
Q	U	A	D	R	U	P	E	D	B	C	E	U	D	K	X	I	D
E	N	X	E	N	O	S	A	U	R	H	G	R	L	J	X	G	T
V	H	K	L	X	N	P	X	A	N	O	L	E	X	H	Z	Q	S

ADAPTABLE
AGILITY
ANOLE
BEADED
BLUFF
CAMOUFLAGE
CARNIVOROUS
CHISEL-TEETH
DETACHABLE TAIL
ECTOTHERMIC
HELMETED
LEGLESS
MONITOR
QUADRUPED
REFLEX BLEEDING
SKINK
SPINY
XENOSAUR

Lizards are survivors, and they've developed a variety of defense mechanisms to ensure they stay that way. Many use camouflage to hide, some have frills to bluff predators into believing they're bigger than they are, and many have detachable tails.

No. 156

Chameleons

```
X J A Z W D Z F L E U J W B Y E O O
B T T A M E H E L O H W Y N D C J H
J E Q L Y I V D H V K O A B J V E Y
A D A R H I N O C E R O S F S J W M
C K B R O O K E S I A M I C R A E G
K T G P D F J R U M T M M H C D L R
S I I S K E K H Y K I W D U I U L A
O G L G S A D P R J W V R T P A E C
N I C P E E O P T K C H E Z A A D E
S A J A C R N W Y V R R B E R U Z F
F N X N A W W E H G R C M R S K O U
A T W T R G J A G A M I D O O P K L
I S Z H P E A F N A F Y Q U N B M W
W P F E E T R E O Q L F J A S Q U F
R I K R T Z A F H P V C B C B B E J
S N W D D N V J O V E I L E D Z M B
I Y J U X Y S R E H C S I F P G H Q
A F E B S W G B S A I L F I N O F P
```

BEARDED PYGMY
BROOKESIA MICRA
CARPET
FISCHER'S
GIANT SPINY
GRACEFUL
JACKSON'S
JEWELLED
MEDITERRANEAN
PANTHER
PARSON'S
RHINOCEROS
SAILFIN
SENEGAL
TIGER
VEILED

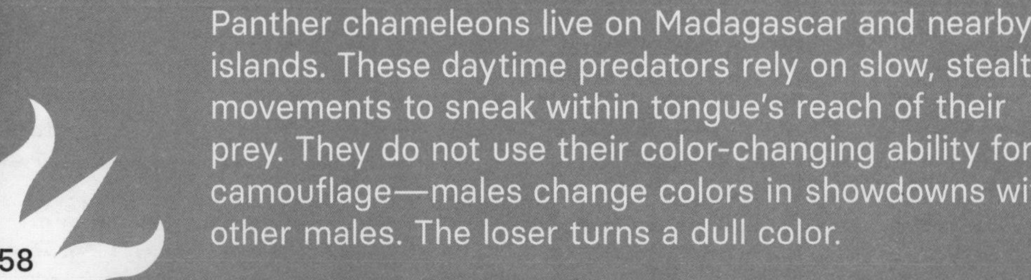

Panther chameleons live on Madagascar and nearby islands. These daytime predators rely on slow, stealthy movements to sneak within tongue's reach of their prey. They do not use their color-changing ability for camouflage—males change colors in showdowns with other males. The loser turns a dull color.

Geckos

No. 157

C S F M T R A D B R M K M H I E B L
I F W W H O Y D C L S U I F B H N M
S T W D B O K T H X K H V R S O R A
E U O Y G H U A R T W L I O I S N D
D X N H A E W S Y Q I S Q G D X V A
E A D M R L E D E N P F M E E S Z G
L E E O G M S E E O X L Z Y L J N A
I A R O O E T D Z C O Y S E I Z A S
A S Q R Y T E L B E R I S D A F D C
T J N I L H R J E L M N E Y T B E A
T D F S E E N Z H O V G K B G C T R
A I G H P A B D J T P D Q X N G S D
F Z R X W D A K T C W A L C I S E A
T G O L D E N B A S L I R I R V R Y
C G B J I K D B Q K N T L D Y R C Y
V F T T C Y E K X E R I R E S F V O
V E A G A Q D Q D Q I Y B F I M U A
B M D L H J E L A C S H S I F O X Y

CRESTED
FAT-TAILED
FISH-SCALE
FROG-EYED
GARGOYLE
GOLDEN
HELMETHEAD
HOUSE
KUHL'S FLYING
LEOPARD
LINED
MADAGASCAR DAY
MOORISH
OCELOT
RING-TAILED
TOKAY
WESTERN BANDED
WONDER

Many gecko species have a detachable tail, which is fairly common among lizards. The recently identified fish-scale gecko of Madagascar can shed its whole outer layer of skin. When a predator attacks, the scales slough off, allowing the bare gecko to escape.

No. 158

Snakes

P	R	E	D	A	T	O	R	C	C	W	O	Y	U	O	I	C	E
F	L	C	B	S	C	P	C	C	K	R	Q	Y	L	D	A	O	H
B	R	V	O	X	A	O	B	S	E	T	X	I	Z	U	E	N	H
J	E	W	E	N	L	I	M	B	L	E	S	S	L	O	J	C	Q
A	C	U	W	S	S	W	W	P	U	R	E	N	F	M	V	E	K
C	T	D	N	N	T	T	T	B	L	D	D	G	L	E	L	R	L
O	I	R	S	D	O	I	R	P	K	E	I	O	N	N	R	T	O
B	L	I	F	Y	U	I	G	I	Z	Z	X	O	O	M	L	I	C
S	I	V	Z	K	C	L	T	I	C	C	M	J	V	T	U	N	O
O	N	L	Y	G	P	M	A	A	A	T	N	J	A	P	U	A	M
N	E	E	Z	C	L	B	A	T	M	L	O	S	E	W	V	L	O
S	A	C	M	X	H	F	U	E	I	U	L	R	T	B	Q	Z	T
O	R	G	O	V	U	Z	D	L	D	O	R	I	L	I	V	Z	I
R	J	Z	W	B	Q	J	Q	U	G	E	N	B	M	X	V	J	O
G	S	I	D	E	W	I	N	D	I	N	G	M	O	B	Q	M	N
A	B	U	S	O	F	A	N	G	R	V	J	H	Z	H	S	F	L
N	M	Z	M	O	L	T	I	N	G	D	K	X	A	N	W	R	D
H	E	K	R	V	E	C	D	Y	S	I	S	Y	H	R	K	F	F

BRUMATION
COMPLEX JAW
CONCERTINA
CONSTRICTOR
ECDYSIS
FANG
JACOBSON'S ORGAN
LIMBLESS
LOCOMOTION
MOLTING
PREDATOR
RECTILINEAR
SIDEWINDING
UNDULATION
VENOM
VESTIGIAL LIMBS

All snakes molt, shedding their skin in a process called ecdysis. When they flick their tongue, they're collecting odor particles. When retracted, the tongue brushes the Jacobson's organ, which processes scents. This is how they smell without nostrils.

Colubrids

No. 159

G	H	W	B	B	H	E	K	Q	L	U	K	D	B	A	L	V	I
L	I	C	A	H	S	Y	P	V	P	S	P	E	B	Q	O	Q	O
K	G	X	N	S	R	A	U	X	Q	V	G	T	X	S	C	F	A
I	H	R	D	A	Q	P	S	J	W	G	Q	E	C	K	I	A	N
N	L	E	E	C	F	S	G	W	E	C	H	K	M	E	L	L	F
G	A	D	D	K	Q	G	K	A	O	O	D	N	E	A	A	S	W
S	N	B	F	J	R	W	T	H	J	M	I	I	W	R	C	E	H
N	D	A	L	R	S	I	M	A	Z	M	A	R	S	T	G	C	I
A	R	C	Y	G	N	K	V	C	L	O	D	T	G	H	G	O	P
K	A	K	I	G	R	M	C	O	Y	N	E	N	B	S	J	R	S
E	C	C	N	C	G	A	J	R	R	G	M	O	M	N	X	A	N
J	E	O	G	L	Z	A	S	N	E	A	W	M	Q	A	P	L	A
P	R	F	D	K	I	Z	S	S	S	R	K	M	N	K	I	G	K
I	P	F	U	W	K	A	K	N	N	T	W	O	B	E	R	V	E
O	I	E	C	Q	W	B	T	A	A	E	S	C	P	U	Q	N	F
L	U	E	W	R	S	D	B	K	K	R	U	T	V	F	P	S	N
R	G	G	H	I	O	J	U	E	E	J	Y	C	P	U	T	P	E
N	A	V	E	R	A	T	S	N	A	K	E	I	U	A	R	X	Y

BANDED FLYING
CALICO
COMMON GARTER
COMMON TRINKET
CORNSNAKE
DIADEM
EARTHSNAKE
EGG-EATING
FALSE CORAL
GRASS
HIGHLAND RACER
KINGSNAKE
LYRE SNAKE
RATSNAKE
REDBACK COFFEE
WHIPSNAKE

This is the largest snake family, including around 2,000 species. Many have boldly colored or patterned scales. Some, like the false coral snake, imitate the coloration of venomous snakes to scare potential predators.

No. 160

Boas and Pythons

L Z Z N O G R O U N D G P O T A I A
D J N R D I N V A S I V E H S O S E
E F D E O Z M R H Q I D Y D E O L G
T F C T X T Z A X D B U O O G S M H
T S Q I Y C L I S S T M E I R H A G
O V L C V O B N P N U E Z Y A V R E
P G X U E N L B N S M R X F L E M Y
S E O L N S A O D A V I J J E E X J
K E P A C T C W R V L L M N R A G O
E R Y T S R K U H X K S A A O X S C
J T K E N I H F L O G N L V S R U C
Y N S D O C E B K Q A D B O Y E U R
D E J O O T A S H C T E L A O B H A
J E O D X I D H O R R M O X S B C M
P R C T Z O E N E T H A O S W U O L
A G Z Y S N D E W K J U D K C R P O
T I K S C A S O K M L B N X J J A R
J B U R M E S E S P E W T B D S M Y

BLACK-HEADED
BLOOD
BOA
BURMESE
CONSTRICTION
DUMERIL'S

EMERALD TREE
GREEN ANACONDA
GREEN TREE
GROUND
INVASIVE

LARGEST
RAINBOW
RETICULATED
ROSY
RUBBER
SPOTTED

The common boa, *Boa constrictor*, lives in tropical Latin America. It eats infrequently, with gaps spanning from two weeks to over six months, depending on the size of the last meal. Uncommonly for reptiles, it gives birth to live young.

Venomous Snakes

No. 161

H	O	J	I	L	X	S	L	X	Q	G	E	M	M	S	W	V	V
D	K	I	N	G	C	O	B	R	A	N	G	T	T	B	C	X	E
X	T	C	Y	B	Z	T	C	C	Z	P	M	V	U	I	C	B	B
J	A	O	D	I	A	M	O	N	D	B	A	C	K	O	H	P	Z
T	R	T	B	H	A	E	P	A	R	V	S	Z	I	C	P	D	F
J	B	T	F	O	R	T	P	H	S	G	S	Z	L	O	Z	W	E
S	O	O	X	R	A	C	E	M	E	I	A	K	J	P	F	D	R
M	C	N	L	N	T	O	R	W	D	M	S	J	K	S	E	F	D
M	R	M	N	E	T	R	H	K	U	R	A	J	Z	A	A	P	E
P	A	O	M	D	L	A	E	Q	W	T	U	J	T	K	S	U	L
P	M	U	E	V	E	L	A	W	S	H	G	H	S	C	P	F	A
Z	A	T	Y	I	S	S	D	P	R	M	A	Y	P	A	V	F	N
G	S	H	T	P	N	N	C	G	V	D	I	T	Q	L	I	A	C
Q	U	Z	S	E	A	A	U	Z	D	Q	L	N	L	B	P	D	E
R	A	K	M	R	K	K	F	E	B	I	N	K	B	C	E	D	C
W	I	V	N	Y	E	E	R	T	Z	M	K	A	R	I	R	E	D
C	F	L	S	I	D	E	W	I	N	D	E	R	O	I	V	R	N
I	D	C	S	P	I	T	T	I	N	G	C	O	B	R	A	Q	J

ASP VIPER
BLACK ASP
COPPERHEAD
CORAL SNAKE
COTTONMOUTH
DEATH ADDER
DIAMONDBACK
FER-DE-LANCE
HORNED VIPER
KING COBRA
MASSASAUGA
PUFF ADDER
RATTLESNAKE
SAMAR COBRA
SIDEWINDER
SPITTING COBRA

Puff adders hunt by positioning themselves along animal paths that lead to food sources or watering holes. They bide their time until the opportune moment to strike. If a larger animal accidentally treads on the adder—look out! The bite can take down a rhino.

No. 162

Crocodylia

E	S	V	K	F	A	L	S	E	G	H	A	R	I	A	L	F	U
O	I	U	C	O	M	M	U	N	I	C	A	T	O	R	F	R	H
P	P	T	C	C	A	I	M	A	N	S	V	L	C	E	F	T	E
W	A	P	R	W	U	Z	O	T	N	E	O	J	L	Z	E	S	A
G	L	R	O	V	L	W	E	W	L	D	U	R	V	R	E	F	D
D	L	B	C	R	D	E	M	T	P	M	H	X	R	B	A	S	S
Z	I	N	O	B	T	N	G	P	E	G	W	I	R	L	S	O	L
P	G	F	D	D	J	U	P	E	L	H	T	E	Q	T	X	B	A
O	A	V	I	L	E	A	N	A	N	O	L	Y	K	D	W	E	P
F	T	U	L	Q	G	A	N	I	R	D	H	E	E	C	I	K	B
T	O	N	E	F	L	R	T	I	S	U	A	T	Z	H	X	V	A
M	R	V	X	T	E	K	A	H	A	T	W	R	Q	T	R	F	M
W	V	W	V	T	C	L	S	K	R	I	I	T	Y	M	I	W	B
V	O	C	A	L	I	Z	A	T	I	O	N	C	V	S	B	O	U
J	E	M	T	A	J	M	W	A	G	J	L	R	R	A	E	L	S
W	C	V	V	W	G	H	A	R	I	A	L	L	W	T	M	N	H
G	P	A	I	L	T	C	A	P	I	C	M	H	X	J	U	Z	I
G	K	I	K	B	S	S	Q	L	S	E	S	H	V	R	O	I	I

ALLIGATOR
AMBUSH
CAIMAN
CIPACTLI
COMMUNICATOR
CROCODILE
DEATH ROLL
FALSE GHARIAL
GHARIAL
HEAD SLAP
LEGENDARY
MATERNAL
OPPORTUNISTIC
SOBEK
TERRITORIAL
VOCALIZATION

Species in the Crocodilia order are, along with birds, the most ancient in existence. The largest—and the largest of all reptiles—is the saltwater crocodile, which reaches up to 23 feet and can live more than 70 years.

Birds

No. 163

R	B	E	K	G	W	D	X	Q	O	D	T	A	U	X	M	V	Y
E	M	W	Q	A	E	D	E	I	N	N	T	D	L	C	D	F	B
B	S	E	V	A	R	L	Q	R	E	S	T	B	S	A	S	V	V
M	N	M	S	P	J	F	Y	G	E	I	I	E	V	D	S	E	C
A	U	O	F	D	L	E	I	L	U	H	I	A	Y	S	G	Q	Y
H	V	N	N	I	B	L	T	J	A	G	T	K	G	A	N	E	X
C	J	H	G	A	L	W	S	B	P	C	V	A	M	Q	J	L	G
E	E	H	A	E	I	Z	E	I	C	T	S	U	E	G	N	I	W
N	T	N	T	T	Z	G	N	P	U	B	L	L	G	F	S	M	C
O	A	N	V	H	C	A	Z	E	H	P	L	Z	G	I	P	B	F
B	I	Z	W	P	R	H	P	D	Y	S	L	I	U	A	E	X	M
L	M	E	N	S	I	N	G	A	L	P	C	O	I	P	I	E	W
Z	U	N	M	O	Y	Q	K	L	Y	O	P	H	F	F	B	D	U
Y	X	D	O	U	U	J	D	V	D	I	I	M	L	D	H	R	Y
S	C	W	S	C	V	Y	P	O	H	W	N	O	R	O	J	G	L
L	N	O	X	O	P	Q	Y	E	J	A	C	Q	Q	A	B	U	G
F	B	J	P	P	A	R	E	N	T	K	D	B	U	H	V	S	H
W	W	K	W	G	B	R	V	U	O	Z	J	P	M	T	M	F	F

AVES
BEAK
BIPEDAL
BONE CHAMBER
FEATHERED

FLIGHT
FLOCK
HATCH
INTELLIGENT
NEST
PARENT

PLUMAGE
SCALY LEG
SING
SOAR
WING

Feathers are now unique to birds, but this may not have always been the case. Birds evolved from dinosaurs, some of whom very likely had feathers, too.

No. 164

Bird Groups

I	A	E	B	E	R	G	K	L	S	C	J	H	S	C	N	T	P
A	O	T	U	Q	E	M	R	W	Y	O	J	I	E	I	S	D	E
J	S	L	O	O	N	Q	O	O	V	V	B	J	U	R	O	T	T
O	E	D	R	Z	N	W	T	F	M	I	D	G	S	G	O	I	R
F	G	A	R	N	U	B	S	R	K	O	N	H	V	S	H	N	E
V	Q	N	G	I	V	S	A	E	J	E	E	M	E	T	G	A	L
X	G	A	I	U	B	I	V	T	P	A	Q	G	N	F	Y	M	P
D	A	R	L	M	S	E	Q	A	R	M	U	O	W	D	T	O	E
C	S	O	C	B	A	L	M	W	B	I	T	T	E	R	N	U	L
X	G	A	A	A	A	L	A	A	C	F	R	N	S	M	N	K	I
G	I	I	E	K	C	T	F	O	G	V	V	Y	I	F	R	Y	C
P	C	L	W	K	E	Z	R	Z	N	W	M	S	O	C	F	B	A
V	D	W	U	R	H	M	W	O	W	U	M	X	I	R	G	C	N
N	S	V	F	Z	O	N	K	B	S	W	Z	S	A	H	V	X	S
F	M	R	Q	R	U	F	G	O	Y	S	G	T	F	O	P	K	P
F	H	K	A	U	P	Z	L	F	Z	M	I	L	W	O	F	A	K
I	U	N	B	B	P	R	Q	I	S	T	H	E	M	Y	D	W	N
V	T	L	A	R	H	X	S	E	E	L	P	X	L	C	Y	U	B

ALBATROSS
BITTERN
CORMORANT
FLAMINGO
FOWL
GAMEBIRDS
GREBE
HERON
IBIS
LOON
PELICAN
PENGUIN
PETREL
RATITE
SHEARWATER
STORK
TINAMOU
WATERFOWL

The 40 orders of birds make up a highly diverse group of creatures. Ratites, such as ostriches, can't get off the ground, while albatrosses can soar for days without landing. Flamingos stand on one leg. Penguins spend half their time swimming.

More Bird Groups

No. 165

K	P	G	V	B	W	B	T	L	N	B	C	N	U	E	D	E	Q
T	R	O	P	I	C	B	I	R	D	A	W	G	O	G	U	V	Q
I	W	T	J	T	O	Q	L	R	R	Y	A	A	I	E	T	O	T
I	N	K	V	J	V	B	Y	A	D	K	Z	X	D	A	G	D	Q
Z	J	H	I	E	W	K	C	W	D	O	C	U	U	E	G	I	M
O	Z	I	L	N	N	A	X	P	G	V	F	K	B	F	R	X	P
L	W	N	L	T	R	A	U	U	U	C	Y	P	F	F	W	A	E
G	S	S	Q	A	G	F	R	G	L	V	I	O	R	Y	V	V	T
C	O	C	K	A	T	O	O	C	L	K	G	B	W	E	I	D	S
S	U	N	B	I	T	T	E	R	N	X	Q	G	T	G	Y	H	F
E	Q	G	N	B	Z	W	Y	A	I	J	V	O	X	L	P	O	A
W	H	S	Z	H	H	K	O	S	D	U	R	T	F	V	H	L	L
I	A	O	Z	J	T	E	S	U	O	R	G	D	N	A	S	Q	C
P	P	A	J	E	P	C	J	T	A	M	G	R	F	X	Y	I	O
N	L	V	N	I	A	G	N	P	O	Q	A	C	D	N	Q	W	N
S	I	N	N	S	U	T	Q	M	F	M	H	L	A	V	H	A	D
V	A	D	R	A	T	S	U	B	W	K	H	R	J	W	A	U	M
G	R	T	P	W	N	B	Y	U	H	A	Y	D	M	M	U	K	Z

AUK	DOVE	PIGEON
BIRD OF PREY	FALCON	RAIL
BUSTARD	GANNET	SANDGROUSE
CARACARA	GULL	SUNBITTERN
COCKATOO	KAGU	TROPICBIRD
CRANE	PARROT	WADER

Formerly grouped with cranes and rails, the kagu and sunbittern are such enigmatic birds they've been given their own order. Both residents of the tropics, they each display striking designs when they open their wings.

No. 166

Even More Bird Groups

F	G	I	H	Y	E	Q	K	R	C	C	K	M	R	E	H	Q	T
C	H	F	Q	T	D	R	I	B	E	S	U	O	M	F	C	O	B
Q	Z	B	I	S	K	M	A	K	Z	H	T	Z	W	T	U	W	W
J	R	S	V	W	N	V	O	M	R	R	S	D	J	C	N	E	O
I	E	G	E	I	Q	O	S	R	O	A	Y	I	A	K	O	I	O
M	L	L	B	F	T	Q	O	G	Q	L	C	N	F	F	U	J	D
E	L	H	G	T	Y	U	O	K	L	W	U	B	K	G	Z	O	P
N	O	E	U	S	E	N	M	T	C	O	P	P	A	X	N	Y	E
I	R	L	A	M	E	I	R	E	S	U	E	L	H	Y	C	I	C
R	O	I	P	M	M	T	C	P	X	J	C	P	O	M	C	W	K
E	O	S	Y	M	X	I	U	P	L	X	B	Y	J	J	O	L	E
S	K	A	M	G	X	G	N	N	I	Z	T	A	O	H	L	V	R
S	C	F	M	F	T	O	U	G	E	Q	E	O	D	I	H	B	K
A	U	S	F	U	B	T	O	E	B	E	G	B	B	D	F	K	F
P	C	I	R	Q	X	F	L	W	L	I	H	N	T	V	L	A	S
C	R	A	N	I	G	H	T	J	A	R	R	W	D	Z	F	O	F
L	C	L	T	S	P	L	L	E	E	O	B	D	L	E	E	M	A
O	A	N	U	E	D	Q	Q	U	H	O	O	P	O	E	T	N	V

CUCKOO
CUCKOO-ROLLER
HOATZIN
HOOPOE
HORNBILL
HUMMINGBIRD
KINGFISHER
MESITE
MOUSEBIRD
NIGHTJAR
OWL
PASSERINE
SERIEMA
SWIFT
TOUCAN
TROGON
TURACO
WOODPECKER

The passerine order includes Oscines, or songbirds. Many species can be identified by their song alone. All passerines have a specialized tendon, the plantar tendon, that activates when they perch. It keeps their feet clenched even while they sleep.

Mammals

No. 167

W L Z I K Z Y U T W D X Y D K C F N
M A F S C E B X H D A Q C J B I S A
Q X R L J T N I O J W A J G O R Y N
G U A M Z B S M X E G C M N L O W H
V I A H B K M F B L E M W P O H M S
E N U D E L N U R S I N G F Z C U Q
L T L R R E O R M D N Q I W C O M U
E E C A F U W O D L O O W P R N Y D
R L I Z I G P L D E K V I A S O H H
M L Z K K C E E R E M E P F H G I A
P I J Q L E O A D W D I B I K C K B
H G J F A M W S D P V U X U Y I L V
A E A R B A F G T I G X I X P T X P
I N F H F U E P V W G P F N Y S O Z
R T Z L M L Y J H M N I F B F E D H
V A E N B Y Q D F A Y D S V Q M F R
P S N P E S A P V X K X G A P O Z P
Q Q N A I R B R E A T H I N G D V T

AIR-BREATHING
DOMESTIC
GONOCHORIC
HAIR
INTELLIGENT
JAW JOINT
MIDDLE EAR
NURSING
QUADRUPED
SELF-AWARE
SOCIAL
SPINE
VIVIPAROUS
WARM-BLOODED
WHISKER
WOOL

In general, mammals are recognizable by their hair, but they also breathe air, internally regulate body temperature, nurse their young, and, with rare exceptions, give live birth. They also include the largest animal that has ever existed: the blue whale.

No. 168

Mammal Groups

G	D	R	T	J	S	C	Y	M	T	T	F	K	U	P	O	N	A
D	J	I	I	P	X	X	A	I	H	R	N	T	H	S	R	S	Q
O	H	G	C	C	K	N	B	L	S	O	P	A	C	A	H	L	D
L	O	N	U	O	A	B	B	G	W	U	S	W	H	G	S	J	H
L	I	E	H	T	A	Q	B	Q	C	U	U	Q	Q	P	F	C	C
I	O	S	E	R	W	R	E	M	F	X	U	M	B	C	E	P	X
D	K	E	Z	L	A	Q	O	J	L	E	C	G	E	K	V	L	B
A	Z	D	B	N	C	N	A	C	U	E	K	R	B	F	I	C	E
M	A	N	Z	R	O	L	V	A	A	N	N	A	F	V	K	M	P
R	T	S	H	T	P	J	A	W	R	E	D	R	X	Q	Q	T	M
A	F	P	R	R	V	O	E	I	T	D	V	F	K	R	D	S	J
A	D	E	I	E	C	Q	G	O	P	T	V	M	R	S	U	Z	X
Y	M	T	L	K	W	D	G	F	M	U	H	A	R	E	G	A	F
E	W	N	G	G	A	C	L	F	Q	X	S	U	R	K	O	T	E
L	Y	G	I	I	G	Q	A	T	Z	B	Z	R	B	K	N	G	V
D	E	H	C	U	O	P	Y	X	A	R	Y	H	A	A	G	U	T
F	C	L	I	A	M	Y	E	G	O	L	D	E	N	M	O	L	E
P	X	T	M	I	G	V	R	R	M	U	W	Z	W	B	X	H	M

AARDVARK
ARMADILLO
DUGONG
EGG LAYER
ELEPHANT
GOLDEN MOLE
HARE
HYRAX
MANATEE
MARSUPIAL
MONOTREME
PIKA
POUCHED
RABBIT
SENGI
TENREC

Golden moles were once thought to be little developed since the time of the dinosaurs. They are now understood as highly specialized for a difficult underground habitat. They have moisture-repellent fur and very tough skin, and they can enter a torpor state to save energy.

More Mammal Groups

No. 169

H	C	H	F	V	K	Y	P	T	W	G	T	X	U	Z	P	L	J
E	S	I	O	P	R	O	P	R	B	O	N	A	S	D	D	R	I
Y	R	I	O	Q	S	X	J	E	E	H	K	K	E	D	J	P	W
B	U	H	H	U	T	Y	P	E	V	E	Z	N	Z	U	I	H	U
T	D	H	W	T	I	K	M	S	I	G	J	T	A	T	S	A	B
E	T	A	M	I	R	P	B	H	F	D	N	D	Y	Q	B	Z	L
R	B	C	S	H	S	I	R	R	M	E	C	I	H	U	M	A	N
E	O	X	A	P	Y	E	Y	E	H	H	F	W	H	T	V	T	L
B	B	D	C	R	T	I	H	W	I	D	U	M	B	P	V	L	V
H	S	G	E	A	N	F	Z	C	F	L	N	L	Z	L	L	Y	M
G	N	D	E	N	C	I	O	T	J	A	G	K	W	J	Q	O	W
Y	E	T	B	U	T	L	V	E	S	L	U	B	D	I	Y	H	D
K	N	J	O	Q	U	S	L	O	Q	Y	L	P	V	T	A	L	H
A	U	T	O	G	K	O	D	V	R	A	A	L	V	L	A	Q	T
S	D	R	O	O	M	G	L	Q	Q	E	T	U	E	E	G	B	O
Q	K	T	C	Y	R	K	Z	A	E	F	E	J	M	Z	X	B	L
Z	K	J	W	P	U	T	P	A	N	G	O	L	I	N	Z	S	S
M	T	H	N	D	M	C	I	M	Y	Z	Y	E	S	M	Z	K	V

ANTEATER
BAT
CARNIVORE
COLUGO
DOLPHIN
HEDGEHOG
HUMAN
MOLE
PANGOLIN
PORPOISE
PRIMATE
RODENT
SLOTH
TREE SHREW
UNGULATE
WHALE

Pangolins are a unique group of mammals. The creatures wear a suit of keratin-scale armor strong enough to deter predators as powerful as tigers. They live in trees or burrows and use their long tongues to eat insects.

No. 170

Egg-Laying Mammals

```
N J R L S S E L H T O O T D Q S M N
Q A G E N P Y P L W S U O Z Q O H Q
H E M T D E I O L C R U E P N T H N
W A A N E C O U T P O W P O Q N Y A
G O Q J K I Z C L C T V T Y D I A O
E Q U V A A H H I P P R A E T D V F
J I H T E L O J F N E S K R U A F Y
A C M F B I Z U Z M C A N Z V O L F
P N M M T Z X R A U E U J O F M E P
P D D A R E N T A B R R B A U A I N
A T Q I O D A Y G U O Y T A G T U Y
Z C G V H L O N W R R G M H T N K B
Y U S R S C O A Y R T Y O E U I S A
S P I N E L E P Y O C H C R R X O W
I I H T O V T L W W E Z S O A G D N
D E L L I B K C U D L E T J C S S F
H E O K T F W M U F E T I F K W T M
S E M I A Q U A T I C O O J J C X J
```

BURROW
LONG-BEAKED
SHORT-BEAKED
DUCK-BILLED
MONOTREMATA
SNOUT
ECHIDNA
NURSE
SPECIALIZED
ELECTRORECEPTOR
PLATYPUS
SPINE
INCUBATION
POUCH
TOOTHLESS
SEMIAQUATIC

The only living mammals that lay eggs are the duck-billed platypus and the echidna, both native to Australia. Once laid, the eggs hatch after 10 days or so. Baby platypuses stay in a burrow. Echidnas carry their young in a pouch. Neither animal has teeth.

Marsupials

No. 171

A	D	L	T	V	Q	D	T	K	N	P	H	Y	P	G	M	O	T
R	M	W	I	V	X	R	O	O	T	S	O	Y	K	A	O	S	Q
A	W	E	Q	A	A	G	I	A	V	A	G	T	R	O	N	G	Y
T	B	K	R	N	T	K	N	L	Q	M	B	S	O	Z	I	I	J
K	K	W	N	I	L	G	E	A	Y	F	U	B	X	R	T	R	S
A	H	U	Y	P	C	G	N	P	Q	P	T	A	B	M	O	W	U
N	D	P	G	O	M	A	O	I	I	I	O	U	U	S	D	O	C
G	W	L	O	K	S	S	N	A	R	H	X	S	N	Y	E	F	S
A	A	L	L	O	S	C	L	O	B	J	I	J	R	N	L	Z	U
R	P	O	W	U	V	M	H	A	P	A	L	H	H	R	M	Q	C
O	H	U	M	K	O	E	T	K	S	O	N	N	P	D	O	Y	V
O	I	Q	F	L	G	T	H	W	H	R	S	D	N	O	N	V	F
O	A	U	E	T	M	K	A	D	S	I	B	S	I	B	T	S	N
S	U	G	A	R	G	L	I	D	E	R	Y	Y	U	C	E	Y	Y
S	H	R	E	W	O	P	O	S	S	U	M	M	B	M	O	U	T
Z	N	W	O	L	F	E	I	T	A	B	M	U	N	L	L	O	A
T	A	S	M	A	N	I	A	N	D	E	V	I	L	E	I	O	T
V	M	U	S	S	O	P	O	A	I	N	I	G	R	I	V	B	O

AMERICAN OPOSSUM
BANDICOOT
BILBY
CUSCUS
DUNNART
KOALA
MARSUPIAL MOLE
MONITO DEL MONTE
NUMBAT
POTOROO
PYGMY POSSUM
QUOLL
RAT-KANGAROO
RINGTAIL
SHREW OPOSSUM
SUGAR GLIDER
TASMANIAN DEVIL
VIRGINIA OPOSSUM
WOMBAT

There's only one marsupial species in North America: the Virginia opossum. Their prehensile tails help them cling to trees, and they've got a unique defense mechanism. When a predator approaches they "play possum"—they pretend to be dead.

No. 172

Kangaroos and Similar

X	S	I	C	B	E	U	Q	R	U	R	H	W	T	O	G	O	D
O	Z	S	V	J	O	U	E	F	Q	E	B	Y	R	O	O	R	O
E	L	Y	K	B	O	I	Y	L	I	A	T	K	P	R	J	Y	R
Q	I	I	A	K	L	H	D	B	V	R	H	P	A	R	S	K	C
H	C	A	K	F	B	J	R	K	A	Y	H	L	M	E	U	C	O
H	G	A	E	S	X	L	O	P	F	L	L	D	L	M	B	K	P
A	O	U	U	G	L	X	O	Y	A	A	L	M	F	O	U	Z	S
J	L	P	G	Z	U	U	R	L	W	D	K	A	S	O	M	U	I
B	G	D	P	Y	U	F	A	T	E	Y	E	M	W	B	M	Q	S
K	F	V	U	I	C	U	G	G	W	Q	O	M	P	E	G	Z	A
M	H	Y	Z	P	N	S	N	R	O	B	V	D	E	Y	R	U	Z
C	E	F	U	G	U	G	A	A	A	N	I	H	X	L	Q	A	H
X	R	J	O	E	Y	X	K	Z	U	R	D	B	G	T	O	C	H
C	R	J	O	I	K	H	D	I	Y	M	O	F	Z	A	G	N	U
B	U	N	A	B	E	R	E	N	F	D	R	F	Q	G	H	O	N
H	A	S	A	U	K	C	R	G	W	A	L	L	A	B	Y	Y	I
O	O	R	A	G	N	A	K	E	E	R	T	Z	M	X	I	F	X
C	O	U	N	T	E	R	B	A	L	A	N	C	E	F	P	N	R

BLUE FLIER
BOOMER
COUNTERBALANCE
DORCOPSIS
GRAZING
HARE-WALLABY
HOPPING
JOEY
MOB
PADEMELON
QUOKKA
RED KANGAROO
TAIL
TREE KANGAROO
WALLABY
WALLAROO

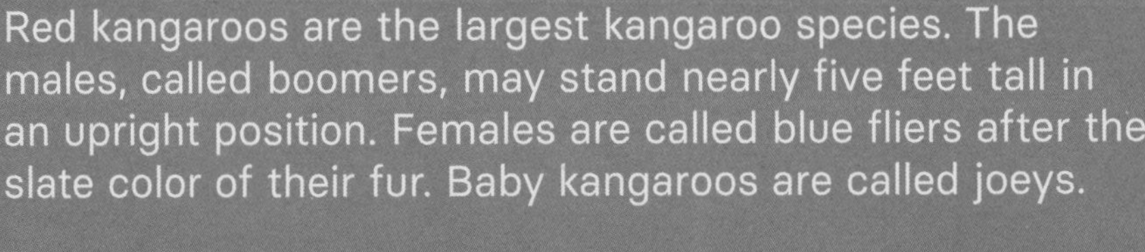

Red kangaroos are the largest kangaroo species. The males, called boomers, may stand nearly five feet tall in an upright position. Females are called blue fliers after the slate color of their fur. Baby kangaroos are called joeys.

Rabbits

No. 173

D	M	Y	D	W	W	K	V	L	E	T	G	X	K	X	H	O	E
C	W	F	X	O	N	L	S	U	I	N	B	G	E	U	S	N	J
A	I	A	V	Q	P	F	R	B	D	A	I	R	C	K	R	A	B
S	S	Z	R	T	G	O	B	H	S	R	T	R	S	T	A	C	M
H	S	J	W	F	P	A	X	C	D	W	N	N	E	V	M	L	K
M	W	C	D	E	R	A	H	Y	A	I	C	L	O	V	W	O	U
E	Y	F	A	K	X	N	T	X	S	P	M	D	L	T	I	V	R
R	X	N	C	B	W	G	D	E	R	A	E	P	O	L	T	R	S
E	G	A	W	N	C	O	W	B	P	Q	T	H	Q	L	D	O	H
L	J	G	D	O	F	R	C	G	F	C	I	I	A	E	I	X	C
O	D	R	U	B	U	A	M	B	F	G	C	B	N	R	W	N	A
P	N	W	O	L	P	D	M	N	E	D	W	S	C	C	E	B	F
V	J	J	S	N	O	W	S	H	O	E	H	A	R	E	S	N	C
L	S	J	D	T	N	A	I	G	H	S	I	M	E	L	F	Q	I
T	L	R	Z	I	E	C	P	B	Y	H	C	N	O	E	W	A	H
B	B	I	C	H	I	D	B	Y	C	D	K	H	K	B	U	V	B
U	L	H	D	C	X	Y	V	M	V	O	Y	H	D	C	Q	E	W
L	U	K	T	B	U	A	H	L	F	U	Z	Z	Y	L	O	P	R

ANGORA
CAPE HARE
CASHMERE LOP
COTTONTAIL
DWARF
EUROPEAN
FLEMISH GIANT
FUZZY LOP
JACKRABBIT
LOP-EARED
MARSH
REX
RIVERINE
SATIN
SNOWSHOE HARE
VOLCANO

Rabbits have evolved large ears to hear predators approaching, large eyes to better see them, and long legs to get away quickly. Snowshoe hares have a special trick: their fur turns white to match the winter snow, then turns reddish-brown in summer.

No. 174

Rodents

X	Q	W	Q	V	R	C	R	J	Z	Z	H	Z	C	P	Z	C	V
T	H	R	I	A	E	A	J	E	L	V	H	W	P	O	P	O	Z
T	A	M	K	F	V	P	J	Q	H	R	X	A	M	C	G	O	C
E	M	R	C	A	A	Y	O	P	N	P	C	Y	W	K	N	U	E
T	S	K	O	B	E	B	N	Z	O	A	O	W	Z	E	I	P	N
S	A	U	L	O	B	A	V	A	R	M	F	G	J	T	M	Y	I
Q	M	R	O	R	R	R	G	A	E	L	O	V	V	M	M	O	P
P	F	P	E	M	C	A	N	E	I	E	F	W	U	I	E	C	U
S	A	K	C	L	G	A	G	V	H	W	T	S	Y	C	L	Y	C
T	R	V	Y	R	O	N	P	N	K	H	K	O	M	E	T	F	R
K	S	Q	J	N	Z	M	I	E	A	R	K	B	V	F	J	F	O
M	T	A	O	U	A	U	I	P	A	K	I	H	I	C	X	U	P
K	R	S	E	R	P	Q	M	T	M	V	I	S	C	A	C	H	A
N	Y	W	A	N	J	V	R	C	E	U	U	S	O	F	B	B	L
P	X	M	V	U	A	B	F	N	J	F	J	G	Z	H	Y	G	X
Z	F	J	E	R	A	H	G	N	I	R	P	S	W	U	U	W	B
A	G	O	U	T	I	A	L	L	I	H	C	N	I	H	C	Y	Q
F	Y	Z	E	Y	H	B	U	M	U	F	L	A	F	X	Y	M	R

AGOUTI	JUMPING MOUSE	PACARANA
BEAVER	KANGAROO RAT	POCKET MICE
CAPYBARA	LEMMING	PORCUPINE
CHINCHILLA	MARA	SPRINGHARE
COYPU	MOLE-RAT	VISCACHA
GOPHER	MUSKRAT	VOLE

Imagine a pig-sized rodent. The capybara lives in swampy areas of South America and reaches four and a half feet in length. The largest of the rodents, they give birth as the dry season begins and may live six years.

Squirrels

No. 175

C	O	H	C	Y	K	K	R	J	E	S	K	B	A	S	M	U	D
H	A	Z	T	D	U	I	O	N	T	F	K	M	K	T	H	O	E
U	Q	P	C	N	O	C	P	S	T	R	E	Y	D	S	Z	H	T
O	P	V	E	X	A	F	A	O	C	R	E	O	S	O	Q	G	A
C	M	V	E	G	U	I	X	T	I	C	U	K	N	V	G	T	G
K	Q	E	G	L	R	P	G	C	A	G	H	U	L	E	H	P	E
Y	C	N	G	R	A	O	A	E	L	N	S	L	B	R	R	E	I
B	Q	I	R	I	H	N	U	A	L	N	T	D	F	P	K	P	R
B	Y	O	A	O	R	J	S	N	A	A	S	T	R	E	B	A	A
D	E	T	Y	E	B	P	W	I	D	D	P	B	L	F	M	O	V
D	Z	F	D	H	S	M	B	K	E	O	I	D	V	A	E	K	D
G	N	I	Y	L	F	M	L	L	X	N	Y	N	G	M	G	U	T
M	H	A	Y	D	A	B	I	A	O	H	A	U	Y	Z	C	P	V
R	S	K	G	G	K	A	L	F	P	A	N	T	E	L	O	P	E
D	N	X	M	X	T	I	R	F	C	A	U	C	A	S	I	A	N
F	W	T	D	D	B	V	T	O	N	T	A	Z	R	U	F	F	L
J	Z	Q	E	J	G	W	H	X	C	W	V	C	E	Y	I	D	P
Z	P	R	E	D	A	Q	A	Q	M	F	M	U	U	O	P	O	N

ABERT'S
AMERICAN RED
ANTELOPE
CAPE GROUND
CAUCASIAN
DOUGLAS
FLYING
FOX
GAMBIAN SUN
GRAY
PALE GIANT
PALM
PREVOST'S
RED-TAILED
VARIEGATED
YUCATAN

The ability to glide makes flying squirrels unique. They've also got another singular attribute: under ultraviolet light, they glow 90s-windpants pink. This might be a tool for navigation, camouflage, communication, or all of the above.

No. 176

Muridae and Cricetidae

E	M	S	A	M	H	P	U	P	X	B	E	M	S	C	U	T	R
E	S	Y	P	D	U	S	O	T	I	S	O	O	T	R	B	A	T
C	U	U	K	I	Q	S	E	K	U	L	S	N	E	E	I	R	U
V	O	H	O	F	N	V	K	O	A	I	U	G	P	T	Q	G	J
A	T	T	Z	M	E	Y	M	R	G	Z	M	O	P	S	U	N	Y
H	F	A	T	C	D	T	M	N	A	H	L	L	E	M	I	I	Z
O	Z	Y	I	O	S	L	I	O	M	T	P	I	V	A	T	P	Q
T	Y	R	V	E	N	F	E	F	U	A	O	A	O	H	O	M	B
Q	H	I	V	P	I	R	P	I	L	S	K	N	L	F	U	U	I
L	V	R	Y	C	O	I	A	L	F	E	E	J	E	R	S	J	P
Q	A	S	A	R	K	E	I	T	J	F	C	I	W	A	U	T	J
H	O	N	Q	V	S	D	Y	W	E	F	W	R	U	W	V	N	X
Q	T	O	T	I	G	R	Y	V	O	U	J	D	J	D	V	A	Y
N	J	V	T	E	T	A	R	D	U	O	L	C	T	N	A	I	G
Q	D	A	R	S	H	A	W	S	J	I	R	D	O	S	M	G	Q
X	Z	B	G	N	I	M	M	E	L	Y	A	W	R	O	N	N	A
F	I	G	O	L	D	E	N	H	A	M	S	T	E	R	C	T	V
L	I	F	M	J	D	Q	Z	B	K	L	J	R	X	K	K	P	W

COTTON RAT

DWARF HAMSTER

FIELD MOUSE

GIANT CLOUD RAT

GIANT JUMPING RAT

GOLDEN HAMSTER

HARVEST MOUSE

MONGOLIAN JIRD

MUSKRAT

NORWAY LEMMING

PALLID GERBIL

SHAW'S JIRD

SIGNIFICANT

SPINY MOUSE

STEPPE VOLE

UBIQUITOUS

The family Muridae includes one fifth of all known mammal species. They can be found in all kinds of ecosystems—from polar regions, to pet shops, to research labs. Some are even used to sniff out land mines.

Primates

No. 177

L	R	Y	S	N	N	O	A	K	P	C	Q	Y	N	S	S	T	Z
I	G	U	A	S	G	I	T	J	T	O	Q	Y	F	I	W	E	Y
O	G	M	M	A	W	E	R	T	S	A	V	E	R	F	X	S	B
O	U	A	L	E	D	Z	B	A	O	S	R	O	N	A	Q	O	C
H	V	A	A	X	L	D	V	C	M	P	L	S	R	K	T	M	V
L	G	F	R	Q	E	P	K	N	V	A	Y	J	I	A	N	R	E
U	N	P	K	I	A	U	Q	T	J	R	T	K	R	E	T	A	N
A	I	F	Q	N	T	P	C	R	M	N	Q	Z	A	A	R	M	O
K	H	J	M	D	F	X	E	Z	B	D	L	Y	W	G	P	I	B
A	C	U	X	R	S	C	V	R	L	U	E	H	K	S	Z	W	B
R	U	G	B	I	I	S	H	Z	L	A	Y	E	K	N	O	M	I
I	P	V	X	K	N	Z	L	T	Y	B	D	U	S	I	L	D	G
N	A	V	A	C	M	N	T	E	X	A	A	X	T	B	J	E	O
J	C	S	N	G	D	E	S	Z	D	D	N	I	P	A	G	S	N
P	K	D	P	T	H	D	I	G	I	M	T	F	U	S	O	J	H
K	T	H	R	Q	V	N	J	W	R	B	A	H	H	C	D	D	I
W	C	P	F	C	O	X	B	Q	R	J	P	P	H	C	F	X	J
W	R	A	Q	Y	F	E	M	A	W	W	K	J	K	E	P	B	Q

APE
AYE-AYE
CAPUCHIN
GALAGO
GIBBON
HUMAN
INDRI
LEMUR
LORIS
MARMOSET
MONKEY
POTTO
SAKI
SIFAKA
TAMARIN
TARSIER
TITI
UAKARI

There are two suborders of primates. Strepsirrhines include lemurs, lorises, and bush babies. Often active at night, they have a keen sense of smell. Monkeys and apes, more active in the day and more dependent on eyesight, are the Haplorhines.

No. 178

Gibbons

O	R	B	F	D	V	S	M	Q	W	E	W	A	V	K	L	U	F
J	W	M	G	F	E	R	S	S	W	I	N	G	I	N	G	D	Y
S	L	F	C	C	A	T	A	E	S	Y	Z	D	F	R	F	Z	H
T	P	B	I	E	N	R	A	Q	L	E	M	D	X	R	M	Q	A
Z	V	S	R	N	O	E	D	E	I	L	E	U	A	F	U	Y	K
H	W	O	L	X	B	K	H	E	L	S	I	W	M	G	L	V	N
J	F	C	U	K	B	L	X	Q	L	I	D	A	N	M	L	Z	S
K	U	M	I	F	I	A	U	J	M	E	P	A	T	A	E	N	D
S	C	V	V	R	G	W	S	O	K	B	M	A	E	S	R	I	L
S	I	O	A	G	R	Y	J	F	R	A	F	C	A	W	S	E	Z
S	N	L	L	T	A	K	W	T	I	J	B	K	R	G	A	O	X
O	A	B	N	O	L	S	F	S	N	L	V	Y	E	G	P	W	L
L	D	Q	S	F	O	W	H	I	T	E	B	E	A	R	D	E	D
K	D	Q	B	Q	K	H	M	D	M	A	C	R	E	S	T	E	D
F	D	Z	M	C	J	F	S	Z	E	T	G	J	V	J	A	A	M
N	A	V	A	J	Y	R	E	V	L	I	S	I	O	V	E	S	P
D	E	K	E	E	H	C	D	E	F	F	U	B	L	H	E	X	Z
W	E	U	H	J	Z	X	J	M	M	A	G	U	D	E	Q	T	N

AGILE
BUFFED-CHEEKED
CRESTED
DWARF
FOREARM
HOOLOCK
KLOSS'S
LAR GIBBON
MÜLLER'S
PILEATED
SIAMANG
SILVERY JAVAN
SKYWALKER
SWINGING
TAILLESS
WHITE-BEARDED

Gibbons spend a lot of time swinging through the trees on extra-long forearms, and singing. Singing improves group and partner relationships and lets other gibbons know whose territory they're in. Müller's gibbon partners sing duets for 15 minutes every day.

Old World Monkeys

No. 179

A	N	G	A	A	F	K	Z	M	Y	A	A	S	L	L	R	R	A
N	W	C	X	H	E	C	C	E	B	Z	K	A	I	V	R	Z	N
G	U	K	N	Y	P	U	B	E	E	V	N	N	M	N	J	H	G
O	R	T	O	E	W	A	Q	R	Q	G	Y	X	U	D	R	X	O
L	J	A	O	K	G	L	E	A	U	R	D	F	X	A	U	F	L
A	S	A	B	N	P	U	D	R	C	X	J	V	X	R	Q	B	A
N	I	V	A	O	G	N	O	O	B	A	B	A	M	C	A	H	C
T	C	M	B	M	E	U	Q	A	C	A	M	E	U	Q	O	T	O
A	S	T	E	E	I	L	X	S	D	A	T	S	X	R	A	J	L
L	O	E	V	U	B	C	E	R	H	R	D	K	U	J	B	P	O
A	B	C	I	L	I	P	I	O	V	H	D	A	R	S	H	Y	B
P	O	G	L	B	D	L	J	T	O	U	V	L	L	S	E	Z	U
O	R	R	O	G	L	L	I	R	D	N	A	M	V	E	I	H	S
I	P	Z	Y	V	R	O	Y	Y	Q	Q	P	D	Z	F	G	H	R
N	D	J	C	H	Q	I	Z	M	Z	B	W	H	K	D	Y	Z	G
O	U	D	H	H	A	N	V	J	P	D	I	Q	Q	K	R	Q	R
I	D	S	D	A	H	Q	J	E	N	M	M	I	R	O	Y	T	N
H	M	G	G	U	E	N	O	N	T	Z	Z	C	E	V	R	P	J

ANGOLA COLOBUS
ANGOLAN TALAPOIN
BLUE MONKEY
CHACMA BABOON
DRILL
GELADA
GRIVET
GUENON
GUEREZA
LANGUR
MANDRILL
MANGABEY
OLIVE BABOON
PROBOSCIS
RHESUS MACAQUE
TOQUE MACAQUE

The world's largest monkeys, mandrills are easily identified by the males' bright red and bluish-purple faces and rumps. Alpha males display the most brilliant colors. The brightness diminishes if his status is lowered.

No. 180

Lemurs

B	R	D	G	D	A	Q	N	I	Q	V	R	R	G	O	A	G	F
L	R	E	L	X	H	H	M	V	M	C	E	A	D	O	K	T	K
A	P	D	D	J	H	F	X	I	K	D	H	E	X	B	A	R	Y
C	Y	A	D	C	P	E	I	F	B	H	L	S	C	M	F	R	C
K	E	E	D	V	O	Q	X	E	C	I	A	O	Y	A	I	D	O
G	S	H	Z	E	I	L	L	H	A	E	P	K	R	B	S	Z	M
K	O	E	D	Q	T	L	L	T	F	R	A	W	D	D	Q	I	M
F	O	T	A	A	I	V	G	A	L	R	R	U	S	T	N	T	O
W	G	I	K	E	I	N	E	P	R	M	L	M	P	I	Q	A	N
O	N	H	D	I	I	Y	P	D	O	E	O	V	O	B	M	J	B
W	O	W	P	R	I	W	H	U	O	I	D	K	R	X	H	Q	R
X	M	H	P	Q	O	T	S	I	L	C	H	O	T	Z	Z	M	O
J	H	Z	H	R	N	E	D	E	F	F	U	R	I	F	G	R	W
A	M	V	D	E	N	W	O	R	C	Q	X	H	V	K	M	Z	N
T	X	G	P	C	O	E	Z	K	X	R	S	Z	E	N	G	E	C
M	W	O	N	U	N	K	Z	Z	N	H	N	D	U	T	O	A	I
R	T	I	G	C	R	G	F	J	I	N	D	R	I	C	Q	C	R
E	L	B	Q	F	X	D	N	X	F	Z	C	A	G	W	U	S	R

BAMBOO
BANDRO
BLACK
COMMON BROWN
CROWNED
DWARF
INDRI
MONGOOSE
MOUSE
RED-BELLIED
RED COLLARED
RING-TAILED
RUFFED
SIFAKA
SPORTIVE
WHITE-HEADED

There are about 100 species of lemurs, all living on the island of Madagascar. The mouse lemur, the world's smallest primate, is literally the size of a mouse. As recently as 500 years ago, there were lemurs the size of gorillas.

Callitrichidae

No. 181

I	F	L	B	M	B	K	C	Q	W	Q	S	X	N	C	N	D	R
I	X	T	B	Q	A	O	M	H	A	B	I	H	S	V	O	E	B
Y	J	N	M	Y	M	R	C	M	O	D	L	G	J	V	I	H	U
D	M	M	Y	M	D	P	M	M	Y	A	V	Q	B	B	L	C	P
J	K	G	O	D	M	C	Z	O	A	I	E	D	S	A	N	A	J
O	L	N	Y	F	J	E	N	I	S	S	R	T	N	R	E	T	K
D	O	K	I	P	Q	N	I	V	H	E	Y	P	I	E	D	S	J
R	A	E	D	E	T	F	U	T	W	S	T	E	R	F	L	U	E
W	W	H	I	T	E	L	I	P	P	E	D	S	A	A	O	O	B
G	O	E	L	D	I	S	M	O	N	K	E	Y	M	C	G	M	C
S	A	D	D	L	E	B	A	C	K	O	R	A	A	E	J	O	O
D	E	D	N	A	H	N	E	D	L	O	G	L	T	D	T	I	L
U	X	D	O	Z	X	N	J	N	R	U	K	O	A	T	Q	W	H
T	D	E	D	A	E	H	N	E	D	L	O	G	O	Y	D	L	D
S	A	Q	K	X	U	E	P	J	P	C	E	N	G	L	J	Z	V
J	V	F	S	V	P	M	H	T	M	B	T	A	J	P	P	A	H
Y	Z	L	M	U	E	W	W	O	L	O	H	M	L	B	I	X	V
J	N	W	R	R	J	W	N	R	P	U	X	A	Z	P	V	D	D

BARE-FACED
COMMON
COTTON-TOP
EMPEROR
GOELDI'S MONKEY
GOLDEN-HANDED
GOLDEN-HEADED
GOLDEN LION
MARMOSETS
MOUSTACHED
PYGMY
SADDLE-BACK
SILVERY
TAMARINS
TUFTED EAR
WHITE-LIPPED

Marmosets and tamarins live in the trees of Central and South American forests. Their tails are nonprehensile, meaning non-grasping. Female common marmosets usually take two male partners, both of whom contribute to the rearing of any offspring.

No. 182

Bats

T C N X O K I G M F M T A D N W P F
S G D Q L M D N I E A I D C K E A O
O L E N V J S I B M M E C V I R O U
O X S X A U B W Q C O B L R G A X Q
R V O O M N G D N C O J R E O A J R
E K N V P F I N I I G B U A S B D E
T L F U I Y R A Q Z A T J C N O A E
T Y A N R N L H L B X W W Y P E N T
E C E N E C H O L O C A T I O N C T
S V L J R Y N O L O C S O B U Y A H
U P U H Z U D R K W Z Q I G O B I O
O F Q P K Y T Q C Z V G V T T A W R
R W J N W A L C G N I G N I L C L S
B T A B M O S S O L B I U L P F F E
F L Y I N G F O X N F R F O H Y B S
T A B T S O H G G F F J P W E Y F H
S I T O Y M D E G N I R F B K T W O
R J V I F V E D X F O X T M U U V E

BLOSSOM BAT
CLINGING CLAW
COLONY
ECHOLOCATION
FLYING FOX
FRINGED MYOTIS
FRUIT BAT
GHOST BAT
HAND WING
HORSESHOE
LEAF-NOSED
MEMBRANE
MICROBAT
NOCTURNAL
NOSE-LEAF
ROOST
ROUSETTE
VAMPIRE

Bats are the only mammals that truly fly. Many navigate and hunt using echolocation. But the largest, the fruit bats, rely on sight and scent, which is perfectly understandable: fruit never tries to escape!

Carnivores

No. 183

V	M	X	A	H	X	Z	D	V	L	F	G	W	H	C	S	O	C
I	J	O	A	M	A	T	E	A	O	W	V	I	U	Q	H	K	D
N	H	F	V	A	Q	A	K	K	N	U	K	S	O	J	G	M	Q
L	O	K	F	B	O	C	S	Y	O	M	O	P	J	U	A	N	M
C	G	O	H	J	A	B	E	V	A	N	V	O	A	N	X	C	E
R	Z	H	C	J	G	K	A	X	D	O	T	U	K	B	U	A	V
H	E	Y	L	C	W	H	L	J	M	I	S	D	N	B	L	D	Y
S	F	D	L	W	A	M	B	L	U	K	C	O	I	H	O	N	G
F	A	K	P	F	M	R	R	G	H	S	E	S	K	I	K	A	D
Z	L	I	C	A	C	G	N	U	B	D	E	W	I	P	C	P	Y
D	I	N	G	O	N	I	O	O	I	A	O	E	Z	B	E	T	X
A	M	D	Z	C	L	D	M	D	L	O	D	A	A	J	E	N	W
W	M	N	O	O	A	U	A	I	F	L	X	S	D	E	L	A	Z
T	A	C	E	L	O	P	O	E	L	G	E	E	U	B	J	I	R
K	G	V	N	Z	G	N	R	S	Y	I	F	L	V	M	C	G	M
C	O	A	T	I	F	R	T	R	P	B	R	I	L	N	T	M	Q
K	A	J	O	H	E	E	Z	B	F	K	R	B	W	O	I	O	V
I	I	I	V	T	D	S	M	C	D	O	A	D	M	Y	F	V	V

BEAR
COATI
DINGO
DOG
FERRET
FOX
GIANT PANDA
JACKAL
KINKAJOU
OLINGUITO
POLECAT
RACCOON
RED PANDA
SEAL
SEA LION
SKUNK
WEASEL

Despite their name, members of Carnivora aren't defined by eating meat. In fact, one carnivore, the giant panda, is almost entirely vegetarian. The unifying attribute is their teeth. All have four canines and a set of scissor-like teeth called carnassials.

No. 184

More Carnivores

S	I	B	A	A	T	B	O	Q	T	F	Y	U	V	D	L	P	F
D	C	K	S	H	E	N	M	T	X	A	V	G	Y	J	R	C	A
S	J	S	I	Z	N	V	W	R	T	J	X	F	D	P	L	Q	N
R	O	U	P	I	E	I	O	S	F	E	H	I	X	U	R	C	A
F	R	X	V	I	G	C	T	T	L	G	R	S	A	L	V	F	L
B	S	I	R	I	I	E	B	W	O	X	T	H	G	N	T	A	O
K	P	G	O	H	D	V	F	U	W	U	D	E	L	M	E	R	K
W	O	L	V	E	R	I	N	E	D	V	O	R	A	Z	T	Y	A
G	K	A	D	K	G	X	N	G	R	B	O	R	V	R	O	M	H
M	M	O	T	L	H	N	V	V	A	H	T	N	E	U	O	W	W
W	V	T	H	O	F	L	A	M	A	E	X	G	T	N	C	T	T
T	E	V	I	C	V	V	J	S	N	N	D	I	G	S	Z	O	G
J	S	G	Q	N	D	H	K	C	N	A	D	O	Z	X	I	A	Y
L	I	K	C	Q	M	T	A	C	B	I	O	J	V	Q	R	R	Z
Z	T	N	L	E	N	X	E	I	M	S	L	M	M	C	A	U	A
F	A	L	A	N	O	U	C	K	E	R	V	U	T	K	A	D	D
K	B	U	V	T	D	C	I	S	O	M	J	X	D	Q	I	Z	N
U	Z	H	F	T	N	E	X	S	F	Y	A	X	Z	I	I	F	D

AARDWOLF	FANALOKA	MARTEN
BADGER	FISHER	MONGOOSE
CAT	FOSSA	OTTER
CIVET	GENET	VONTSIRA
FALANOUC	HYENA	WOLVERINE
	LINSANG	

Until recently, scientists believed spotted hyenas led solitary lives. However, it is now understood that, where food and water is abundant, they may form groups of up to seven. They primarily eat carrion, but also eat small animals and melons, which can also be a water source.

Cats

No. 185

R	D	F	M	E	A	C	B	W	E	V	A	B	J	S	B	X	J
Z	E	D	J	D	N	K	A	J	C	F	L	O	A	G	G	E	A
H	E	H	L	T	B	P	B	Y	R	R	L	B	N	N	V	R	G
C	V	U	T	V	Y	A	L	B	G	R	I	C	S	M	H	H	U
A	T	H	X	N	F	F	A	S	X	O	C	A	B	L	H	S	A
M	I	M	Y	U	A	Y	S	M	T	Y	N	T	B	A	Z	I	R
J	G	C	S	D	C	P	Y	G	C	S	O	O	E	V	N	N	U
K	E	B	A	A	F	J	D	R	A	P	O	E	L	O	X	R	N
O	R	D	T	R	A	H	A	T	E	E	H	C	I	H	Y	O	D
E	L	P	D	G	A	O	G	M	T	Q	Y	L	K	A	E	C	I
X	P	O	U	X	C	C	S	E	R	V	A	L	G	U	N	J	O
A	Y	A	C	E	X	G	A	Z	Y	H	F	R	E	T	D	E	S
P	R	R	L	O	J	D	C	L	A	N	A	W	R	R	N	D	T
C	U	O	W	M	L	L	R	Q	Y	M	R	U	C	P	A	N	Z
W	T	M	B	A	B	O	D	V	E	Q	K	J	L	G	Z	W	J
X	I	H	A	E	I	C	C	I	U	F	A	M	L	I	H	Z	M
Z	L	Y	N	X	I	H	O	Q	F	P	N	S	L	W	O	H	X
M	M	T	Y	E	U	O	M	K	L	H	V	X	J	H	C	X	B

BAY CAT	JAGUAR	OCELOT
BOBCAT	JAGUARUNDI	ONCILLA
CARACAL	LEOPARD	PANTHER
CHEETAH	LION	PUMA
COLOCOLO	LYNX	SERVAL
CORNISH REX	MARGAY	TIGER

Weighing up to 660 pounds, with the ability to leap 30 feet, tigers are the largest cats and impressive predators. Cubs learn the tricks of the trade from their mothers, whom they stick with for at least two years.

No. 186

Dogs

M T S M P S C K E J E J H B Z B P O
F A H K L Q X K F X V T U J Z H R G
E V L R P X G M R I X S O H S A J N
A U H A U H I H C S H T M Y C G T I
P C F Y M G W Q X D Y B C C O P M D
A D W H Z U U D O T N E O D A C M R
B T K V L S T G H P V O D S R G O E
Z D Z O K C H E M Q N L U K C U Q I
F E N N E C F O X D I W X L T Q Z R
C M W F M F K I O W L A O G I A C R
Y P C L G A G G N D H O L E C T M E
T E Q O J J N A J Y C X S X W L C T
L A K C A J C E R Z B W O G O O U X
P D P N K I S N D E W J A C L N L O
A P S B R K S Z I W D O X U F J P F
W V T F R J V B D E O F U Z K I E I
D D A L M A T I A N K L O H T K O F
V Q J T N R R T R Y Q D F X Y S I C

AFRICAN WILD DOG
ARCTIC WOLF
BUSH DOG
CHIHUAHUA
COYOTE
CULPEO
DALMATIAN
DHOLE
DINGO
FENNEC FOX
FOX TERRIER
JACKAL
MALAMUTE
MANED WOLF
RACCOON DOG
RED FOX

Domestic dogs evolved from an extinct wolf species between 15,000 and 40,000 years ago, but exactly where they were first domesticated is unclear. Genetic evidence suggests China, Mongolia, or Europe, but it's difficult to pin down a single domestication event.

Ungulates

No. 187

P	M	K	J	R	V	K	I	N	B	O	W	E	U	E	Y	G	I
G	E	O	U	G	H	T	D	A	H	N	A	L	B	O	V	I	D
J	L	C	T	D	A	I	B	I	R	L	R	E	R	E	T	Q	P
B	W	G	C	P	O	I	N	O	M	F	T	P	R	U	D	F	Z
J	Q	C	I	A	R	N	H	O	S	A	H	H	E	K	H	Y	H
Y	O	R	E	U	R	G	I	I	C	V	O	A	G	K	R	K	I
P	X	T	S	R	N	Y	T	N	E	E	G	N	A	T	Q	R	P
O	E	A	G	O	T	J	I	F	S	E	R	T	N	X	V	Y	P
L	L	P	R	E	U	S	P	A	C	Q	W	O	O	B	T	W	O
D	L	P	S	C	I	H	A	K	Q	O	J	V	S	Q	X	F	P
J	M	R	P	U	L	G	W	X	H	K	D	K	T	E	M	Q	O
P	O	W	K	X	L	I	R	E	D	L	A	G	T	O	H	V	T
H	X	S	O	O	Z	Z	L	E	O	C	C	X	N	K	Q	Z	A
N	K	Y	Q	L	P	F	Q	Z	E	Z	Q	A	M	T	B	U	M
E	U	W	A	O	S	B	U	P	P	D	A	S	M	X	Q	U	U
W	I	L	D	A	S	S	N	I	A	T	O	R	V	E	H	C	S
A	R	B	E	Z	X	W	Z	A	U	D	P	J	Y	A	L	C	J
O	S	D	F	U	T	E	E	H	S	S	W	X	R	N	I	I	G

BABIRUSA
BOVID
CAMEL
CHEVROTAIN
DEER
ELEPHANT
HIPPOPOTAMUS
HORSE
KHUR
ONAGER
PECCARY
PRONGHORN
RHINOCEROS
TAPIR
WAPITI
WARTHOG
WILD ASS
ZEBRA

Ungulates are defined by their hooves. The hooves come in two kinds: odd-toed, like the rhinoceros's, and even-toed, like the warthog's. Most odd-toed ungulates have three, but horses retained only one as they evolved. Each hoof protects a single toe.

No. 188

Bovids

S	C	W	F	S	T	H	F	K	U	J	K	U	Z	K	R	F	Z
O	I	T	A	G	J	R	Z	C	X	L	O	R	P	O	M	Z	D
R	D	T	S	T	J	T	J	U	J	D	K	S	H	X	O	O	I
P	U	X	A	U	E	D	L	B	J	K	A	K	X	K	T	U	J
E	D	F	I	T	E	R	V	H	K	B	R	Y	I	I	K	C	L
E	S	T	F	E	U	A	B	S	B	A	N	T	E	N	G	L	G
H	P	C	S	F	C	N	B	U	M	P	T	G	K	Y	M	X	A
S	P	F	P	E	W	Q	G	B	F	X	H	R	D	I	U	V	U
N	W	Z	R	Q	E	D	B	A	A	F	V	H	Z	N	Y	O	R
R	I	G	S	O	N	B	E	P	Z	H	A	T	M	Q	A	F	Q
O	V	S	S	K	C	I	E	A	N	T	E	L	O	P	E	L	N
H	T	T	P	Q	K	B	L	D	K	O	A	B	O	S	P	H	E
G	B	I	S	O	N	N	U	G	L	F	F	N	H	E	N	H	A
I	J	A	D	M	O	U	N	T	A	I	N	G	O	A	T	X	D
B	S	L	V	S	N	F	B	Y	Z	I	W	V	N	J	Y	V	X
P	F	A	T	E	X	A	S	L	O	N	G	H	O	R	N	N	Y
M	I	Y	M	G	W	K	B	O	N	T	E	B	O	K	N	Y	E
K	S	N	J	U	K	U	D	U	F	B	S	K	N	U	R	S	N

ANTELOPE
BANTENG
BIGHORN SHEEP
BISON
BONTEBOK
BUSHBUCK
ELAND
GAUR
KUDU
MARKHOR
MOUNTAIN GOAT
NILGAI
NYALA
ORYX
SITATUNGA
TEXAS LONGHORN
WATER BUFFALO
WILDEBEEST

Bovids include bison, buffalo, antelope, and domestic cattle. They are ruminants, meaning they chew cud, and their stomachs have four chambers. They can be identified by the permanent horns found on all males (and some females).

Cetaceans

No. 189

```
V R M K B T Z Z S Z A P K X I X S V
V I Q G A A H S I G R Z R E H P Q D
Q V A X L E C G U P S L A O E N W M
Q E H V A R S L I Q H D A R Y I L R
L R H N E Q E I Y R I I M S A L A S
A D M Z N B G V O I Y W I R H A H P
U O X W I W T N T P H M I D H S W F
Q L F Z D A R H J A R G G V A G R I
R P I K A N C I L R H O W Y K E A B
O H V W E I J E O T D X P D P H N B
R I B T R Z M K W D O L P H I N D Z
K N F H F P T H G B X R G R A Y H B
S Z C B W L A P Y P D G Q Q O G H E
P S E S E L A Z M U G E W S T L Y A
E O Q A E E A D I N A L A B O E N K
Z E P L X F W I M R A W U P Z X R E
Q R W L Y C L L W U M E B A U G D D
E A D I I G O K K V E L T G L O Q M
```

BALAENIDAE
GRAY
RIGHT WHALE
BEAKED
KOGIIDAE
RIVER DOLPHIN
BELUGA
NARWHAL
RORQUAL
DOLPHIN
NEOBALANIDAE
SPERM WHALE
ESCHRICHTIIDAE
PORPOISE
ZIPHIIDAE
PYGMY RIGHT

Right whales might say they got their name for the wrong reason. Due to their abundant blubber, proximity to shore, and the ease with which they could be approached, whalers considered them to be the "right" whales to hunt.

No. 190

Baleen Whales

M	P	N	V	N	V	S	H	B	T	O	S	E	R	Y	A	K	S
R	S	U	L	H	E	U	E	H	U	E	E	I	I	Z	U	Y	Q
Y	Z	V	O	D	M	V	G	L	L	B	H	Y	C	A	I	K	H
C	O	I	Y	P	R	I	V	O	A	T	B	H	E	B	J	A	U
U	T	R	B	U	R	N	H	Z	E	H	P	L	S	Y	Q	S	M
N	B	A	B	Y	H	W	A	I	D	Y	W	G	E	T	Z	K	Z
B	C	I	M	S	O	E	M	Z	E	C	M	I	B	N	X	Y	P
K	Q	G	M	L	T	C	E	T	N	O	I	Y	E	V	E	G	V
E	Y	X	B	W	F	F	B	U	S	I	N	X	S	S	Z	T	F
P	Z	A	D	D	W	P	P	G	L	O	K	S	A	R	U	M	O
J	I	Z	K	R	B	N	L	H	P	B	E	E	V	R	B	E	O
T	H	G	I	R	N	R	E	H	T	U	O	S	G	O	N	A	Z
K	R	F	I	N	W	H	A	L	E	D	T	R	W	H	G	D	M
Y	A	R	G	C	M	F	T	G	Z	O	Y	H	I	I	K	I	U
H	U	W	B	O	G	G	I	G	G	V	E	V	Z	Q	G	Z	R
N	O	I	T	A	R	G	I	M	M	A	S	T	L	B	W	O	S
O	D	U	W	U	P	T	X	J	D	H	V	A	E	K	Y	L	X
D	L	F	P	W	G	G	I	O	G	G	F	U	L	K	R	K	X

BLOWHOLES
BLUE
BOWHEAD
BRYDE'S
BUBBLE NET
EDEN'S
FIN WHALE
GRAY
HUMPBACK
MIGRATION
MINKE
OMURA'S
PYGMY RIGHT
RICE'S
SEI WHALE
SOUTHERN RIGHT

These whales have baleen plates instead of teeth. The plates act as massive strainers. When the whales bring water into their mouths, the water flows out but food remains. Baleens have two blowholes.

Dolphins

No. 191

A J P Q S R X M B C T D O S L A S P
P N N E I P K Q O W E L T L N T S I
F D A S A V I M P D Y R L W Z H A L
L Q S C L L M N A R I Y K S U D L O
W O L W S E E E N P E Q U D J M G T
S U W M R I H S E E L G B E S P R W
M L W S X N C D Y A R O O H P D U H
N A O F O B Q N P W P B T T O E O A
S N O L Y V Q L A O N Z T O T D H L
S S E N P S D H W R V V L O T I O E
C M O R C A S A K P F T E T E S H H
N I H P L O D R E V I R N H D E P W
S H O R T B E A K E D G O G O T I Y
D E K A E B E T I H W F S U T I Y K
K Y K K W Z Z P Y Z F D E O Z H C A
F A K K Z W U G O U O P R R J W A U
T Z K L M P E I J U A F B W J E B K
X O O Q Q R G P P M F I V D K B B L

BOTTLENOSE
COMMERSON'S
DUSKY
FRANCISCANA
HOURGLASS
MELON-HEADED
ORCA
PEALE'S
PILOT WHALE
RISSO'S
RIVER DOLPHIN
ROUGH-TOOTHED
SHORT-BEAKED
SPINNER
SPOTTED
STRIPED
WHITE-BEAKED
WHITE-SIDED

Most dolphins are oceangoing cetaceans of the family Delphinidae. Dolphins of the Iniidae and Platanistidae cetacean families live in rivers. The franciscana is a river dolphin that thrives in saltwater estuaries. Relatively speaking, it has the longest beak of all cetaceans. The beak is 15 percent of its length.

No. 192 Natural History Words

```
E X D V O C R Y S T A L R V D V M H
G P H H N I I R M V Z D A A I V U E
N E G Y B S B R I E O V I F C D L R
P B N E M O D B A M T L X L O Z L B
L O H E V W Y B E G E S I H T C E I
G A M E T E G S W M A S Y L O R G V
B M C B E O T F O N S X I S C P A O
L A F X U I X R H O Q Y P H O P L R
C E H K C Q B J F B C E X K E C F E
Q Y V A N O I T A C O L O H C E E H
X Q T E T A V N O I T A N R E B I H
A E H O T L E L M E P T C N U I I P
D R J A P W A B X D W C O E D C N V
A B S J P L U S H V E Z Y E Z B V D
W X X L W T A B E M M K E L J Q N S
Y A K X A Z Z S C W L Y Z A T B C M
F P E N L Z S B M T Q W J B N N N X
T L F V C R V M Z S Z V B W M W A S
```

ABDOMEN	CYTOPLASM	FOSSIL
AGARIC	DICOT	GAMETE
BALEEN	DOMESTICATED	GENE
BROMELIAD	ECHOLOCATION	HERBIVORE
CRYSTAL	ECOSYSTEM	HIBERNATION
	FLAGELLUM	

Since life appeared on Earth 3.7 billion years ago or more, genes have been one of its distinguishing features. In the form of DNA, genes carry individual traits and characteristics between generations. In a sense, they're evolutionary instructions.

More Natural History Words

No. 193

F	D	D	C	B	Z	T	M	K	O	N	J	H	J	K	P	G	S
W	E	G	D	L	R	K	O	S	A	B	K	C	R	E	W	Y	I
F	Z	R	E	T	S	U	L	Z	I	Q	N	C	O	R	K	L	S
Q	U	A	D	R	U	P	E	D	A	L	N	M	U	A	U	A	E
V	H	Z	H	L	I	E	R	R	E	L	O	N	T	T	M	R	N
N	U	C	L	E	U	S	X	T	O	V	A	B	S	I	M	E	E
J	X	J	B	C	V	C	O	C	N	R	J	K	A	N	M	N	G
U	C	Q	W	D	E	Y	O	O	P	B	P	J	G	T	V	I	O
P	T	N	G	H	R	M	I	K	G	M	Z	O	V	T	E	M	N
U	V	B	C	A	O	T	I	N	O	R	G	A	N	I	C	M	E
B	N	I	K	T	A	K	I	K	B	V	H	X	O	U	G	A	H
L	N	O	I	B	O	H	D	Y	E	Y	A	I	T	V	M	G	T
H	R	O	U	B	V	R	T	H	H	E	I	Y	Z	Z	V	N	R
P	N	C	W	N	U	W	G	E	R	D	L	A	R	O	Q	S	A
M	N	E	J	K	L	D	F	A	D	H	V	S	U	T	M	W	P
I	G	Y	R	I	E	P	O	P	N	U	A	T	Y	K	I	E	O
J	Z	T	G	Y	S	A	Y	S	O	I	R	W	Z	T	T	Q	J
A	K	W	J	V	V	W	N	B	Z	I	C	U	N	M	B	K	F

INCUBATION
LUSTER
OVULE
INORGANIC
METABOLISM
PARTHENOGENESIS
KEEL
MINERAL
PROKARYOTE
KERATIN
NICHE
QUADRUPEDAL
LOCOMOTION
NUCLEUS
RHIZOME
ORGANIC

Parthenogenesis—common in, but not exclusive to, invertebrates—occurs when an unfertilized egg hatches anyway. Offspring produced this way are genetically identical to the parent.

No. 194

Even More Natural History Words

D	G	V	Z	P	E	Q	E	Z	W	R	T	X	X	I	B	K	B
K	I	I	E	M	K	T	Q	O	B	O	C	A	A	S	O	I	B
B	D	O	Y	S	A	S	O	T	S	C	A	G	K	R	J	C	E
E	K	Z	L	L	T	D	V	Y	K	K	R	I	G	Y	O	J	E
T	N	J	U	A	Y	I	M	Z	U	N	B	T	A	E	K	H	R
E	E	G	J	P	K	B	G	Y	M	N	O	S	P	E	R	M	T
K	N	Y	L	T	I	L	T	I	V	I	U	T	E	R	U	S	V
U	G	A	I	O	B	L	A	G	A	I	G	D	X	P	B	X	I
Q	N	A	S	V	H	U	F	L	S	L	R	N	Z	J	W	A	V
T	F	I	S	O	K	X	E	F	E	S	V	T	E	M	Q	Q	I
J	S	R	P	T	M	N	C	B	I	X	R	I	L	O	G	V	P
M	Q	C	G	G	U	A	I	B	E	G	C	N	I	N	U	B	A
E	R	O	H	P	O	T	A	M	R	E	P	S	E	V	V	S	R
M	V	D	V	F	L	Y	T	C	A	D	O	G	Y	Z	H	J	O
I	N	N	H	Y	G	P	X	X	C	A	V	E	R	I	O	I	U
H	Q	U	A	W	D	S	I	J	I	D	V	D	J	M	R	O	S
W	Y	Q	S	L	I	I	W	M	T	W	Q	N	I	X	F	U	B
U	J	K	M	G	A	X	T	Z	G	S	H	P	D	T	V	A	U

ALKALOID
BRACT
ENZYME
GYMNOSPERM
IGNEOUS
ROCK
SYMBIOSIS
SPERMATOPHORE
THORAX
TREE
UNGULATE
UTERUS
VESTIGIAL
VIVIPAROUS
WOODY PLANT
ZYGODACTYL

A relationship between two organisms within the same ecosystem is called symbiosis. Specific types of symbiotic relationships include mutual, like clownfish and anemones; predator-prey, like cats and mice; and parasite-hosts, like tapeworms and humans.

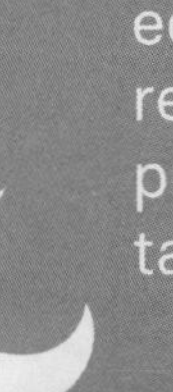

Natural Fractals

No. 195

I	G	R	Z	P	E	U	E	L	R	C	B	C	Q	W	L	E	E
S	E	V	A	E	L	N	H	E	V	O	S	B	S	I	L	L	K
Q	S	R	O	I	S	P	O	F	I	R	T	L	G	O	E	P	A
U	T	N	R	L	M	V	T	C	U	A	N	H	E	O	H	P	L
E	A	M	M	O	J	Q	P	A	E	L	T	O	R	C	S	A	F
E	R	G	X	C	B	U	C	S	E	N	A	M	O	R	A	E	W
N	F	D	A	C	R	L	R	H	I	Z	I	W	Y	W	E	N	O
A	I	F	G	O	A	M	K	N	T	R	K	P	F	N	S	I	N
N	S	W	A	R	P	F	G	K	O	U	X	E	F	J	L	P	S
N	H	O	K	B	B	X	N	I	H	C	R	U	A	E	S	S	N
E	U	Q	G	C	D	T	W	H	G	N	Z	R	L	O	K	Z	D
S	R	S	I	T	O	H	C	N	A	R	B	E	E	R	T	U	B
L	A	T	S	Y	R	C	F	N	O	P	J	Z	U	D	O	H	V
A	B	Y	J	U	J	V	A	U	L	M	A	H	H	L	O	G	Z
C	G	C	K	D	C	U	C	E	V	A	I	J	C	O	C	E	L
E	M	X	C	C	R	F	V	E	P	H	G	K	C	T	T	I	M
Z	C	R	J	I	C	M	J	Z	P	F	Y	U	A	E	J	J	S
F	T	A	E	O	R	D	F	M	N	B	V	L	B	Y	I	A	I

BROCCOLI	LIGHTNING	ROMANESCU
CLOUD	PEACOCK	SEA SHELL
CORAL	PINEAPPLE	SEA URCHIN
CRYSTAL	PINECONE	SNOWFLAKE
FERN	QUEEN ANNE'S LACE	STARFISH
LEAVES		TREE BRANCH

Fractals, patterns that repeat no matter how far you zoom in or out, are everywhere—a peacock's tail feathers, tree branches, Romanesco broccoli. Research suggests that the aesthetic quality of fractals can contribute to stress reduction. So keep a look out for them!

No. 196

Historical Sports

S	H	U	L	N	L	X	H	N	G	A	B	U	Y	X	N	I	E
G	C	A	M	B	E	B	J	W	Z	R	O	D	H	D	L	O	F
O	Q	I	R	K	O	H	C	Y	E	C	X	F	C	C	H	Y	L
O	O	I	T	P	K	A	F	N	L	H	I	M	C	G	U	R	K
J	D	T	M	S	A	C	K	X	S	E	N	E	J	A	U	S	S
G	M	K	B	I	A	S	K	Y	Q	R	G	A	G	N	B	W	T
N	X	N	U	G	N	N	T	D	R	Y	F	E	N	C	I	N	G
I	K	P	Z	H	N	N	M	U	F	P	I	I	S	S	D	A	I
T	R	Z	K	E	I	I	V	Y	M	W	N	U	W	C	P	Q	M
S	D	Q	A	H	Y	C	L	U	G	G	M	I	R	X	H	R	L
U	J	C	S	G	P	T	J	T	F	O	M	N	O	R	Z	K	T
O	O	C	H	O	N	H	S	F	S	M	K	U	F	F	G	V	R
J	G	Z	I	V	G	I	A	Z	I	E	M	R	T	P	B	S	Y
S	Z	I	K	I	G	K	L	N	R	J	R	W	U	K	F	I	W
G	X	T	H	J	Q	I	G	R	H	V	E	W	R	E	N	P	E
J	S	J	I	B	X	G	L	M	U	G	C	V	O	A	O	T	U
C	C	C	W	P	B	N	W	Q	C	H	M	G	I	F	G	N	O
V	K	G	W	O	K	G	F	M	E	B	G	G	Z	D	M	R	I

ARCHERY	HARPASTUM	SHINTY
BOXING	HIGH JUMP	SUMO
BUZKASHI	HURLING	SWIMMING
FENCING	JOUSTING	TSU CHU
GYMNASTICS	PITZ	WRESTLING
	RUNNING	

The first known team sport was played in Mesoamerica around 3,000 years ago. Known to the Mayans as *pitz*, the game involved two teams manipulating a hard rubber ball with their hips and trying to direct it through a hoop.

Historical Board Games

No. 197

U	C	N	I	P	J	A	I	M	C	U	B	N	X	A	W	T	P
D	B	A	R	H	O	A	L	Z	U	H	O	G	I	A	L	N	G
M	A	N	C	A	L	A	L	H	L	Z	E	E	B	V	Y	A	B
R	N	S	N	K	P	E	O	B	K	F	T	S	R	T	M	M	H
K	P	M	K	A	U	Q	T	K	Z	T	A	C	S	E	H	J	Y
B	N	U	F	D	Q	X	A	D	E	W	M	T	O	X	F	S	M
X	I	J	Q	S	T	E	P	P	F	W	N	F	A	B	E	P	C
O	K	I	Y	E	J	W	R	O	A	F	T	I	A	F	K	U	D
B	A	C	K	G	A	M	M	O	N	H	Q	L	I	D	E	O	P
I	O	S	J	M	N	I	V	W	E	V	L	U	J	I	L	N	W
I	S	F	U	Y	E	G	M	G	U	K	E	C	F	C	F	W	H
G	B	I	H	G	N	H	O	Z	T	O	X	N	F	E	L	J	N
K	Y	D	H	O	O	O	E	U	U	B	I	U	S	E	N	E	T
D	S	I	J	C	S	R	R	N	W	T	Y	R	C	T	E	Z	P
R	L	H	S	E	A	T	O	H	P	X	J	T	O	A	P	I	W
S	A	N	O	Y	Y	P	W	K	D	D	L	A	H	F	K	C	D
M	Z	U	W	C	T	C	X	Z	U	U	I	L	J	L	N	D	U
S	I	R	R	O	M	S	N	E	M	E	N	I	N	N	R	B	A

BACKGAMMON
CHESS
DICE
GAME OF THE GOOSE
GO
HNEFATAFL
LATRUNCULI
MAHJONG
MANCALA
MEHEN
NINE MEN'S MORRIS
PACHISI
PATOLLI
PETTEIA
SENET
SUGOROKU
TAFL
UR

Game of the Goose was the first board game made for commercial consumption. As in the game Candyland, players attempted to move their piece from the first space to the last while avoiding hazardous squares. Moves were completely dictated by chance.

No. 198

Gliding Animals

V	X	A	J	O	L	Z	C	R	X	F	T	D	O	Z	T	R	I
P	A	T	A	G	I	A	U	H	W	P	R	Z	K	S	U	E	J
X	C	E	Z	M	Q	M	R	A	R	A	B	Z	C	F	D	V	E
X	G	F	D	G	E	S	C	E	C	Y	G	V	E	I	U	O	H
H	S	I	F	L	Q	K	N	O	D	J	S	O	G	S	P	Z	S
X	C	L	J	U	K	G	L	A	U	I	T	O	R	E	K	G	Y
E	I	U	I	W	O	I	I	M	J	E	L	C	P	F	B	B	C
G	M	D	D	G	Z	Q	O	S	E	B	M	G	B	E	Z	T	A
L	A	D	R	A	N	F	K	F	N	P	O	P	R	U	L	K	Q
C	N	K	R	B	I	U	D	F	C	M	O	O	X	A	X	E	A
S	Y	D	L	A	O	E	Z	I	O	M	T	S	Q	H	G	F	A
N	D	I	B	S	B	Q	I	P	L	Z	F	Q	S	B	Y	U	Q
A	O	K	F	B	H	I	C	S	U	Z	P	M	A	U	J	Q	S
K	M	P	E	B	N	O	F	N	G	A	T	T	T	I	M	H	B
E	R	W	O	W	B	O	K	I	O	W	C	B	Z	D	N	R	J
V	E	P	X	W	R	I	S	T	W	I	N	G	E	D	G	I	S
I	H	K	W	X	D	P	R	N	G	N	L	M	O	P	V	H	B
O	T	S	G	Y	S	Y	L	E	R	R	I	U	Q	S	B	N	X

CHRYSOPELEA
COLUGO
DRACO LIZARD
FISH
FROG
GECKO
LEMUR
PATAGIA
POSSUM
SNAKE
SQUID
SQUIRREL
SUGAR GLIDER
THERMODYNAMICS
WEBBED FEET
WRIST-WINGED

Gliding snakes employ the same thermodynamics that propel tornadoes. The snake leaps and "slithers" through the air, creating a pocket of low pressure that draws the body upward. They can glide up to 330 feet.

Naturally Green Things

No. 199

```
J B F K Q E M E R A L D N A K Z T Q
Y E P P F E Q W H O L E B W P I P B
P E A Q H E V L X I D K L W X R T P
A T N J D N A L O H W T J X B X I N
C L M G R A S S H O P P E R X N P P
X E S E M Z W P M O S S Q M E Q B Y
A H U M M I N G B I R D L N L M M T
W K H F Q D V Q A E V P E W U W S H
T F M A T M B S L J B E L P N U F O
O V O E J Q L O A I D O R I A Y R N
R P H L J O Z F L L Z M L H M V O E
R U K T T Y T E E I A A Y Q O Q G D
A M T H U D G D R J V K R H T Q G A
P G C V J R W F F O Z I I D H S G J
B Q U W L Z T G K N T O N D B T F U
X G G V H P X L R R Q B Q E H S U W
B P J U S V B K E M D X I V U U M T
E R V R L L Y H P O R O L H C P N G
```

BEETLE
CHLOROPHYLL
EMERALD
FROG
GRASSHOPPER
HUMMINGBIRD
JADE
LEAF
LIZARD
LUNA MOTH
MOSS
OLIVINE
PARROT
WAXCAP
PINE NEEDLE
PYTHON
SLOTH
TURTLE

The most abundant naturally occurring source of the color green is chlorophyll, the pigment found in photosynthesizing plants. When sunlight hits it, chlorophyll absorbs the blue and red parts of the light spectrum. The green wavelengths get reflected and picked up by our eyes.

No. 200

Only in Madagascar

E	Q	Q	Q	O	V	O	O	B	E	F	P	J	Y	I	V	O	Y
B	H	C	F	H	N	M	E	N	D	E	M	I	C	C	A	H	P
O	P	O	L	I	S	O	L	A	T	I	O	N	H	G	H	L	Z
G	T	E	N	E	C	I	E	S	C	K	C	A	T	T	Y	N	H
V	O	L	B	C	M	U	E	P	A	O	M	V	M	U	H	P	S
V	M	A	M	O	R	U	E	I	J	E	U	C	M	O	G	E	O
H	A	C	F	M	N	E	R	D	L	S	I	A	A	P	R	R	Y
D	T	A	W	E	L	G	A	E	T	N	E	P	R	E	S	I	A
Q	O	N	O	T	S	H	O	R	D	A	Y	E	A	Y	E	W	U
V	F	T	Q	O	M	N	L	T	E	Y	G	Z	K	T	Z	I	W
V	R	H	P	R	X	A	O	O	H	A	K	C	E	E	O	N	H
U	O	T	Y	C	R	Q	N	R	O	B	G	Z	L	N	D	K	O
X	G	B	O	H	R	P	Z	T	R	X	A	H	Y	R	F	L	L
C	G	R	W	I	A	Q	U	O	E	O	E	O	O	E	B	E	E
V	H	Y	T	D	X	I	F	I	Z	L	P	B	B	C	S	E	W
R	A	V	I	N	A	L	A	S	T	Q	L	K	U	A	D	U	A
H	L	W	R	D	Z	X	S	E	E	A	J	A	Z	R	B	C	Y
E	O	S	T	N	M	W	L	F	O	S	S	A	I	O	C	E	C

AYE-AYE
BAOBAB
CHAMELEON
COELACANTH
COMET ORCHID
COUA
ENDEMIC
FOSSA
ISOLATION
LEMUR
MANTELLA
MARAKELY
PERIWINKLE
RAVINALA
SERPENT EAGLE
SPIDER TORTOISE
TENREC
TOMATO FROG

Madagascar broke off from the Indian subcontinent around 88 million years ago. After the split, organisms on the island evolved in isolation, and the island is now one of the most endemically biodiverse places on Earth.

Cave Creatures

No. 201

T	L	E	L	I	H	P	O	L	G	O	R	T	A	T	S	X	B
V	E	L	V	E	T	W	O	R	M	N	E	X	P	W	U	Y	E
S	T	R	O	G	L	O	B	I	T	E	P	H	Y	S	A	X	B
J	W	O	O	D	L	O	U	S	E	M	A	R	X	U	W	A	D
C	A	V	E	A	N	G	E	L	F	I	S	H	G	R	T	K	H
R	M	N	C	W	R	S	A	L	A	M	A	N	D	E	R	I	W
U	Q	Z	X	P	O	U	X	G	B	L	I	N	D	B	Z	E	I
J	I	O	C	H	C	A	S	I	Y	L	H	J	O	A	Q	T	J
S	S	W	O	W	H	O	L	E	P	H	S	C	D	L	M	R	C
N	A	M	S	T	N	U	H	S	S	E	L	E	Y	E	M	O	T
R	O	S	Y	W	O	O	D	L	O	U	S	E	B	C	P	G	J
J	Q	R	H	C	K	N	D	Q	J	H	H	Y	P	K	W	L	B
Z	U	B	R	T	A	D	A	P	T	A	T	I	O	N	U	O	E
Y	H	J	D	O	Q	I	I	P	S	M	V	C	D	K	Q	X	F
E	U	Z	F	C	S	Z	W	O	L	L	A	W	S	O	W	E	U
L	L	D	H	M	R	Y	W	H	I	T	E	C	R	A	B	N	C
Z	H	Q	H	S	L	C	O	L	O	R	L	E	S	S	B	E	Q
L	C	O	R	E	Z	G	Y	S	U	V	N	Y	L	Z	V	C	S

ADAPTATION

BAT

BLIND

CAVE ANGELFISH

COLORLESS

EYELESS HUNTSMAN

OLM

PHYSA

ROSY WOODLOUSE

SALAMANDER

SWALLOW

TROGLOBITE

TROGLOPHILE

TROGLOXENE

VELVET WORM

WHITE CRAB

WOODLOUSE

Eyeless huntsman may sound like a fairy-tale bogeyman, but it's a specially adapted spider. Residing exclusively in Laotian caves, the spider has no need for eyes or pigmentation, so evolution discarded them. Instead, it hunts with other senses.

No. 202

Endangered Animals

B F I N L E S S P O R P O I S E C A
O L H N D M I P B G K N A K Y U H N
N H A F H O O M K R O C M Z E D I U
I Q F C E W I G Y B R L U T Y O M T
H A P S K I D Z J E L W R Z I L P N
R A L L I R O G O K W U L H F Q A I
N C D D R C H R H S E B E H F C N F
A E S A T F A I X I E W O W U W Z E
V C H A B N O X N J H G P V H Z E U
A R A T G A A P P O U R A Z B A E L
J M K U I H J M O N R G R X N L L B
V H T A T I U Q A V U E D E C O W E
M A W H A L E S H A R K D X L A X Z
N B O N O B O A D Y E Q Z P B S X Q
G O D D L I W N A C I R F A A Z L Q
H A W K S B I L L T U R T L E N V M
T N A H P E L E T S E R O F B P D S
D H O S U N D A T I G E R L V Y W A

AFRICAN WILD DOG
AMUR LEOPARD
BLACK RHINO
BLUEFIN TUNA
BLUE WHALE
BONOBO
CHIMPANZEE
FINLESS PORPOISE
FOREST ELEPHANT
GORILLA
HAWKSBILL TURTLE
JAVAN RHINO
ORANGUTAN
RED PANDA
SAOLA
SUNDA TIGER
VAQUITA
WHALE SHARK

The fact that there are around 90 Amur leopards in the wild may not necessarily sound like great news, but it's a testament to Russian and Chinese conservation efforts. In 2007, there were only 30 leopards.

Animal Defense Mechanisms

No. 203

```
Y U Y I R I L N I S T I N K K I P E
G Y B I R A O O S R S Z W A K B L M
K H R B K O F S V L M N A E P C A F
C T O C V G Q I B H X Y O C E D Y B
W I V V I C E O R C N W P H E P D B
S H E L L M T P A J X L L T C Y E N
V Q H P G U I M R S N E A Z W X A C
V D I Y Q L O M F G T C T C H G D F
S D D T Y U E I I W H N Q A N U U Z
A L D A F E E D S A K C D R L V A K
S L I L D O O L B T R I U Q S F N F
P M A M O R F L R C O V E Y V I N S
E G J R E I E M F S W T B H Q L E I
E K C T M T H E V X M C H I Q N G F
D U C X A C Q K X P A Y T W I I O J
P P Z I L V A I P K E M A P W V T O
F Y L I L U Q L J M T B S D W N O K
Y U U N A V S W L H D T O P S E Y E
```

ALARM CALL
CAMOUFLAGE
DETACHABLE TAIL
DECOY
EYESPOT
INFLATE
INK
MIMICRY
PLAY DEAD
POISON
SHELL
SLIME
SPEED
SPINES
SQUIRT BLOOD
STINK
TEAMWORK

Animals have developed all kinds of ingenious ways to defend themselves. They blend in, inflate, let limbs go, and squirt blood from their eyes. A spider in the Peruvian Amazon even tricks predators by using debris to create decoy spiders.

No. 204 Animals in Space

D	C	M	O	N	K	E	Y	M	A	I	Y	V	E	E	Y	B	C
Y	Y	K	Z	K	N	V	O	U	O	K	W	N	N	L	L	E	O
K	E	A	V	R	G	D	X	E	X	U	I	M	O	B	F	A	D
K	I	Z	E	D	R	B	I	H	H	P	S	A	S	A	T	Y	E
U	C	P	W	O	E	I	Z	T	J	H	L	E	L	S	I	T	C
G	N	H	G	Z	T	D	O	R	O	Q	A	K	J	S	U	I	A
F	I	F	I	R	M	I	S	S	B	A	K	E	R	I	R	O	R
O	Z	P	E	M	T	D	E	T	V	V	A	C	Y	M	F	A	H
O	S	B	A	S	P	S	Z	A	G	F	D	C	P	F	B	H	S
O	L	Q	Y	E	I	A	I	C	F	H	Y	W	F	B	F	Y	B
A	F	G	O	O	N	E	N	C	I	P	F	W	I	I	L	R	J
R	A	C	T	L	U	I	Q	Z	R	H	O	T	J	N	M	S	W
N	P	R	P	Y	O	S	U	A	E	U	X	S	M	Z	B	U	W
P	O	O	W	K	Y	C	T	G	X	E	C	L	C	R	U	O	U
T	J	N	Y	U	J	D	S	R	D	N	H	B	Q	U	K	D	V
V	L	L	N	M	A	P	S	N	O	U	Q	G	Y	S	K	X	Z
I	D	Z	E	Q	M	T	T	X	G	G	O	R	F	E	S	S	T
M	Q	U	C	U	H	L	A	A	X	H	U	V	U	J	K	H	R

ALBERT II	FROG	MISS BAKER
CAT	FRUIT FLY	MONKEY
CHIMPANZEE	GORDO	MOUSE
DEZIK	GUINEA PIG	RABBIT
DOG	LAIKA	TORTOISE
ENOS	MISS ABLE	TSYGAN

The first creature to orbit Earth was a dog named Laika, which means "barker" in Russian. The pioneering pooch rode Sputnik 2 into orbit on November 3, 1957.

No. 1

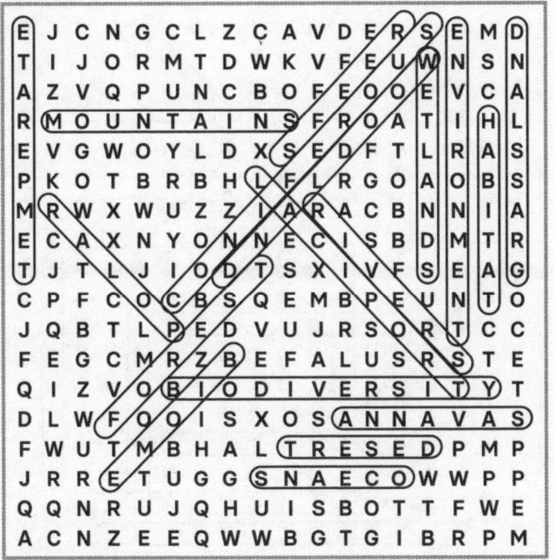

No. 2

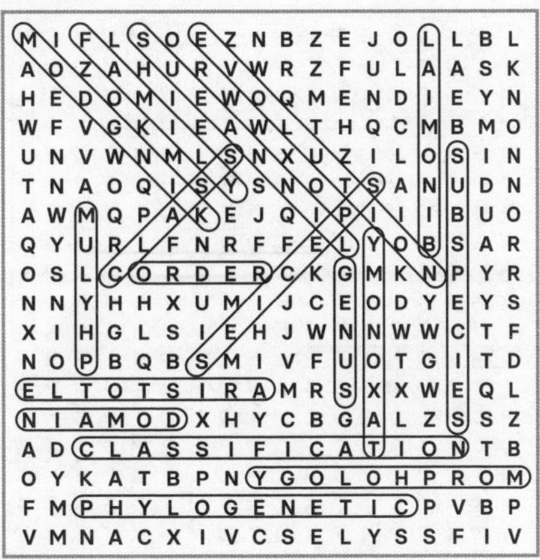

No. 3

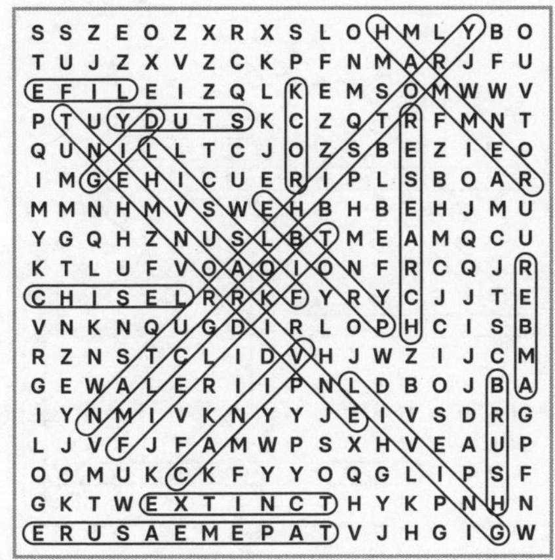

No. 4

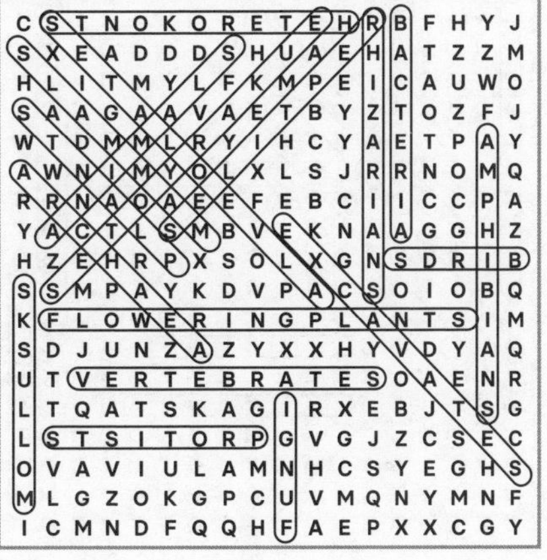

No. 5

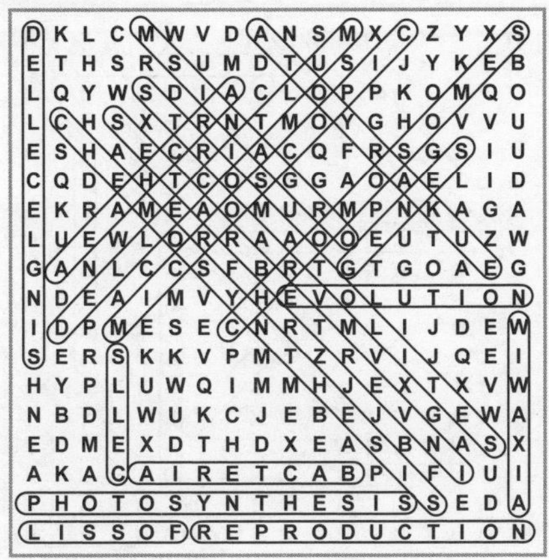

No. 6

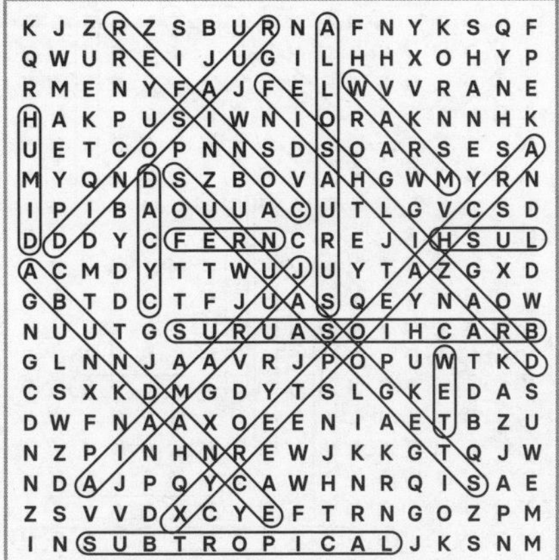

No. 7

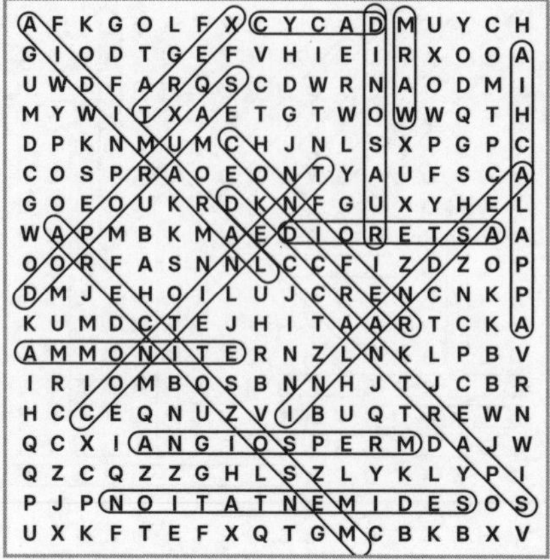

No. 8

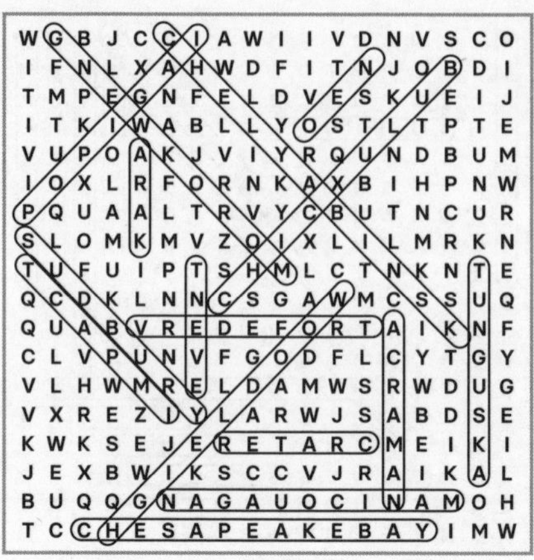

No. 9

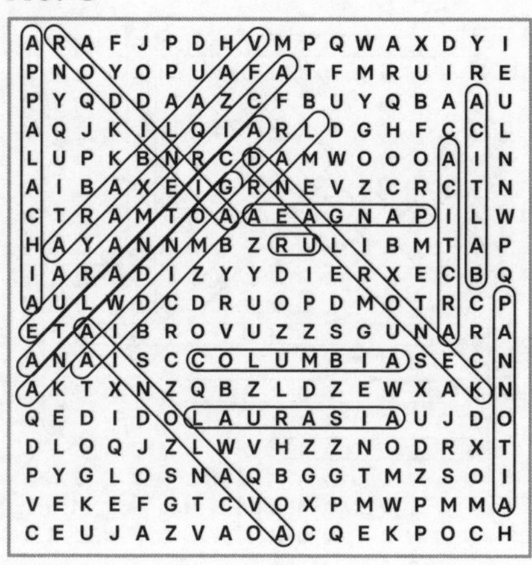

No. 10

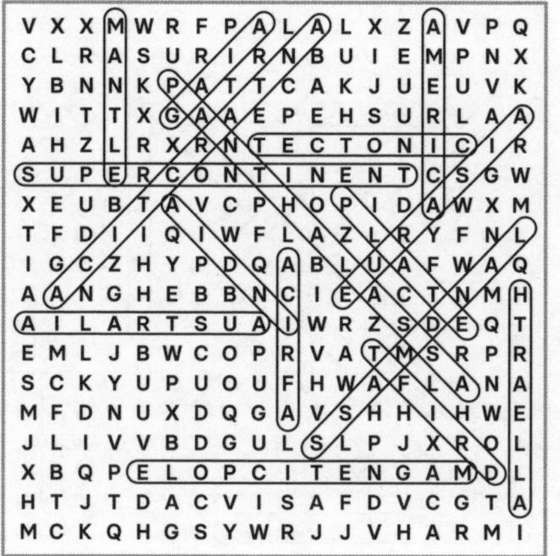

No. 11

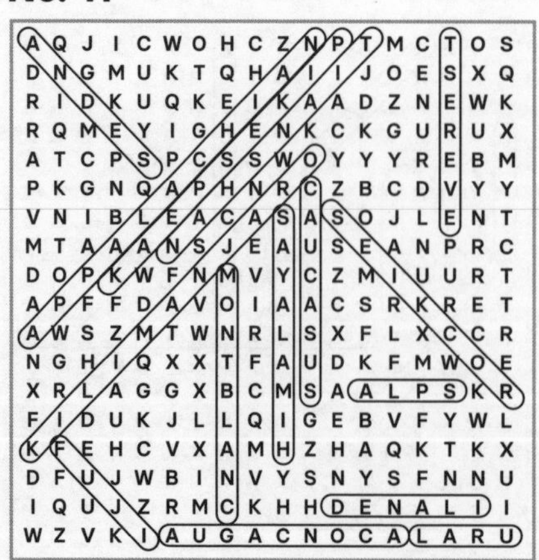

No. 12

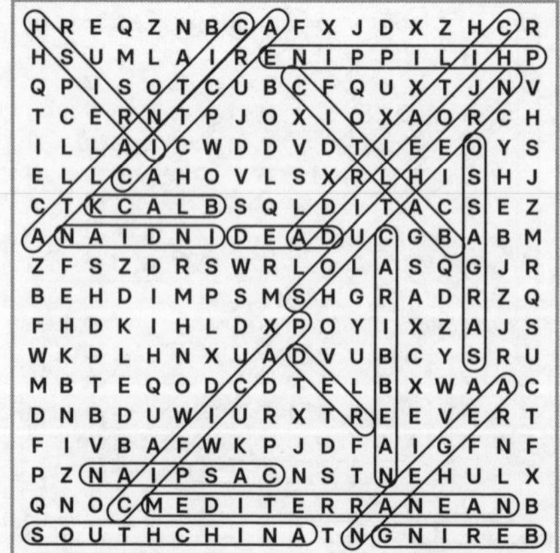

No. 13

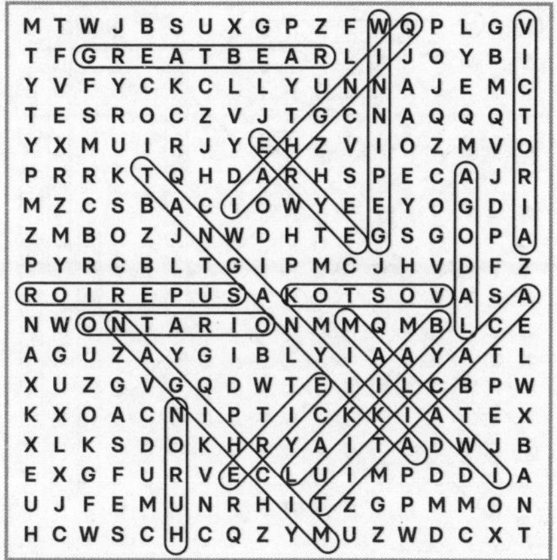

No. 14

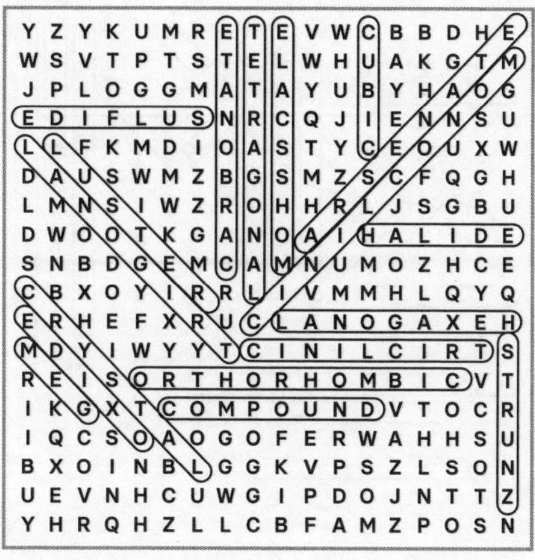

No. 15

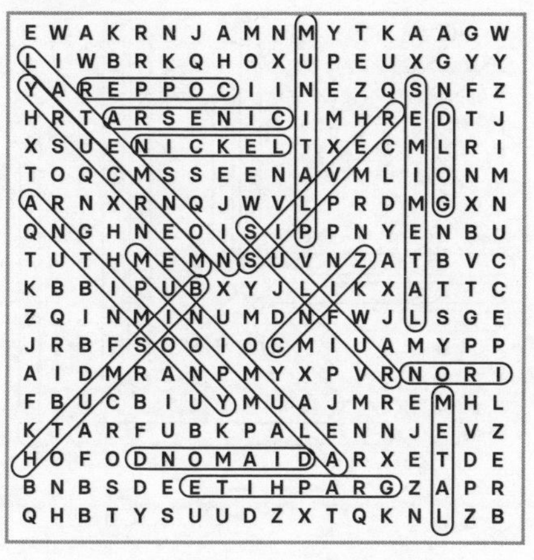

No. 16

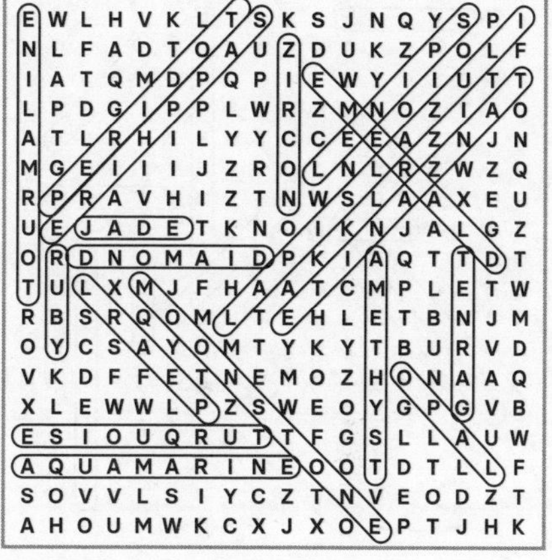

No. 17

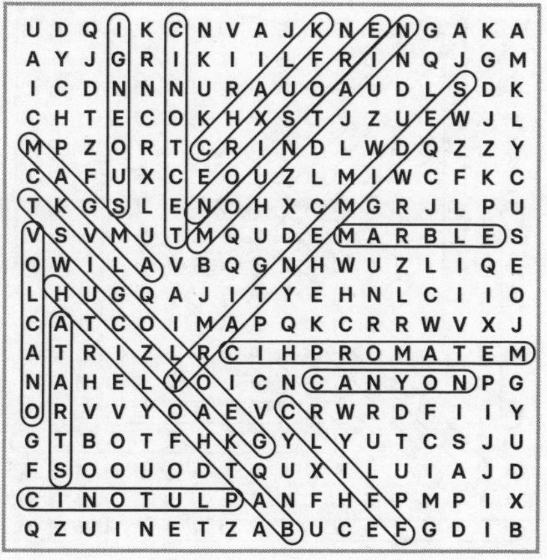

No. 18

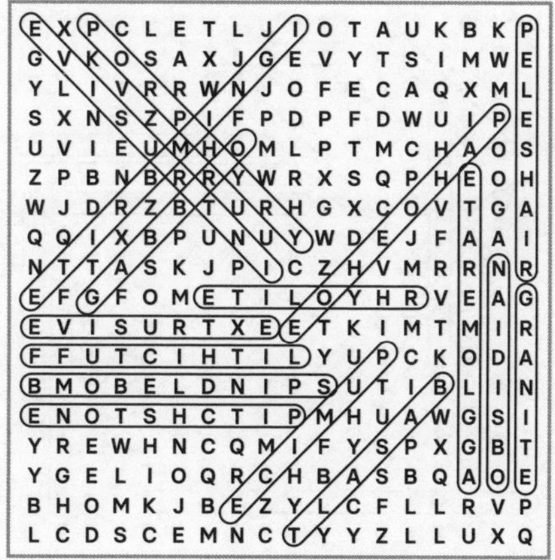

No. 19

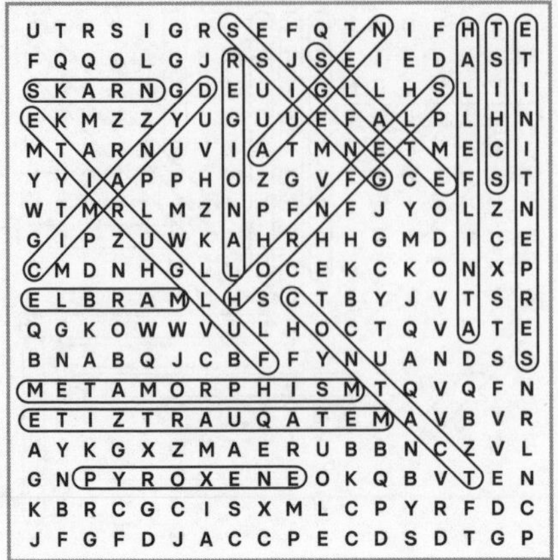

No. 20

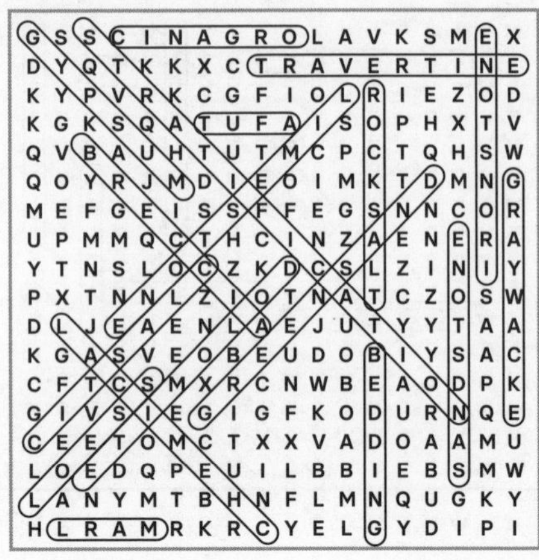

No. 21

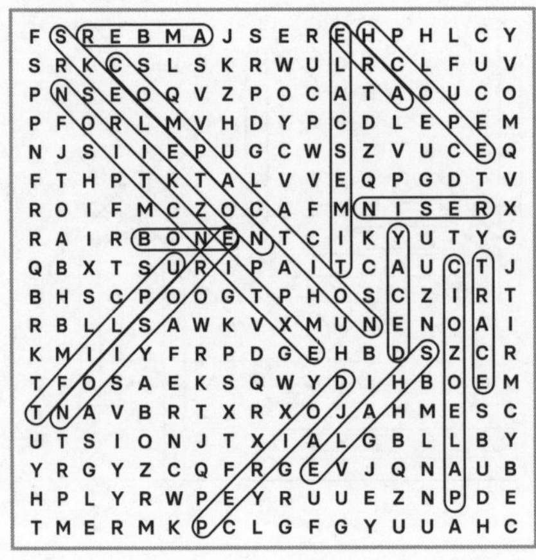

No. 22

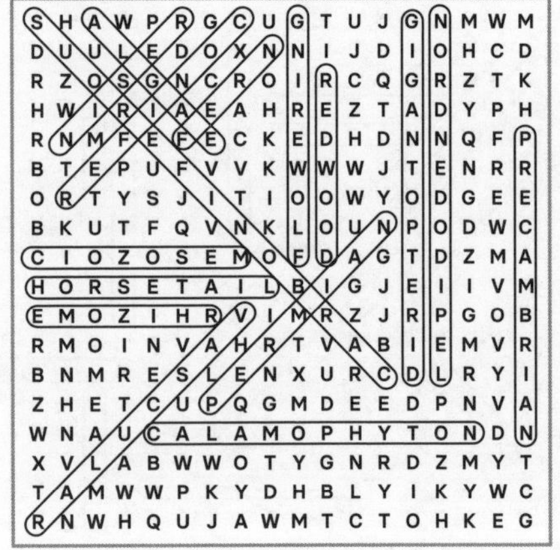

No. 23

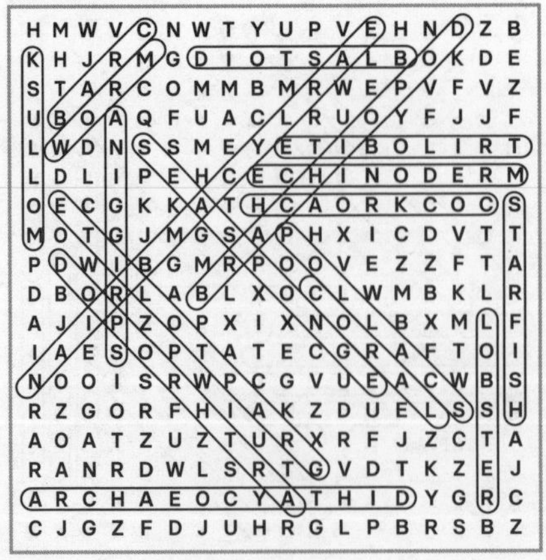

No. 24

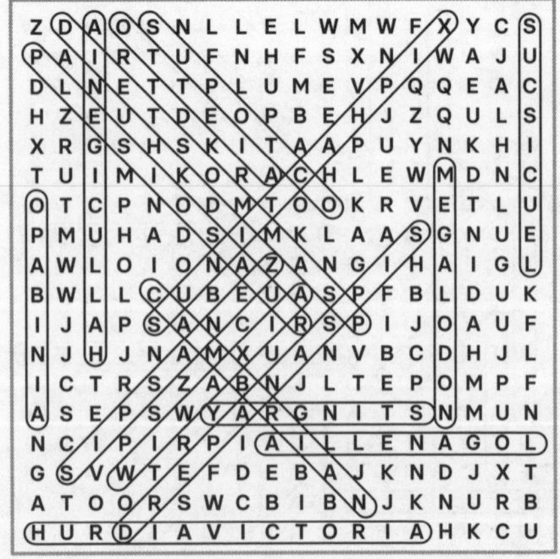

No. 25

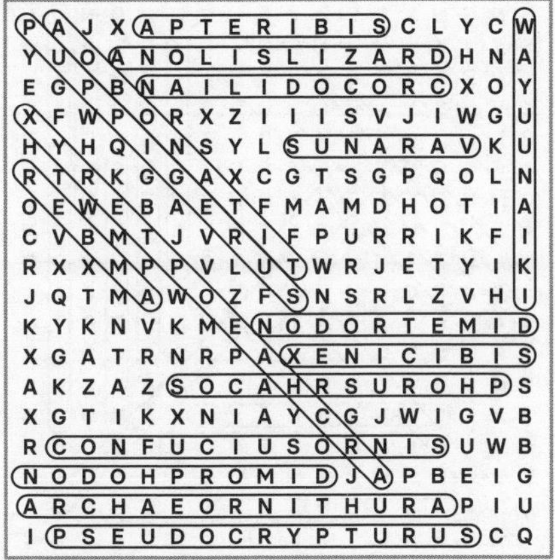

No. 26

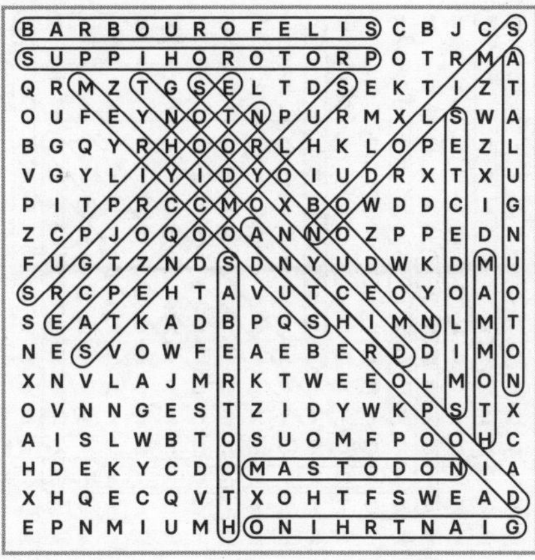

No. 27

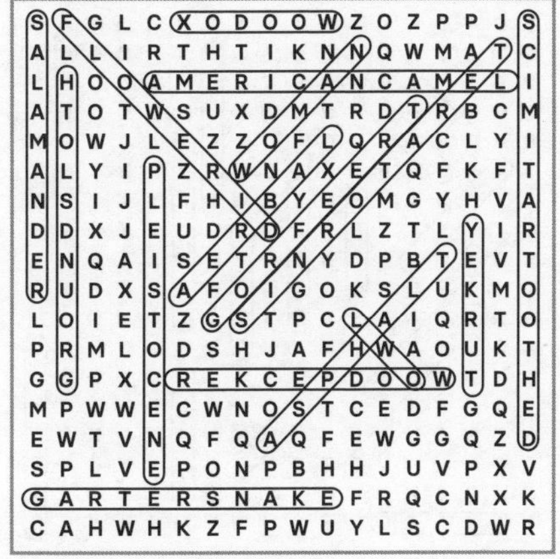

No. 28

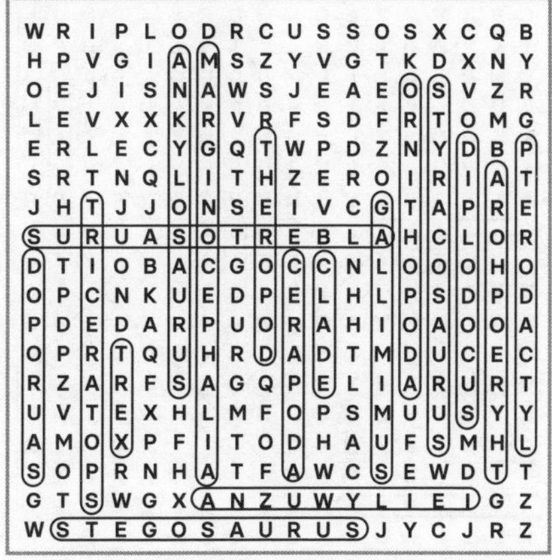

No. 29

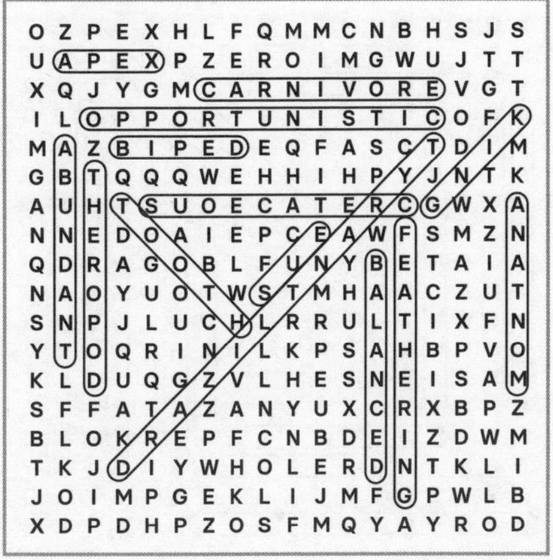

No. 30

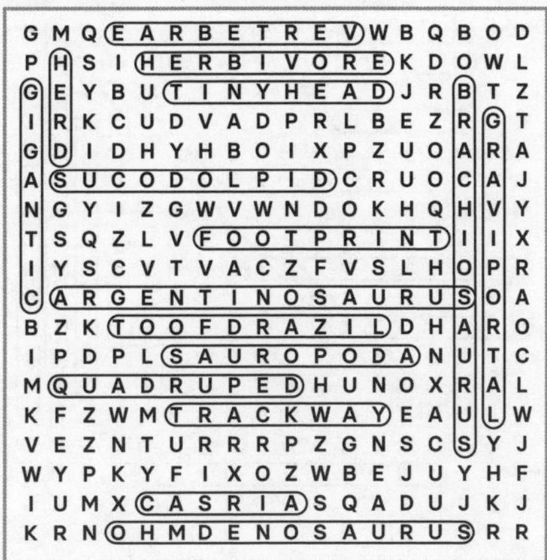

No. 31

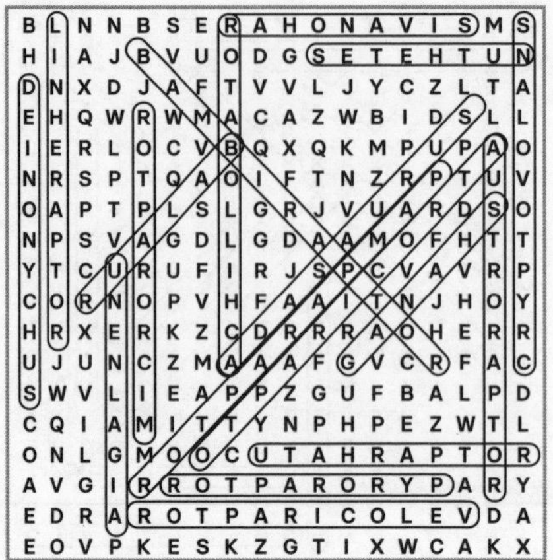

No. 32

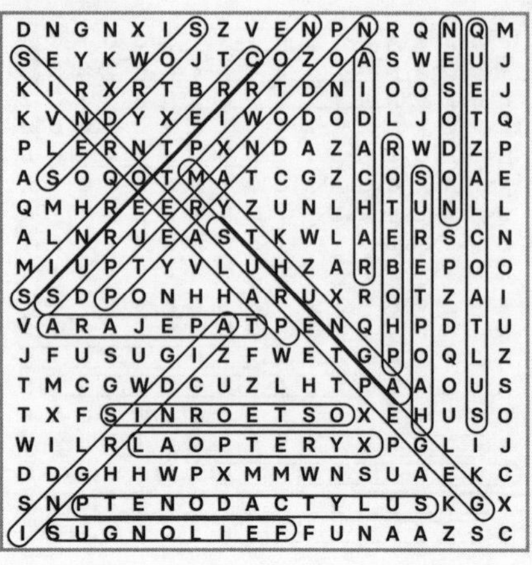

No. 33

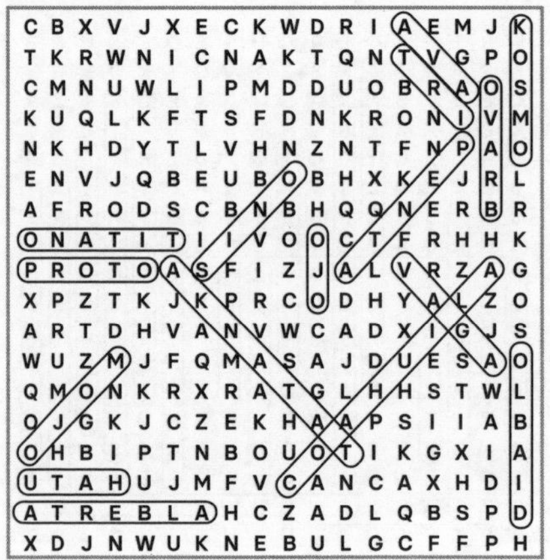

No. 34

No. 35

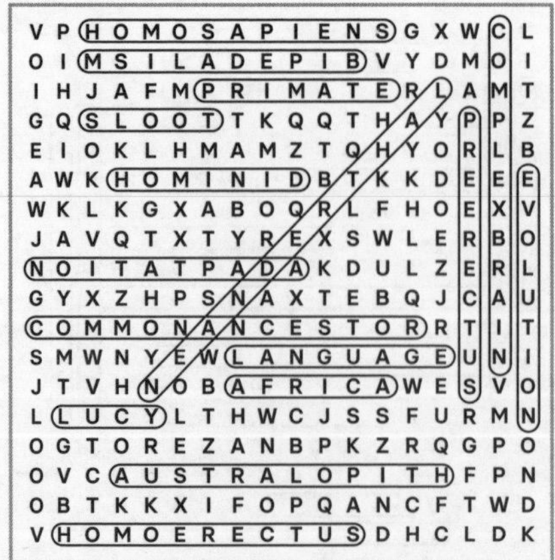

No. 36

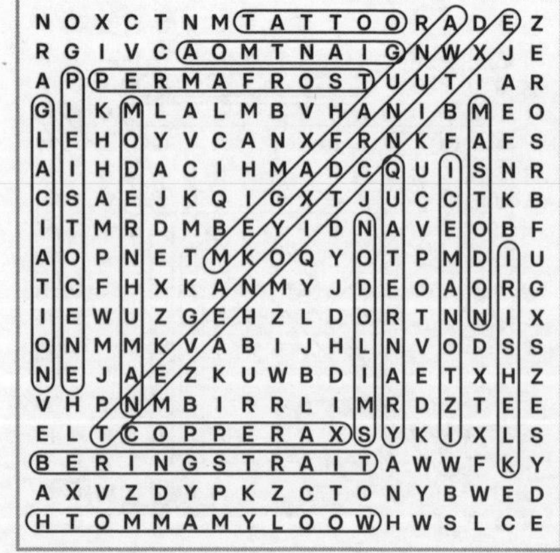

No. 37

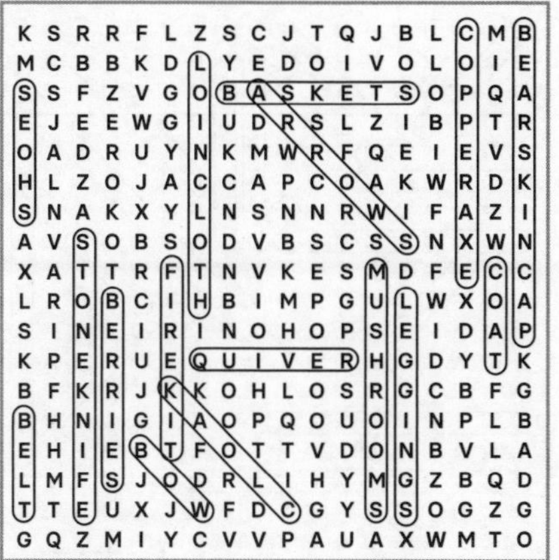

No. 38

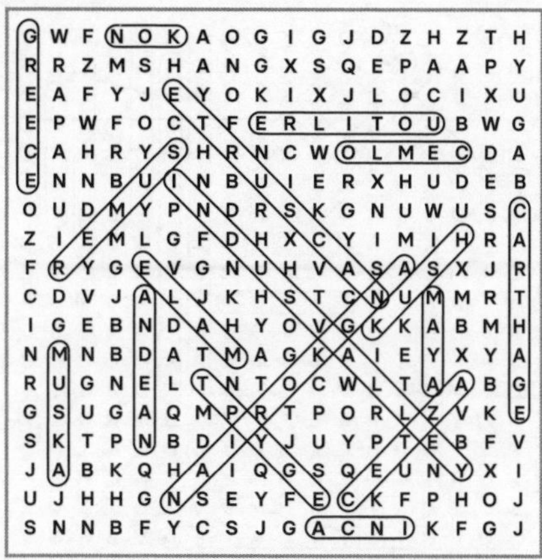

No. 39

No. 40

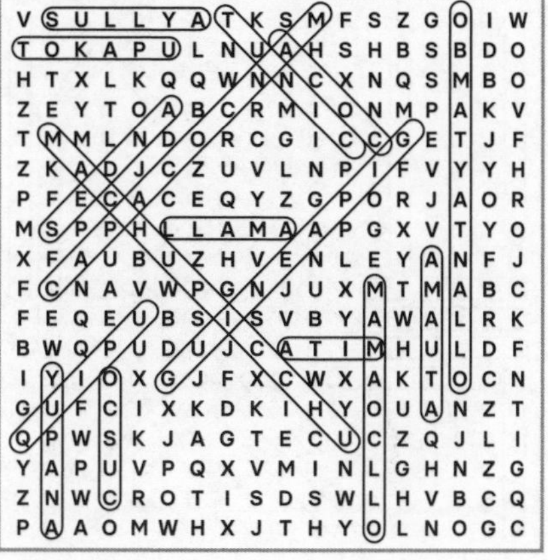

No. 41

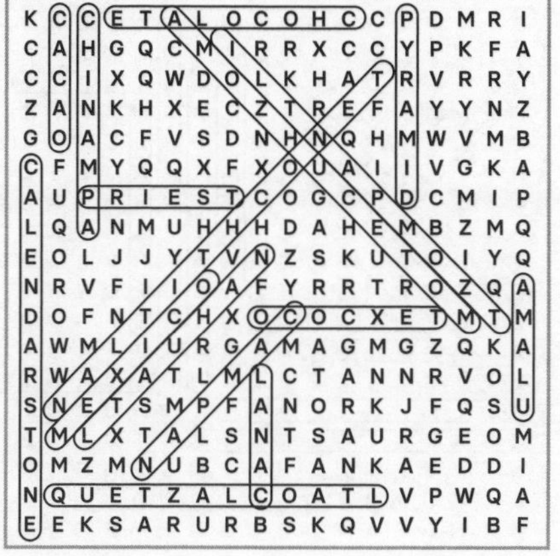

No. 42

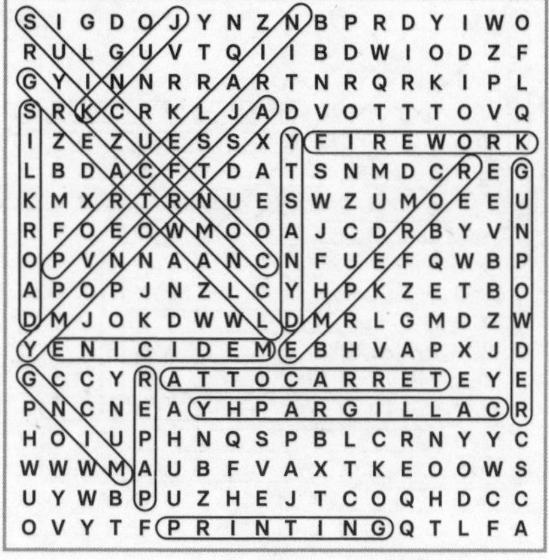

No. 43

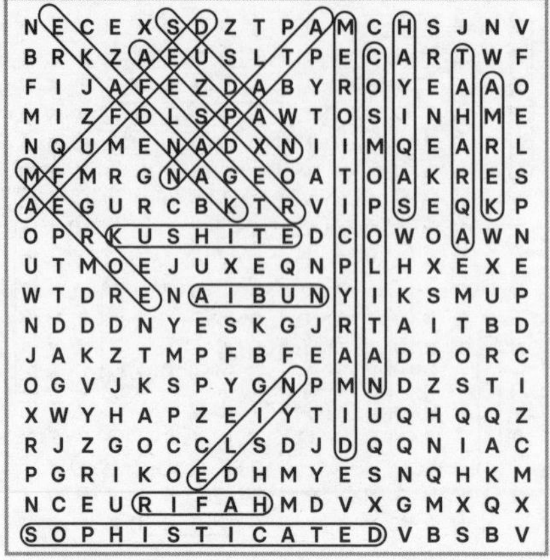

No. 44

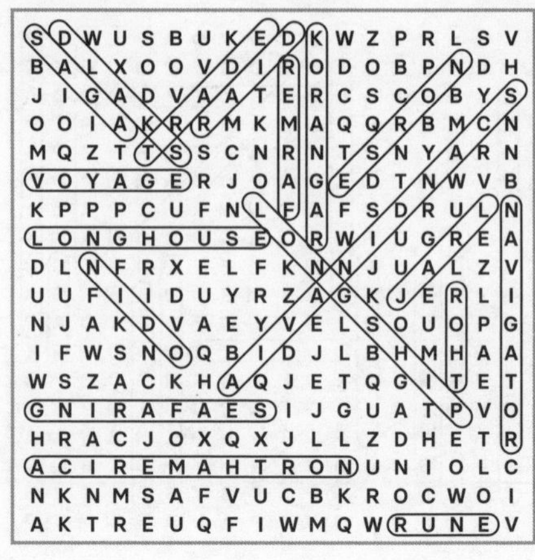

No. 45

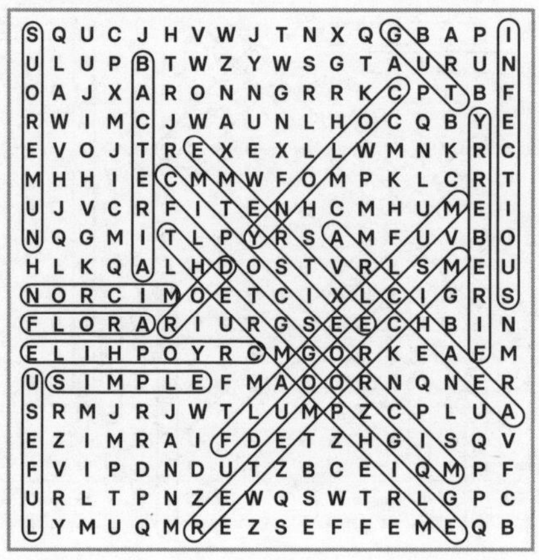

No. 46

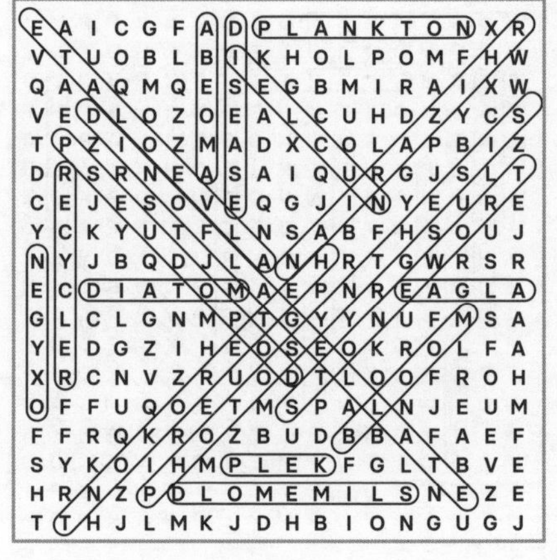

No. 47

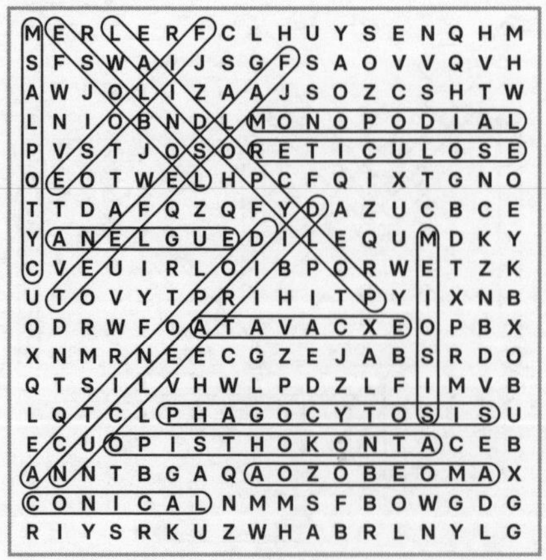

No. 48

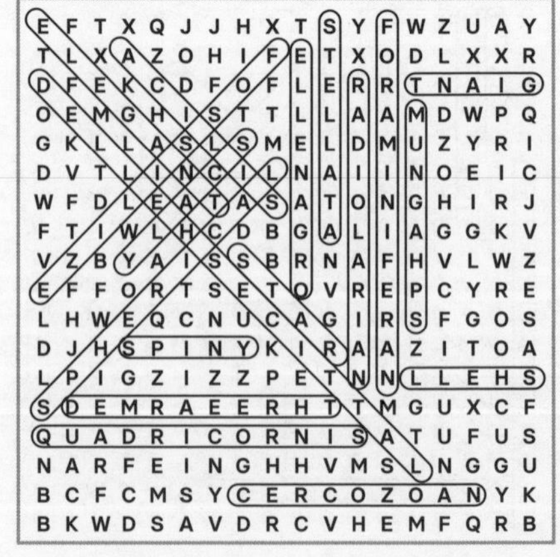

No. 49

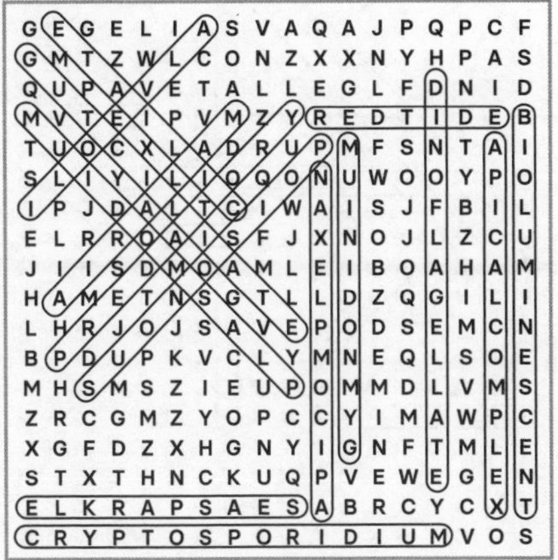

No. 50

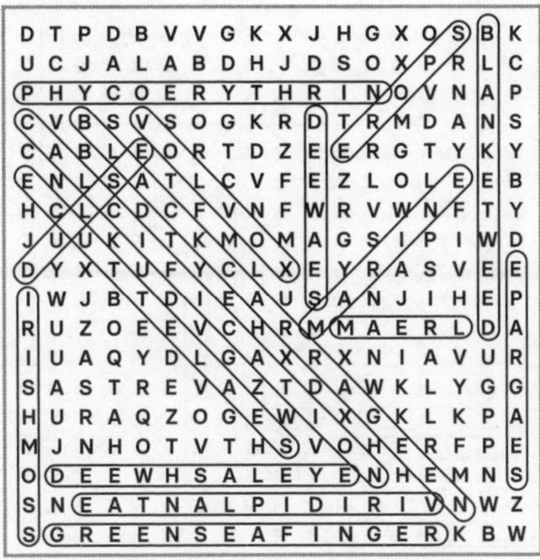

No. 51

No. 52

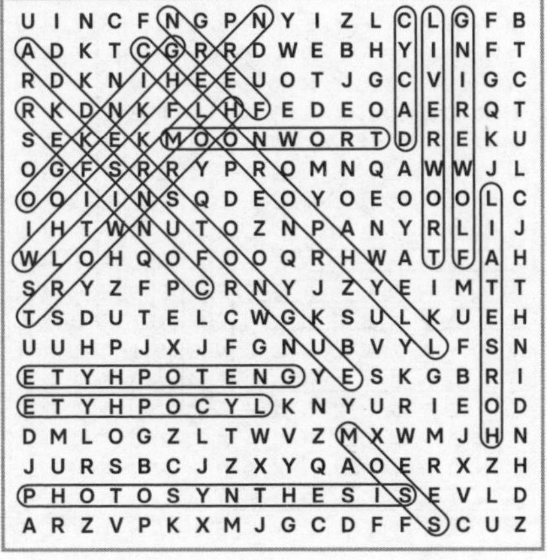

No. 53

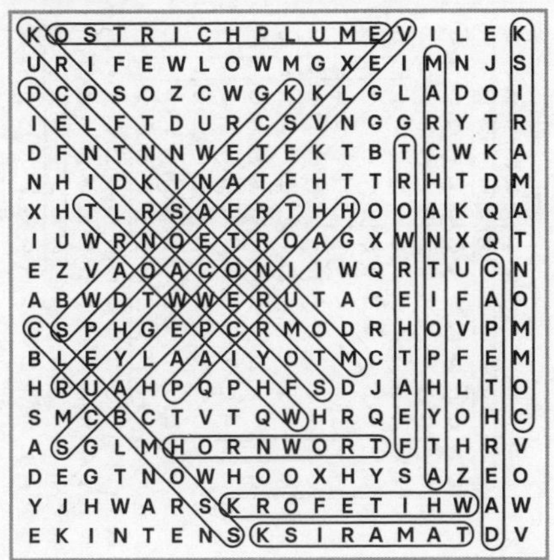

No. 54

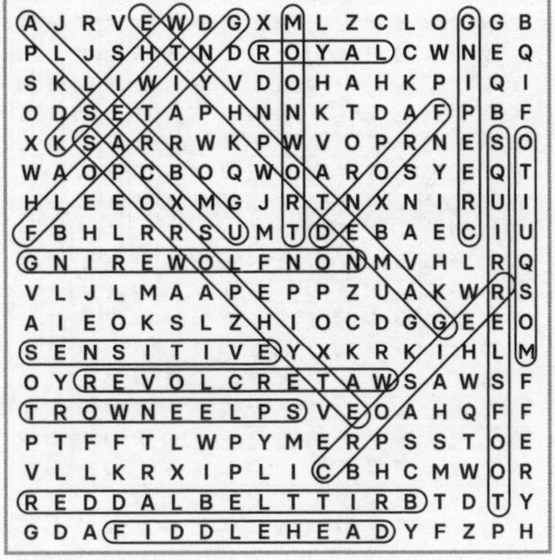

No. 55

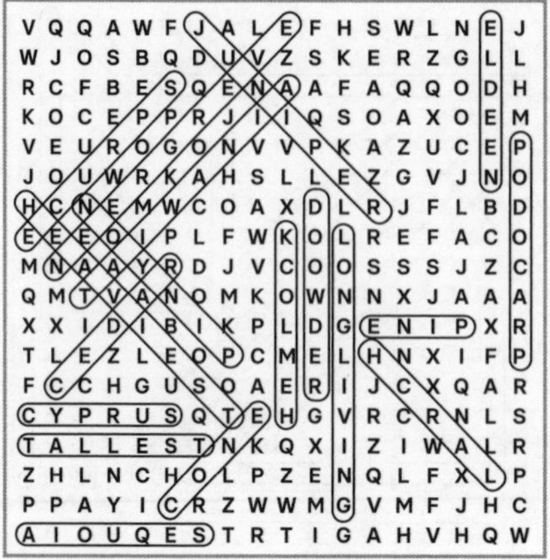

No. 56

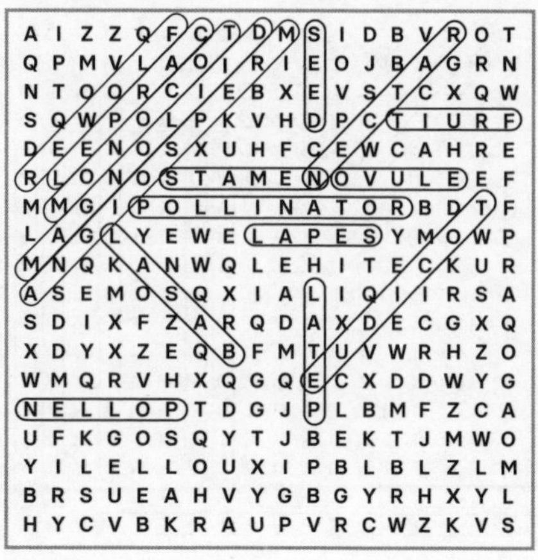

No. 57

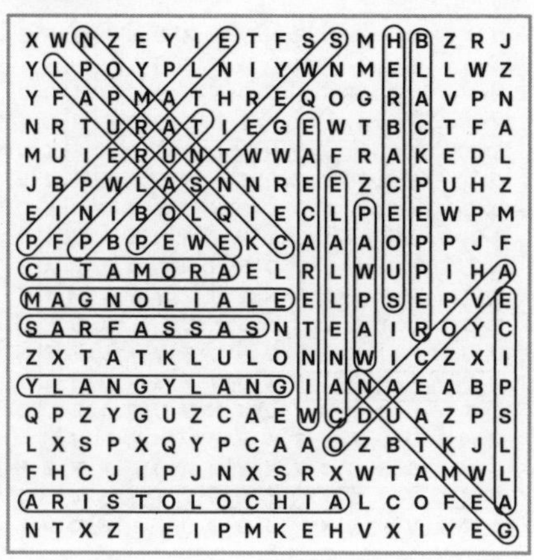

No. 58

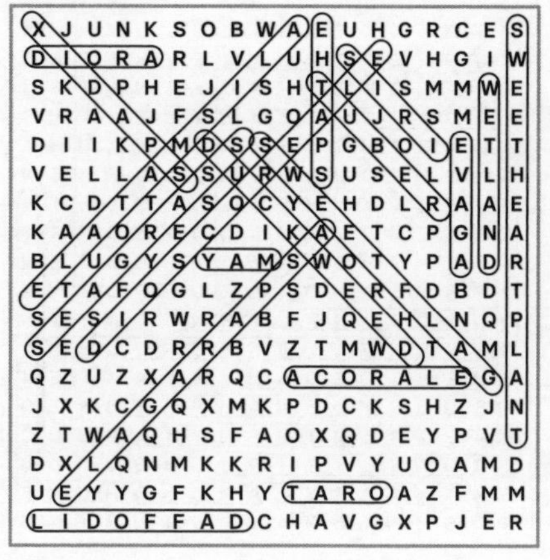

No. 59

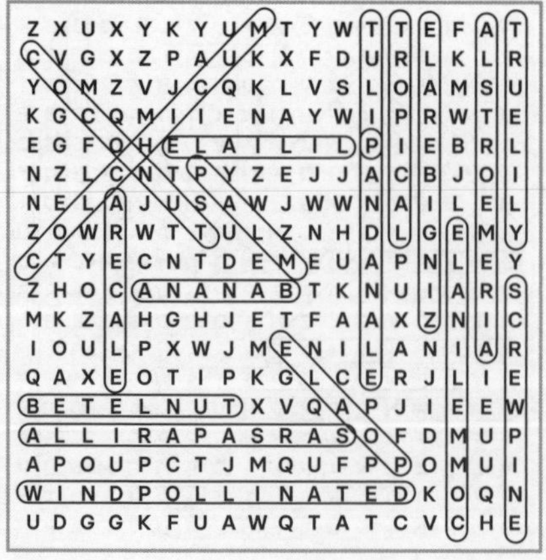

No. 60

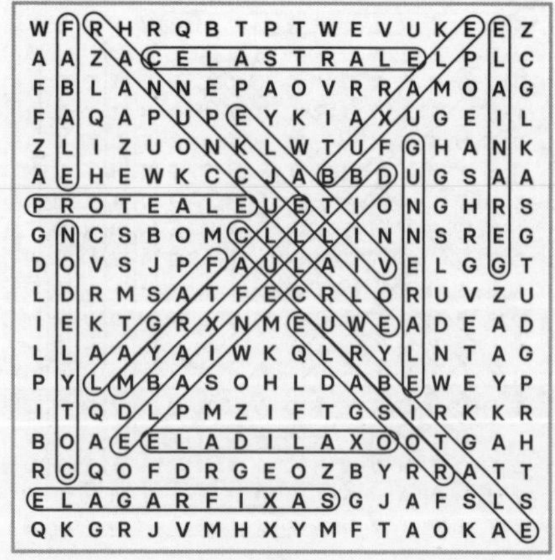

No. 61

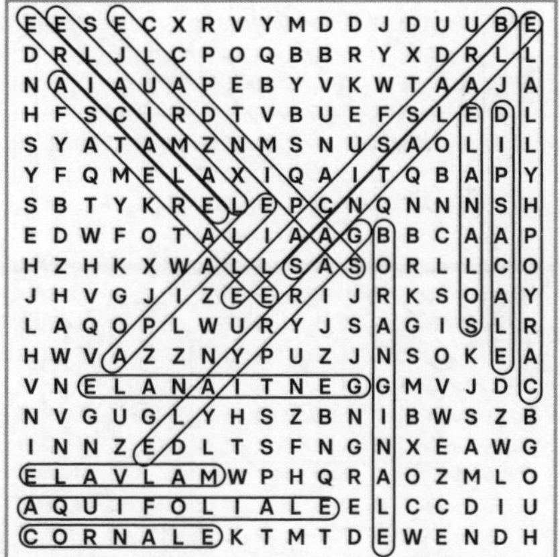

No. 62

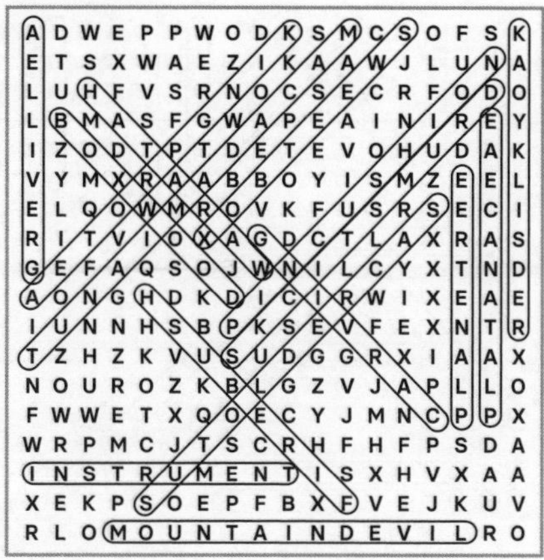

No. 63

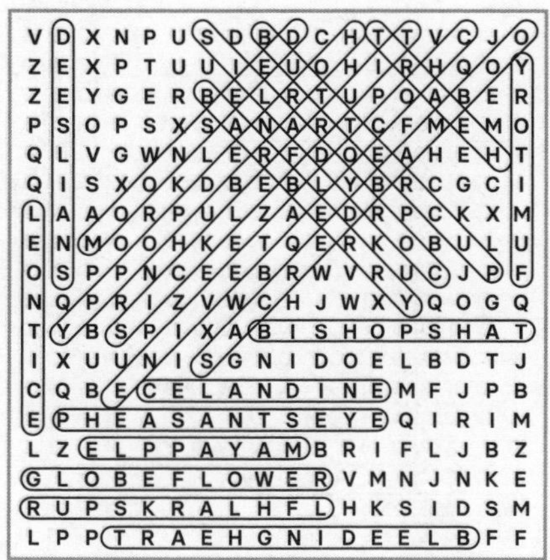

No. 64

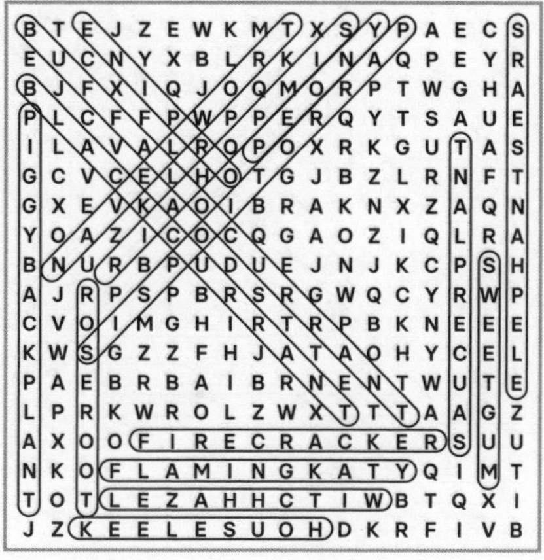

No. 65

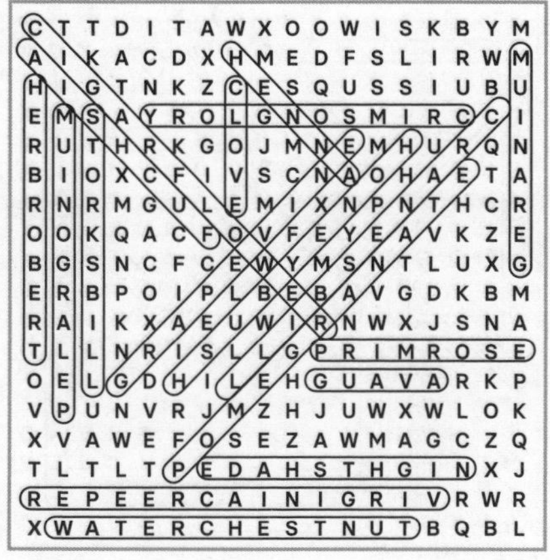

No. 66

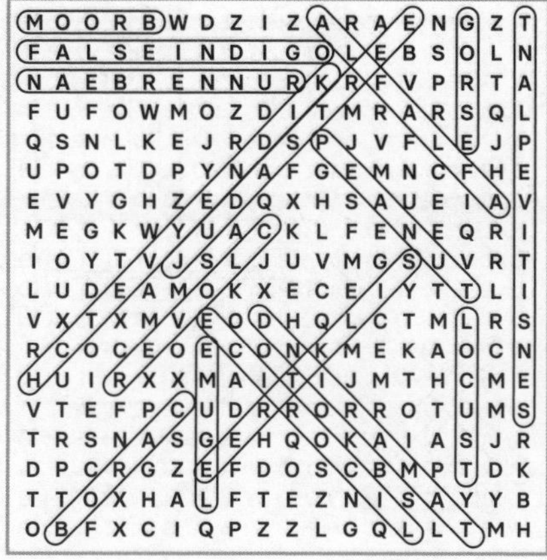

No. 67

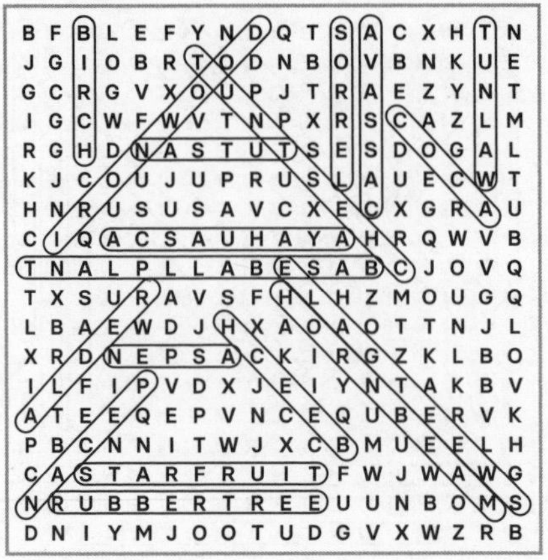

No. 68

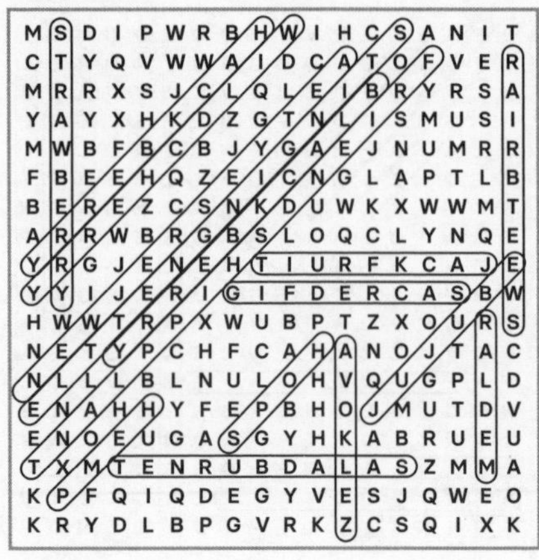

No. 69

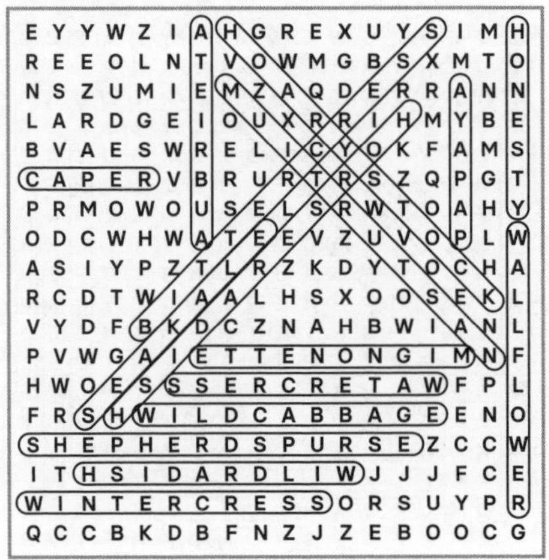

No. 70

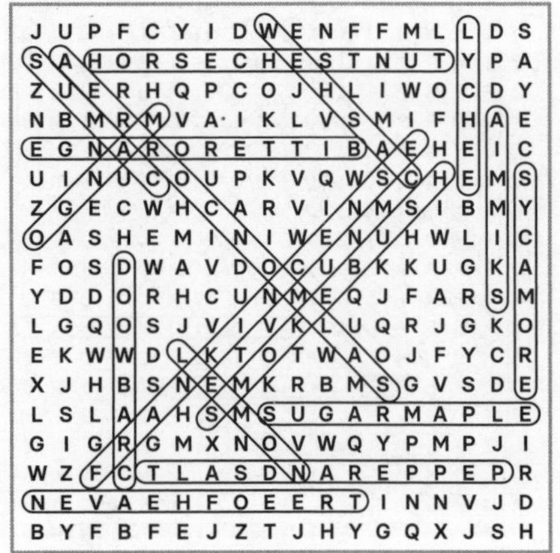

No. 71

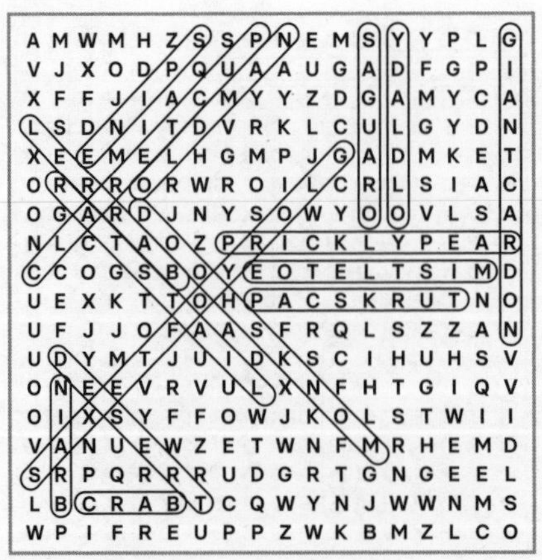

No. 72

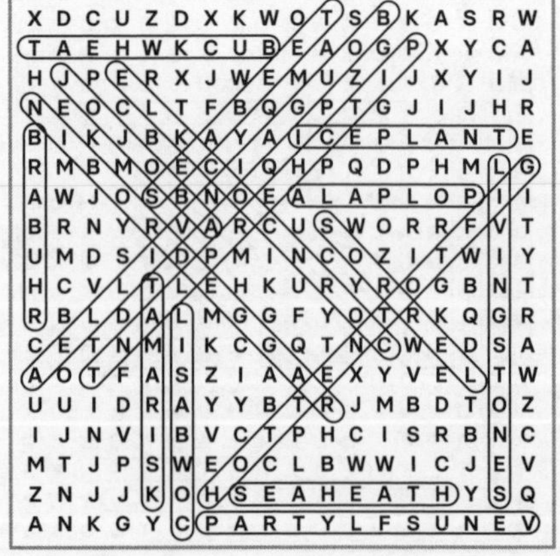

No. 73

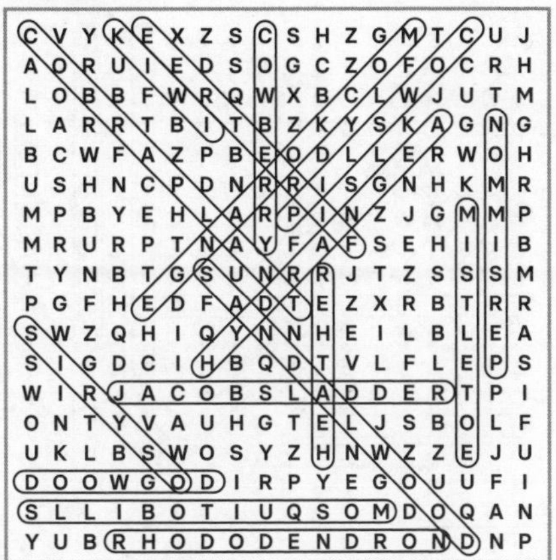

No. 74

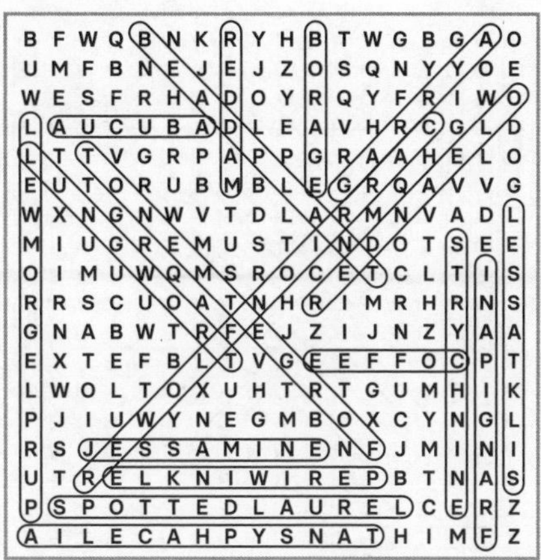

No. 75

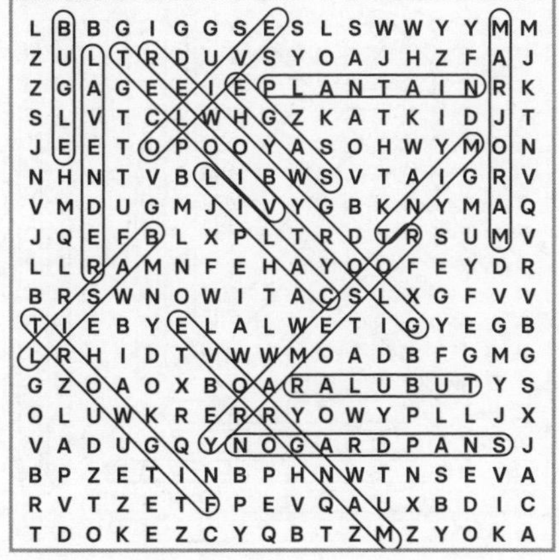

No. 76

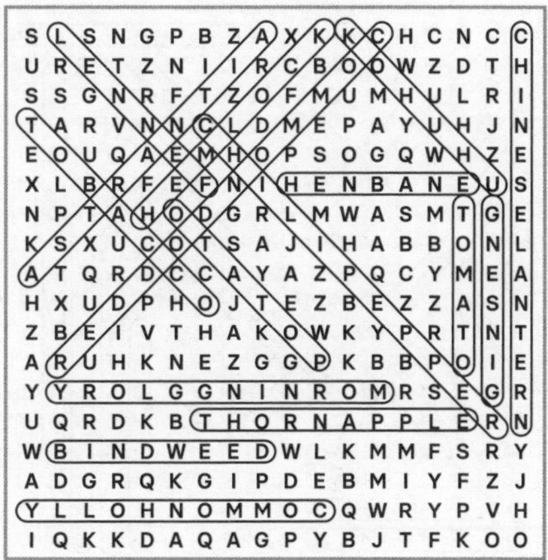

No. 77

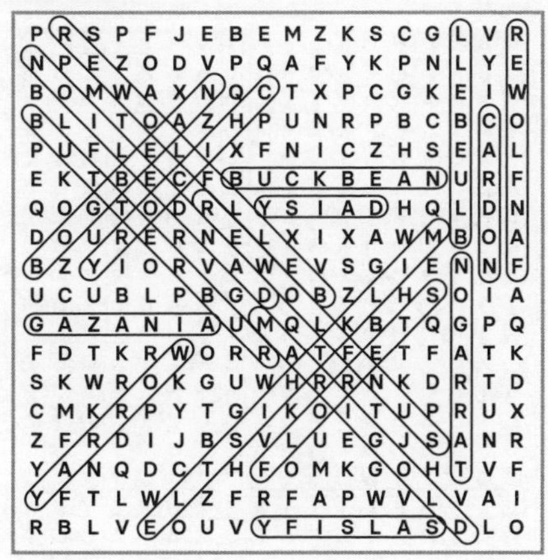

No. 78

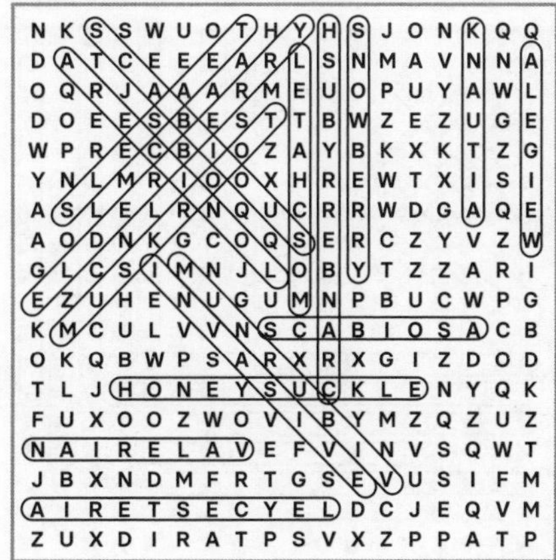

No. 79

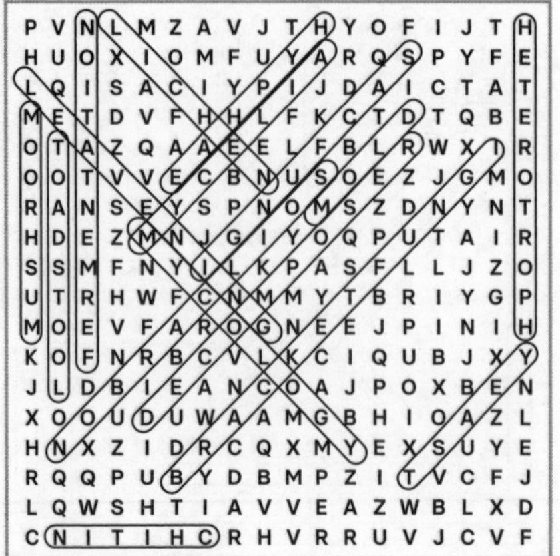

No. 80

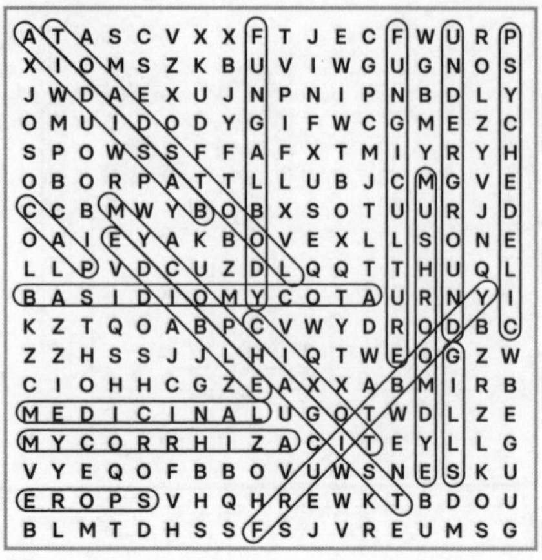

No. 81

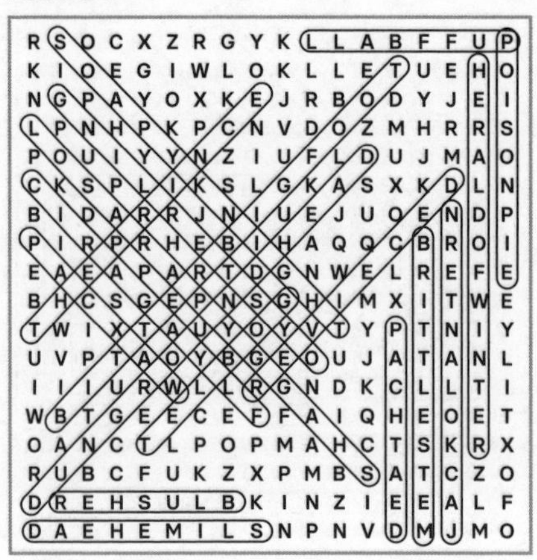

No. 82

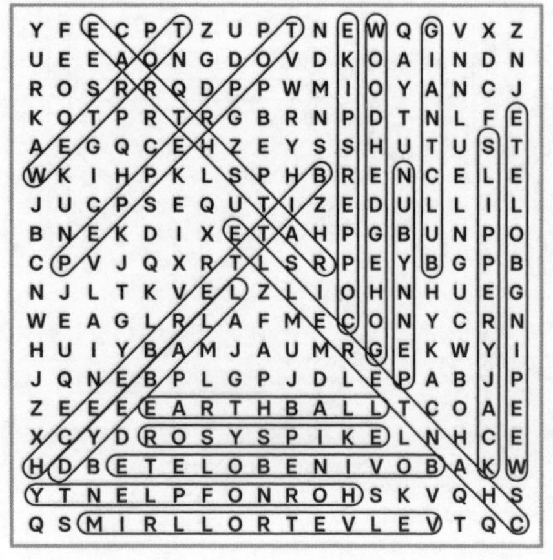

No. 83

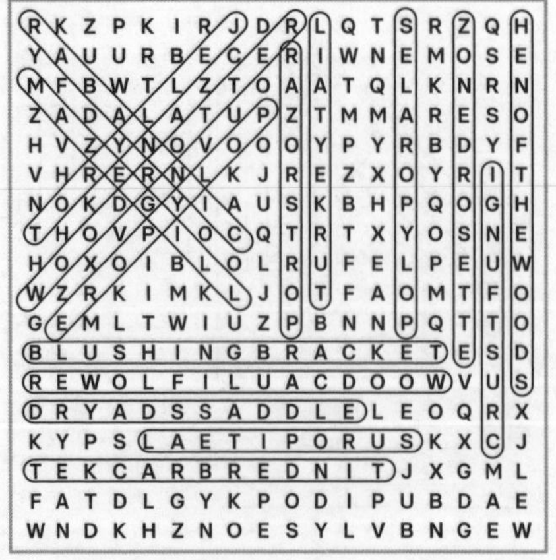

No. 84

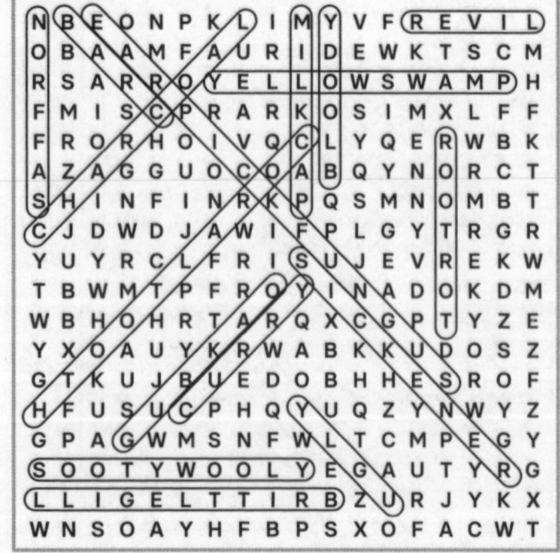

No. 85

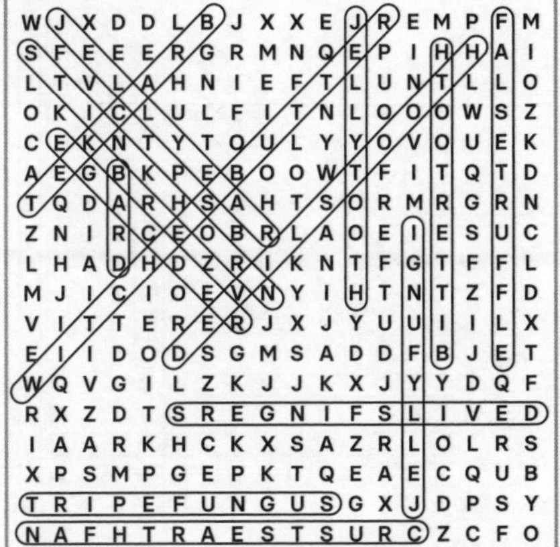

No. 86

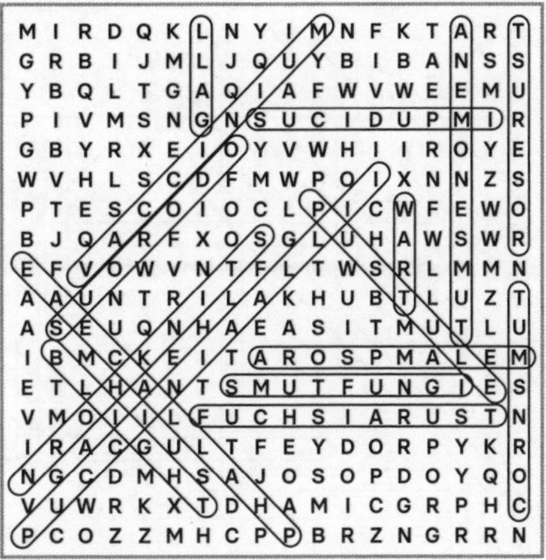

No. 87

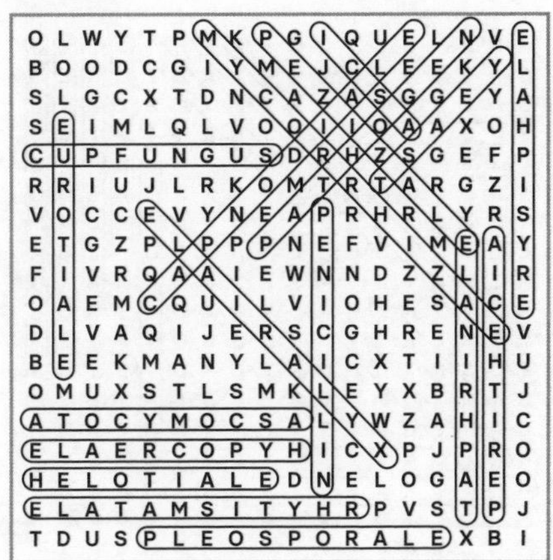

No. 88

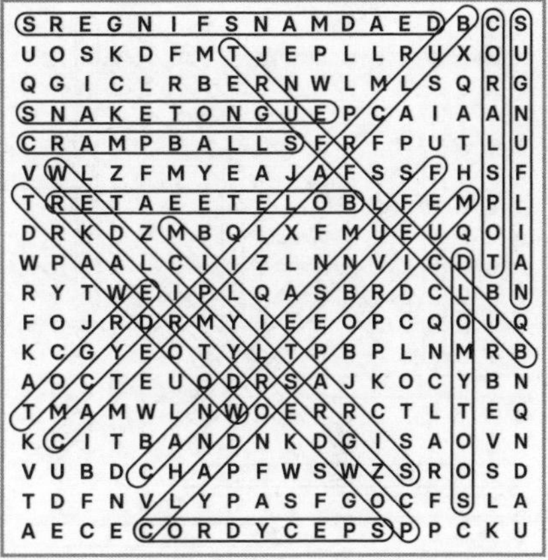

No. 89

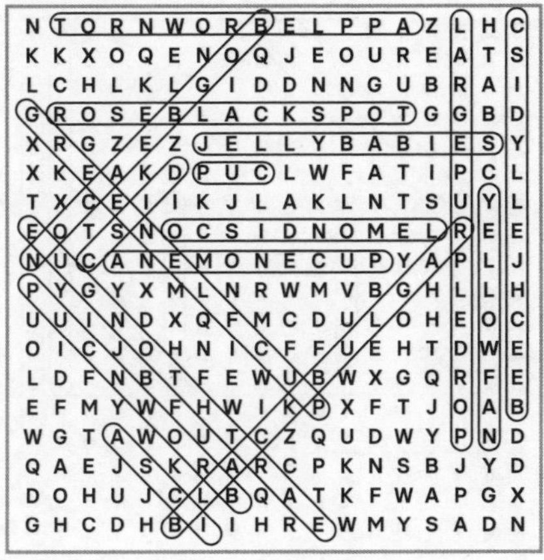

No. 90

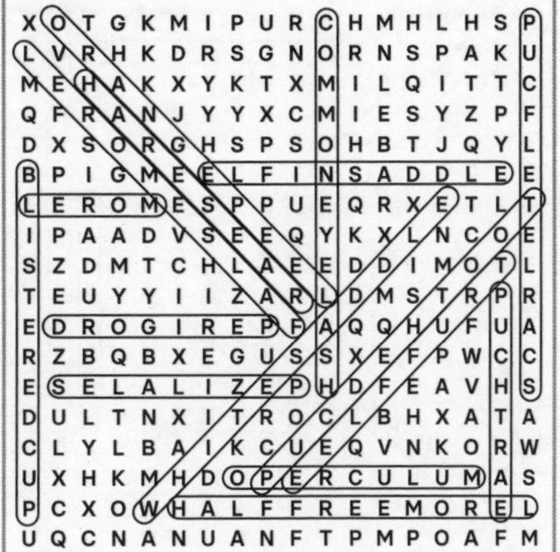

No. 91

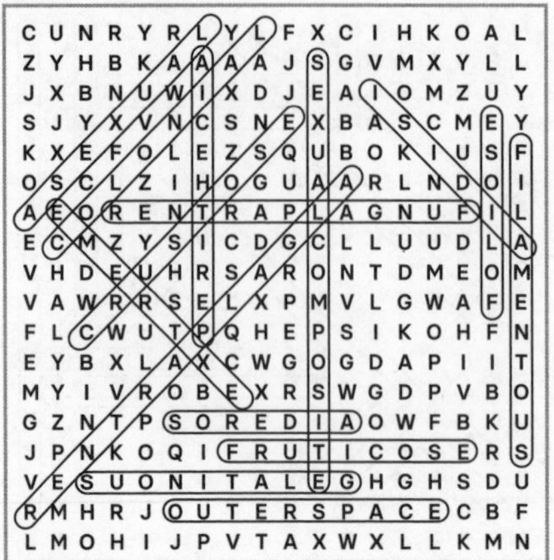

No. 92

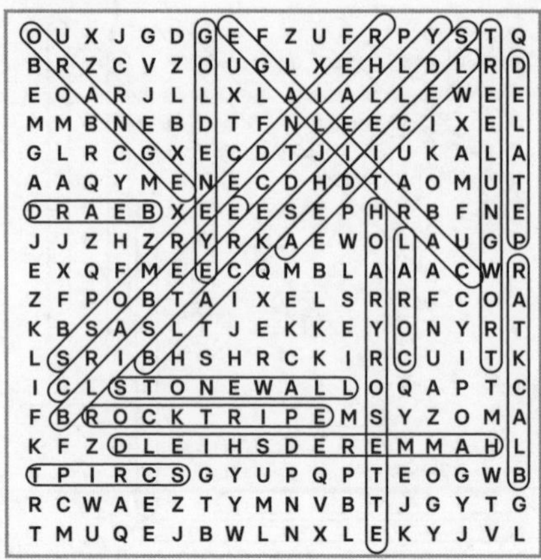

No. 93

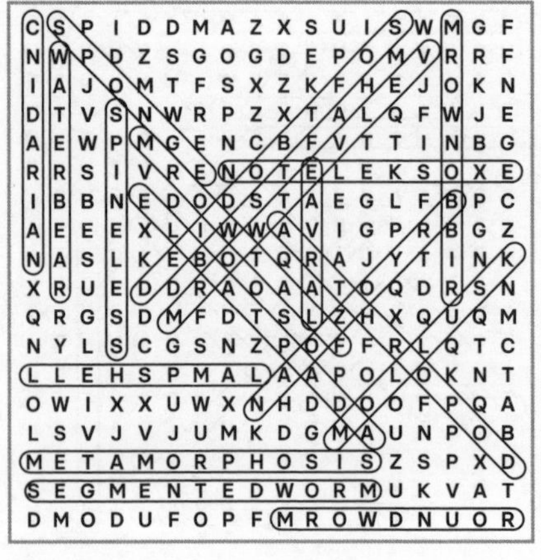

No. 94

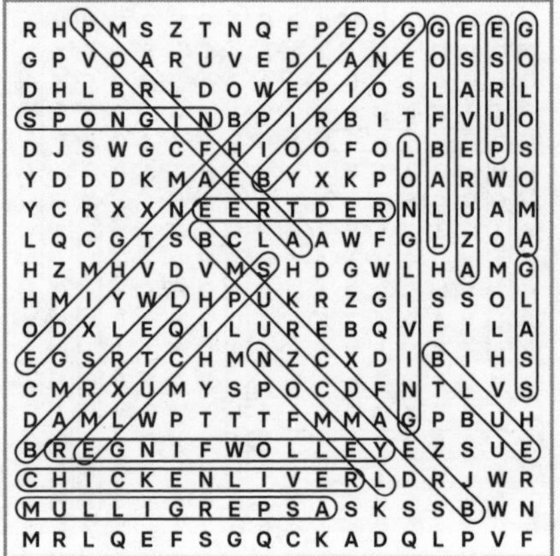

No. 95

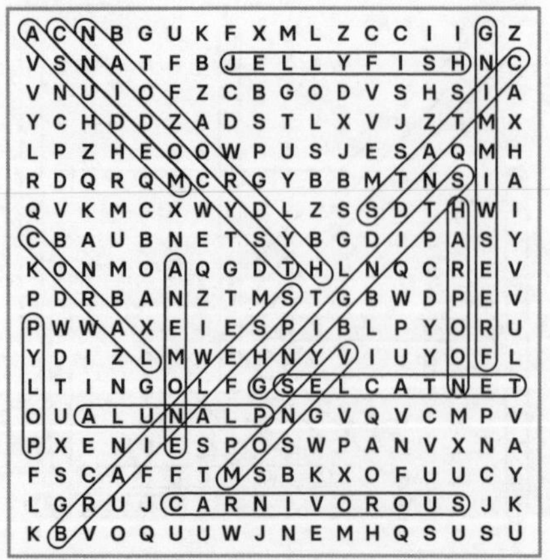

No. 96

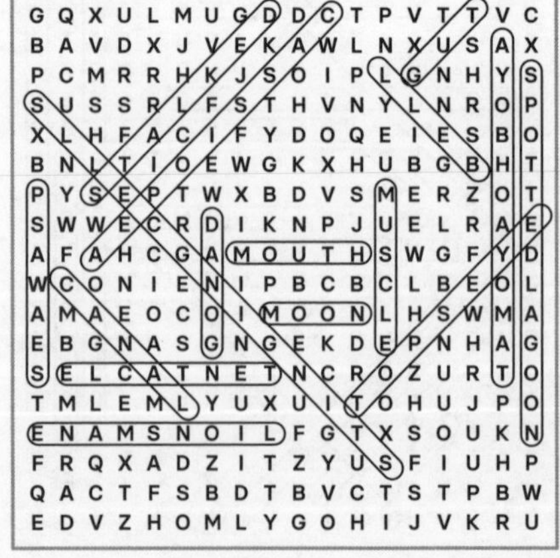

No. 97

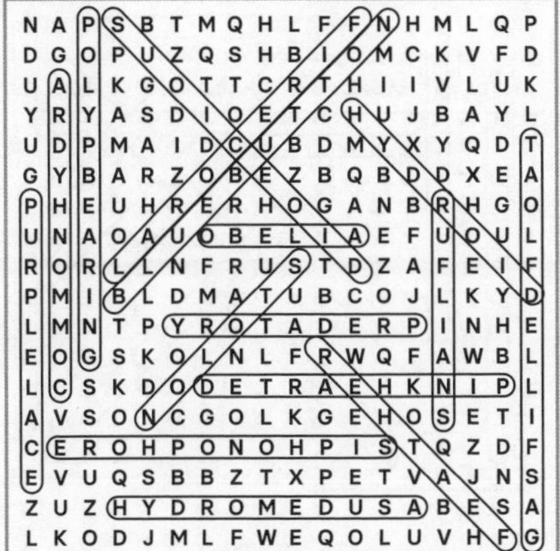

No. 98

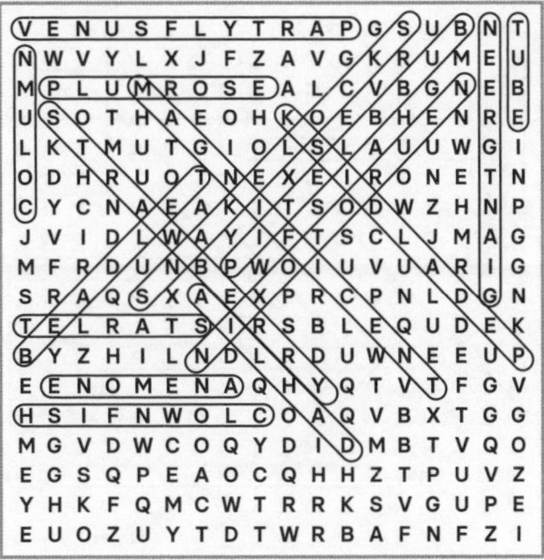

No. 99

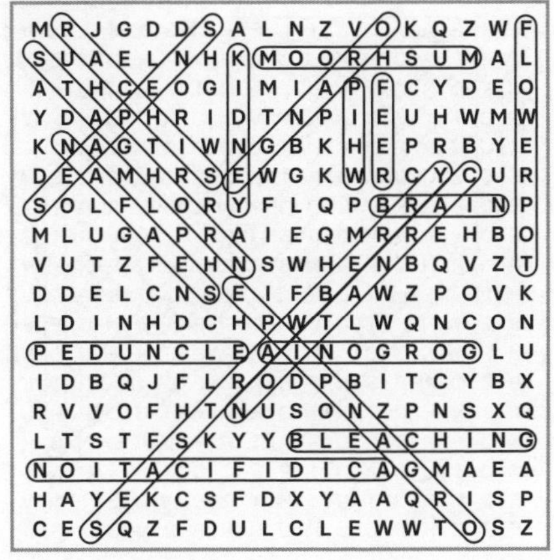

No. 100

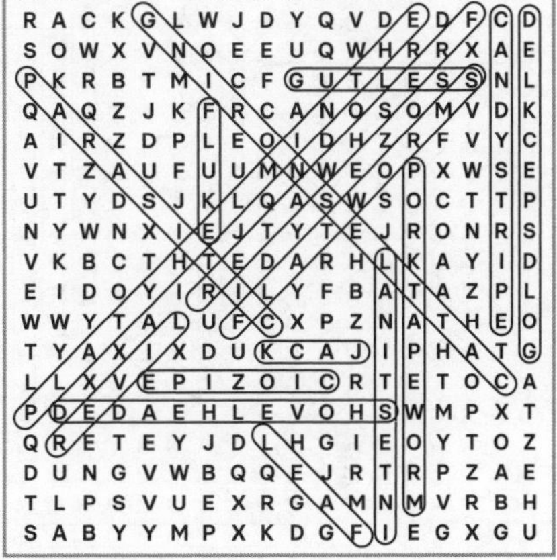

No. 101

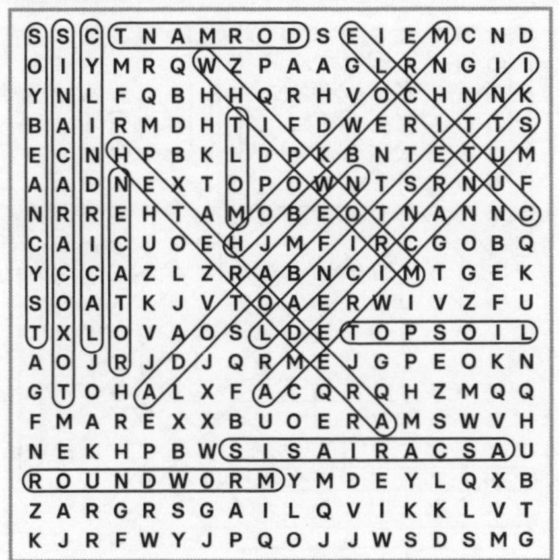

No. 102

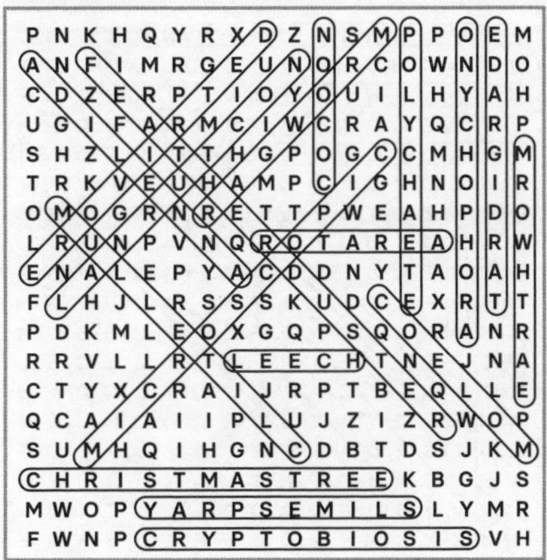

No. 103

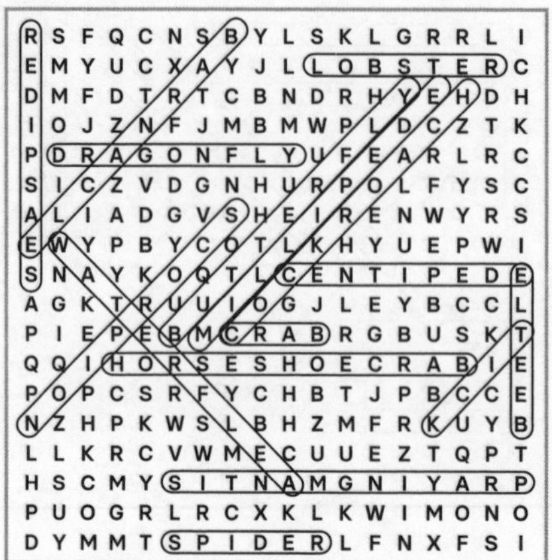

No. 104

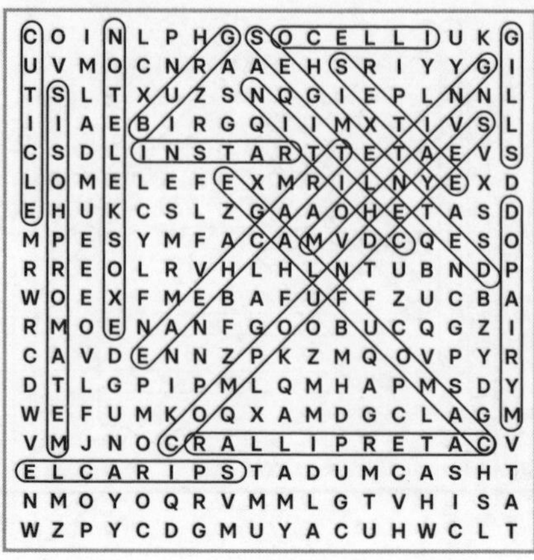

No. 105

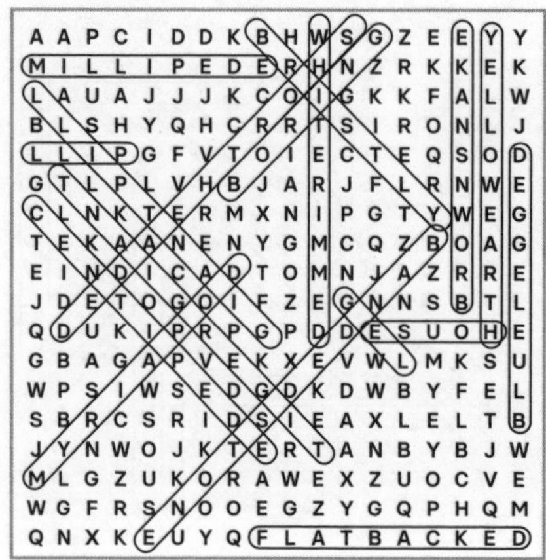

No. 106

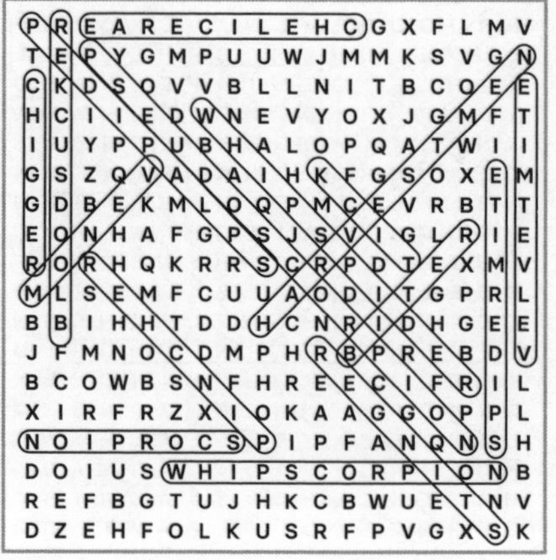

No. 107

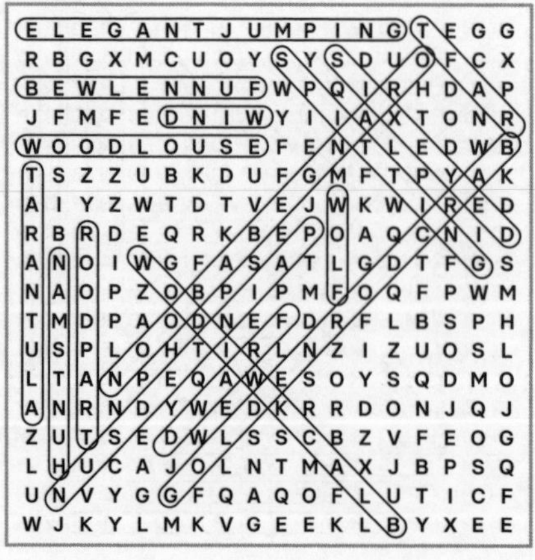

No. 108

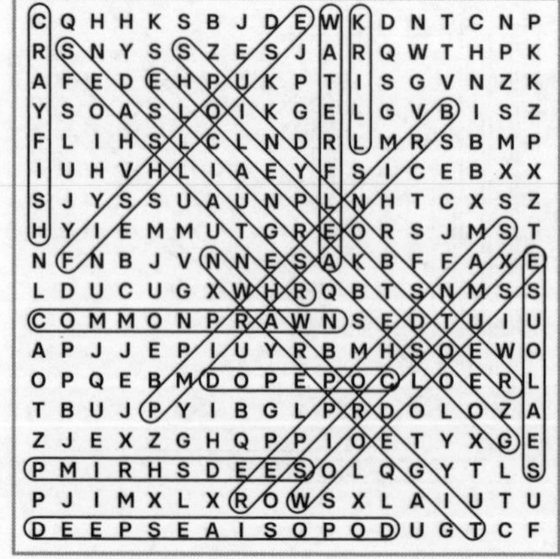

No. 109

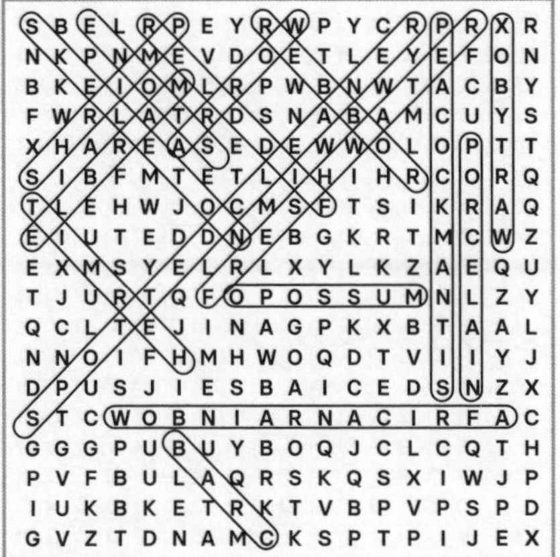

No. 110

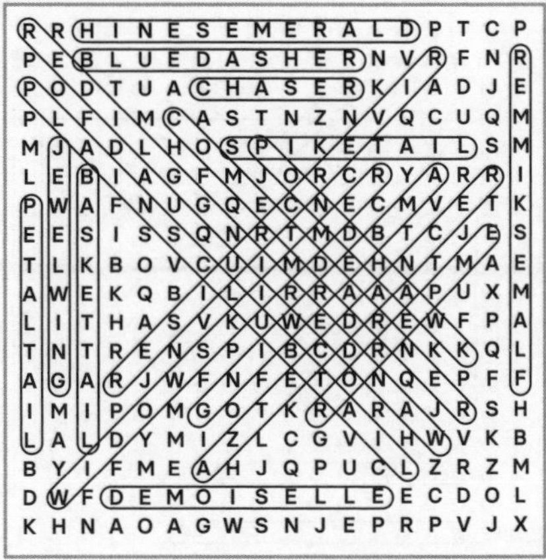

No. 111

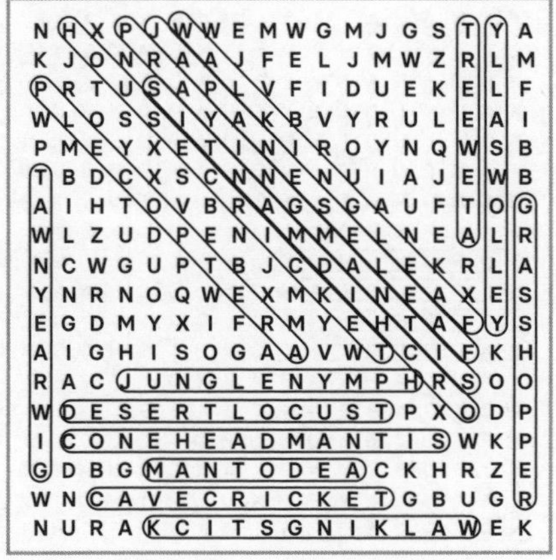

No. 112

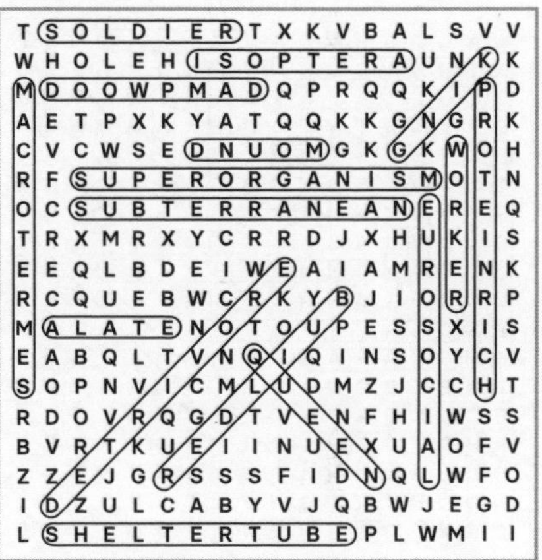

No. 113

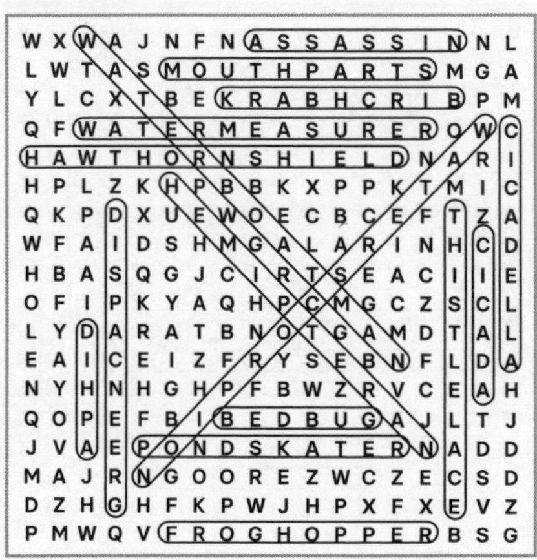

No. 114

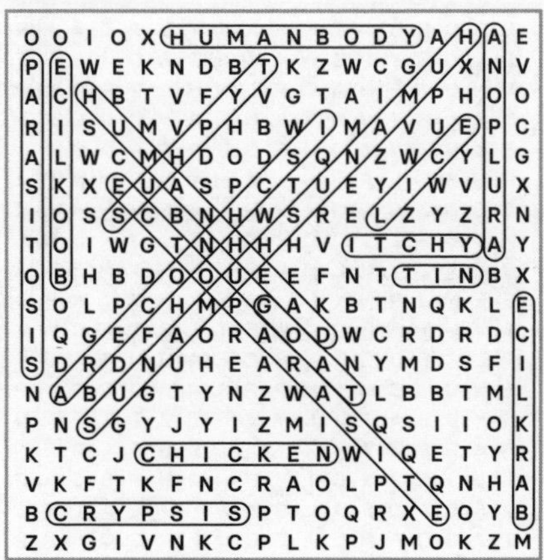

No. 115

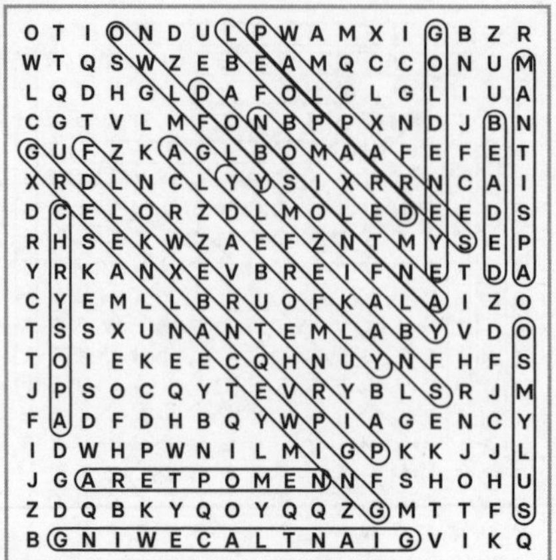

No. 116

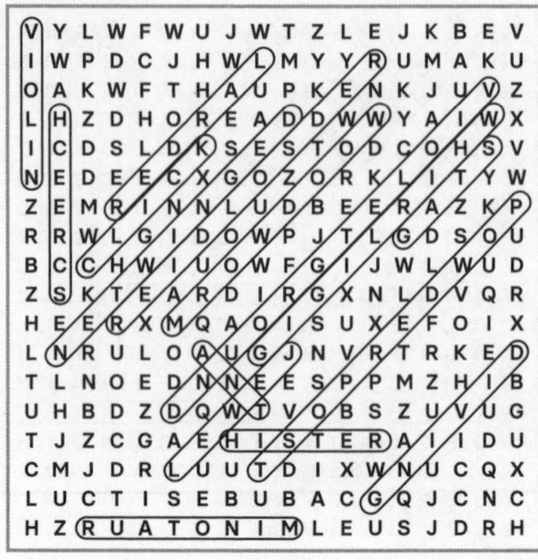

No. 117

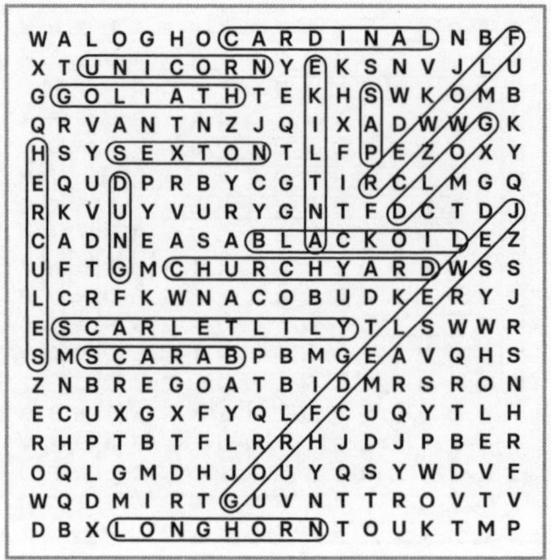

No. 118

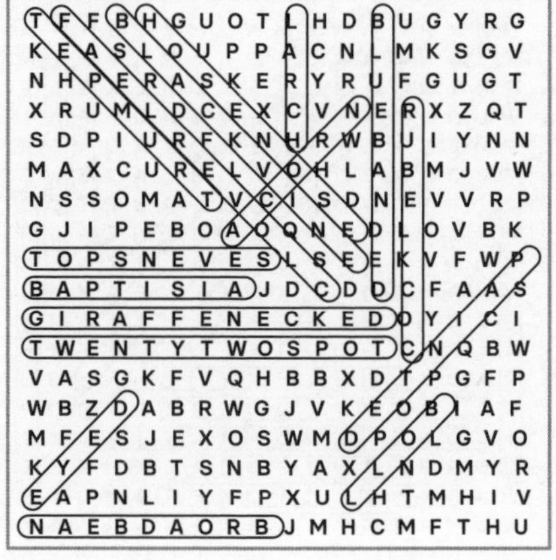

No. 119

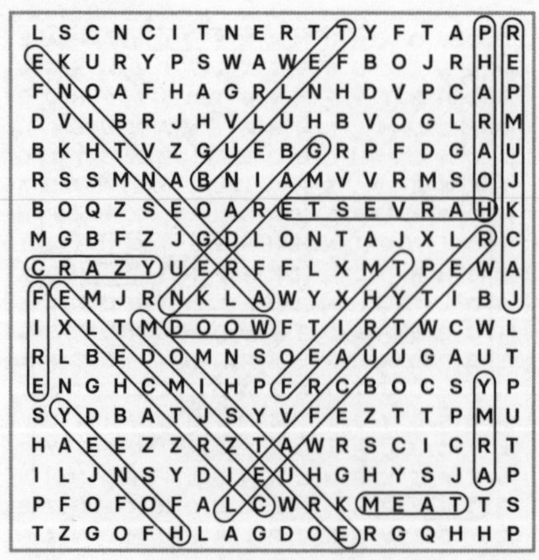

No. 120

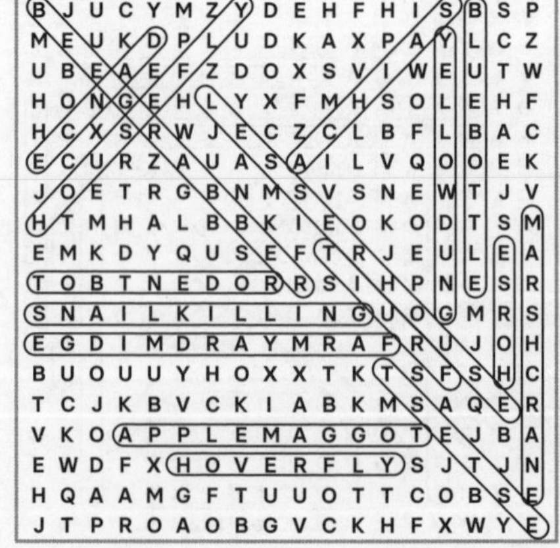

No. 121

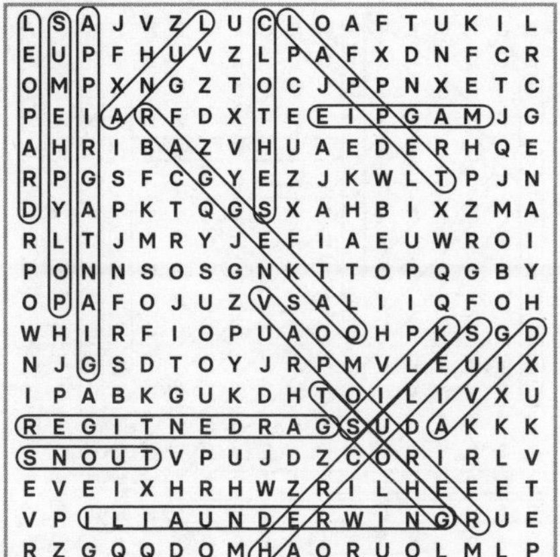

No. 122

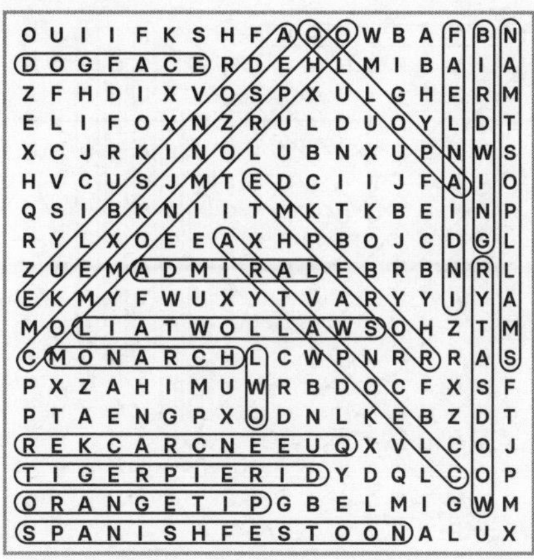

No. 123

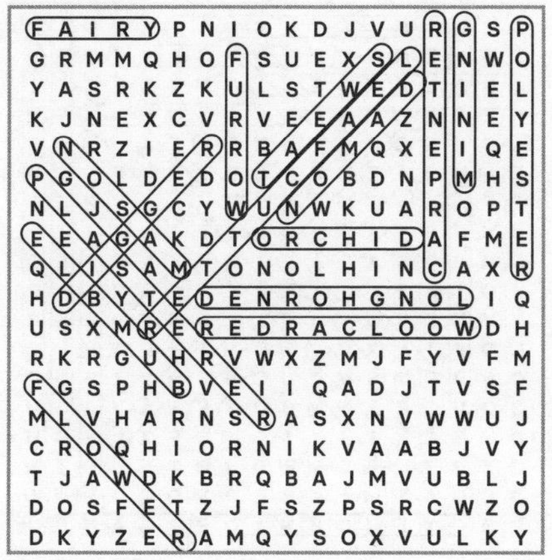

No. 124

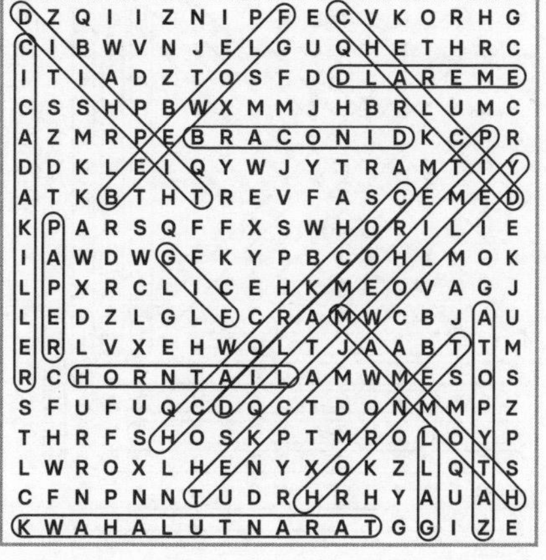

No. 125

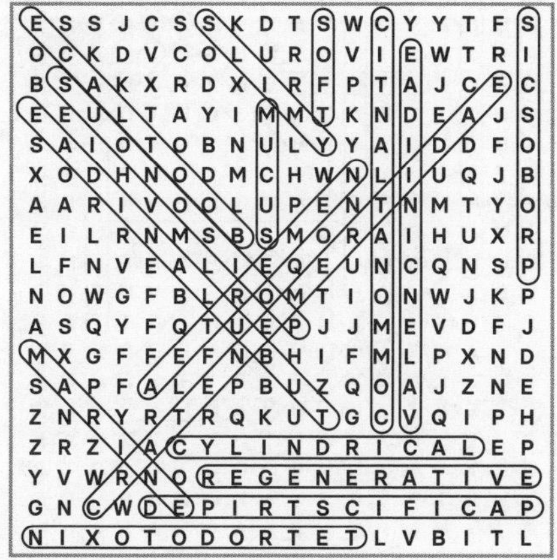

No. 126

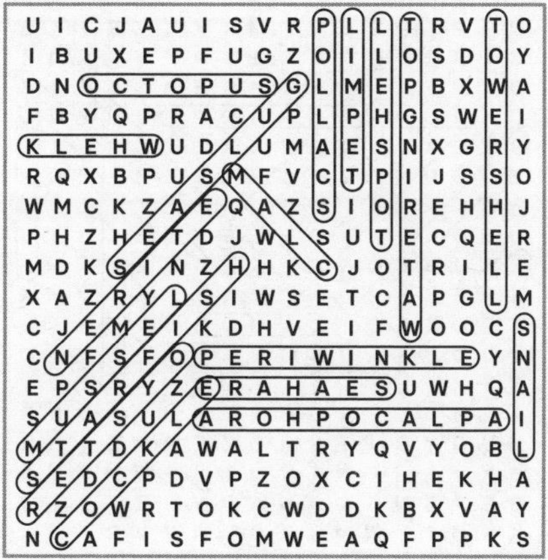

No. 127

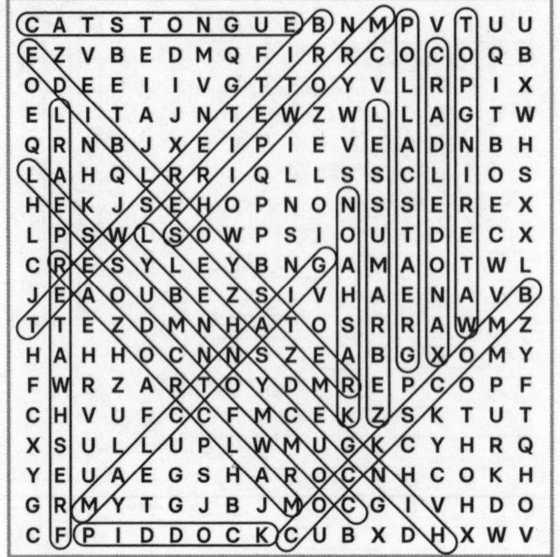

No. 128

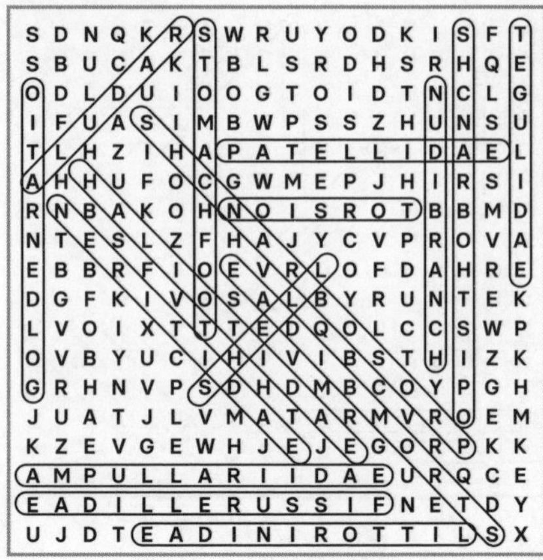

No. 129

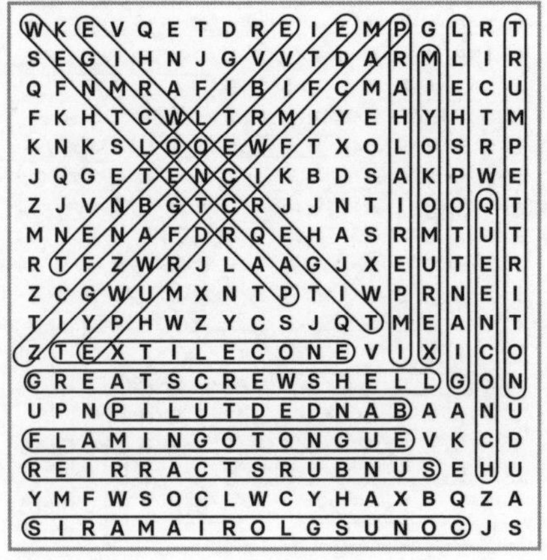

No. 130

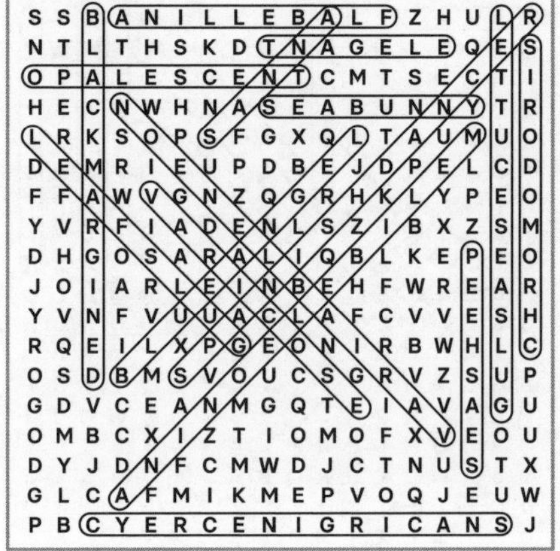

No. 131

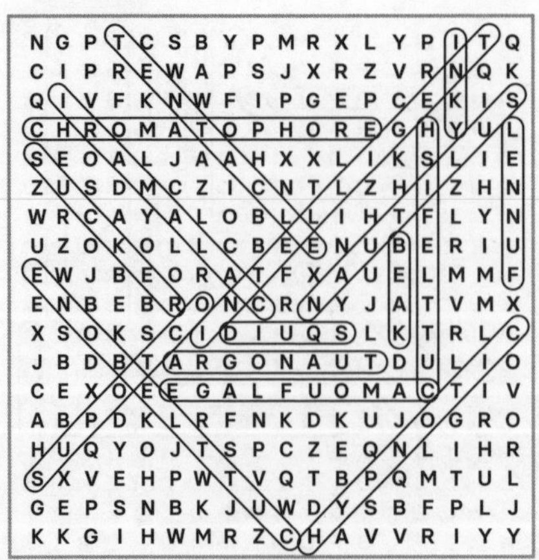

No. 132

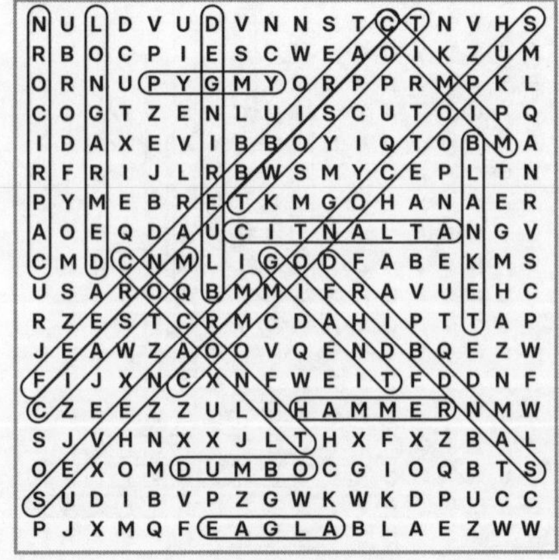

No. 133

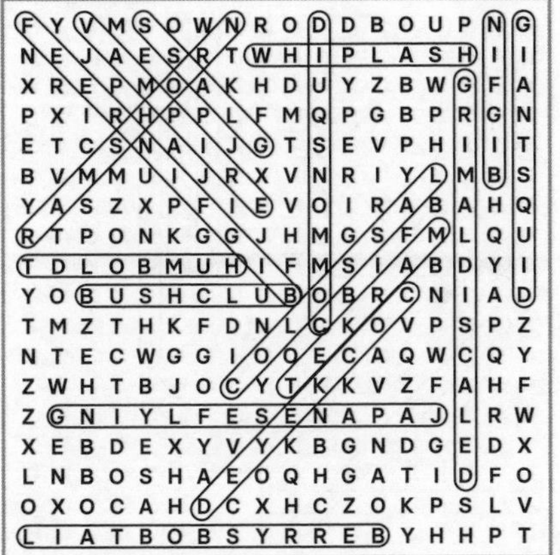

No. 134

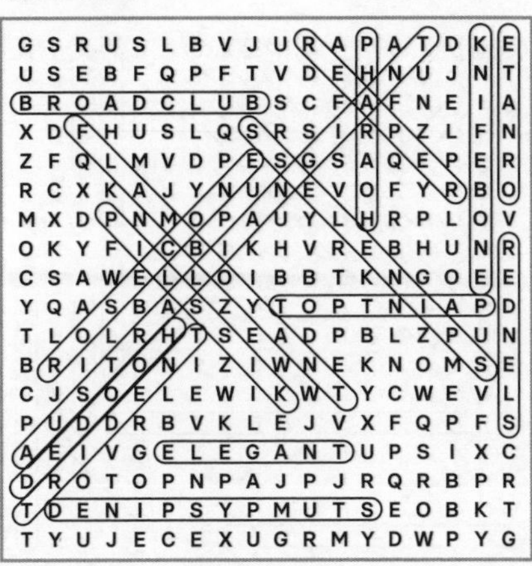

No. 135

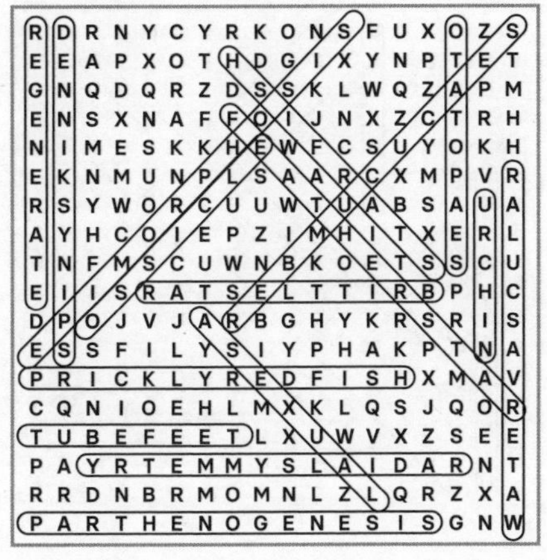

No. 136

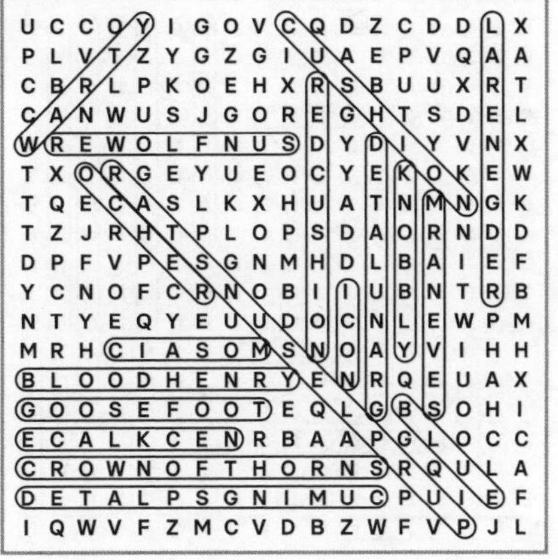

No. 137

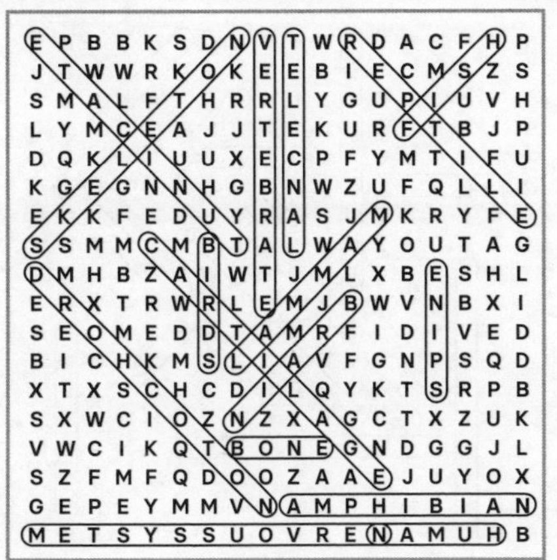

No. 138

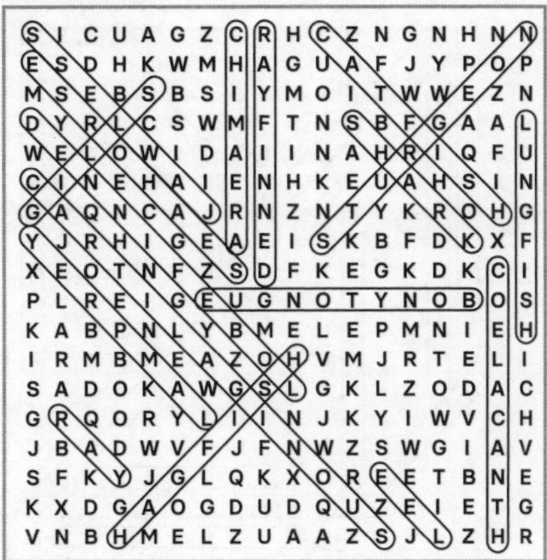

No. 139

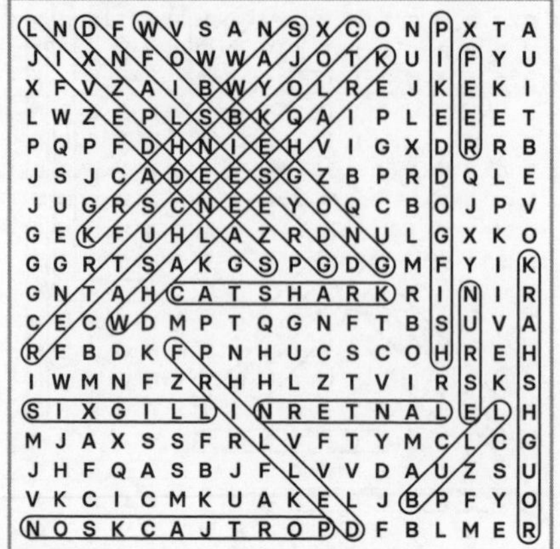

No. 140

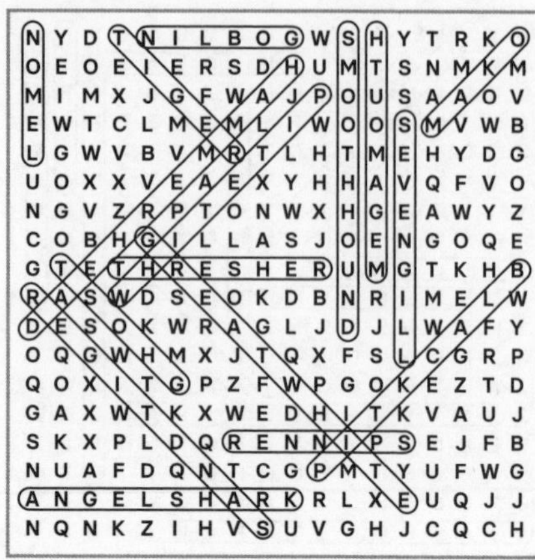

No. 141

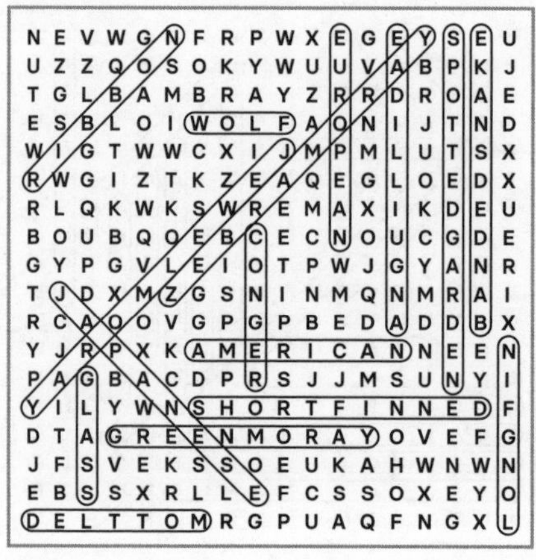

No. 142

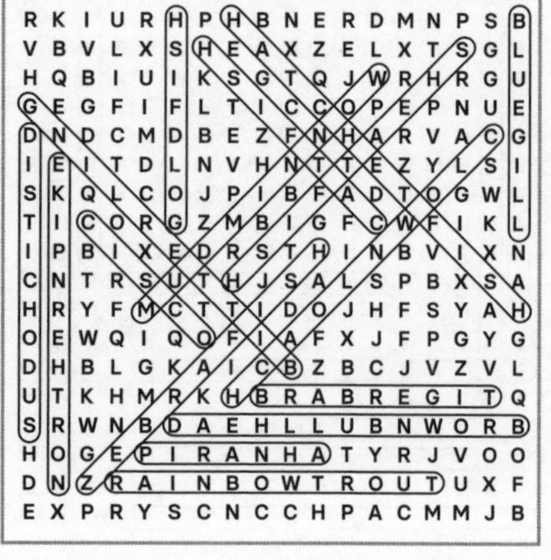

No. 143

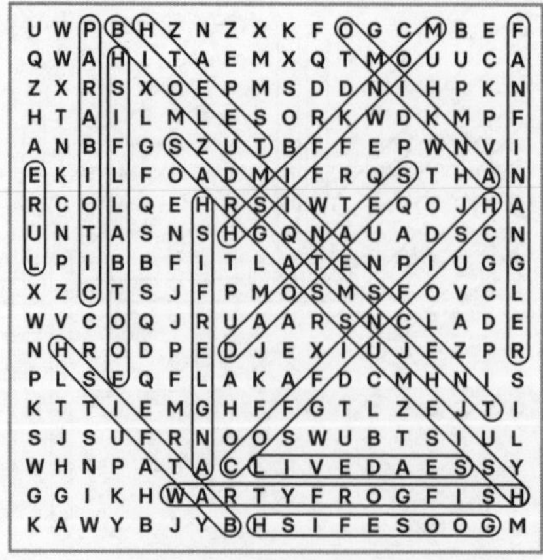

No. 144

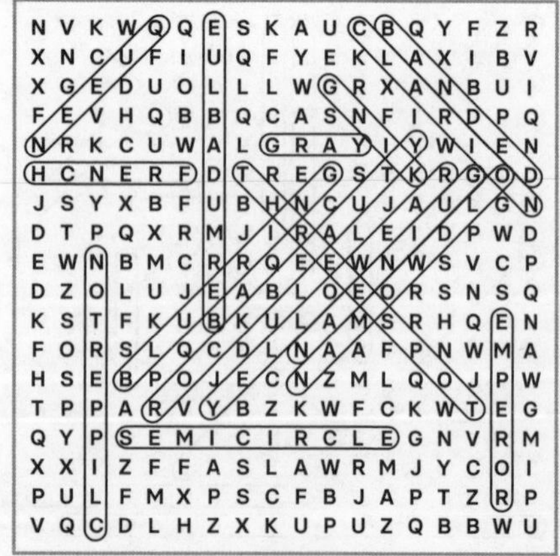

No. 145

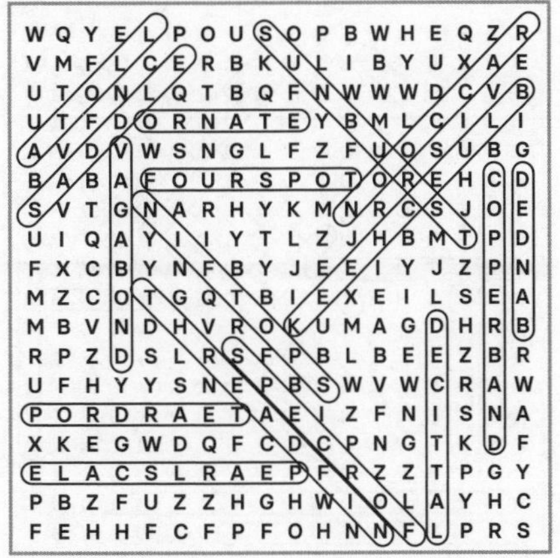

No. 146

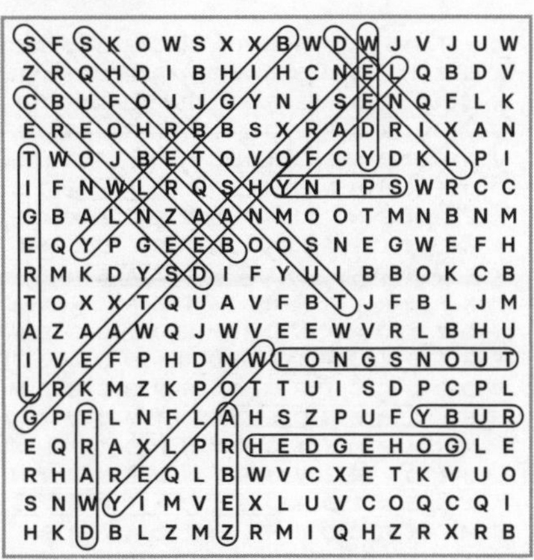

No. 147

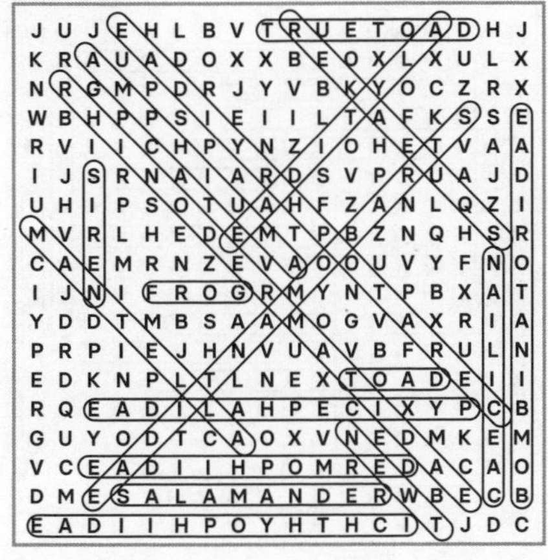

No. 148

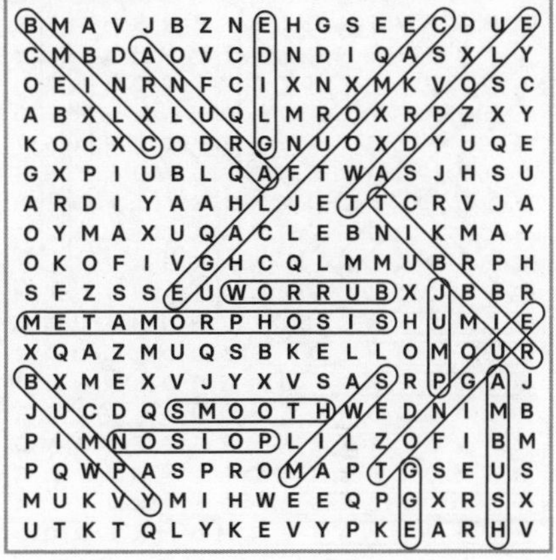

No. 149

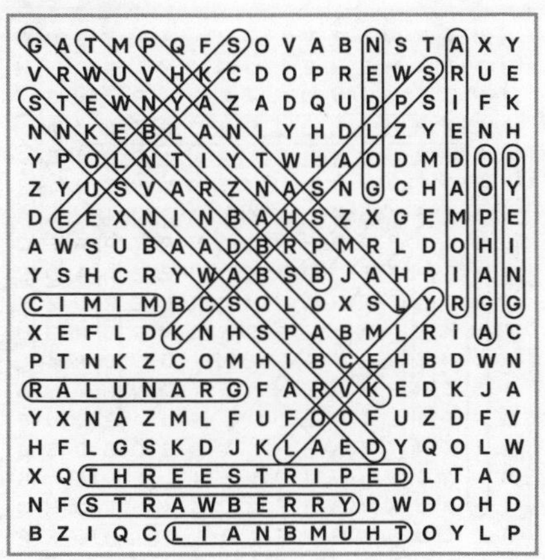

No. 150

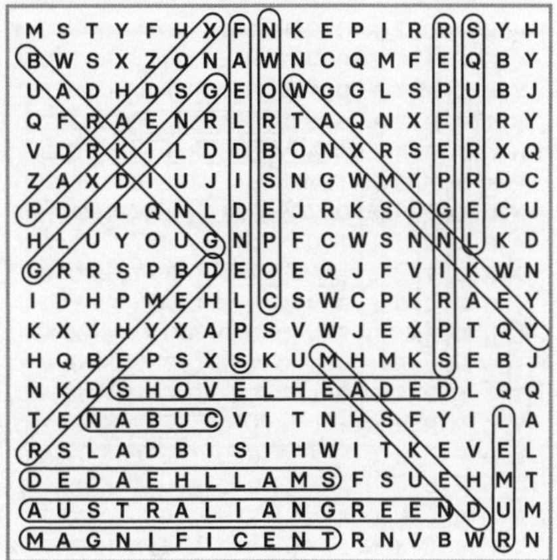

No. 151

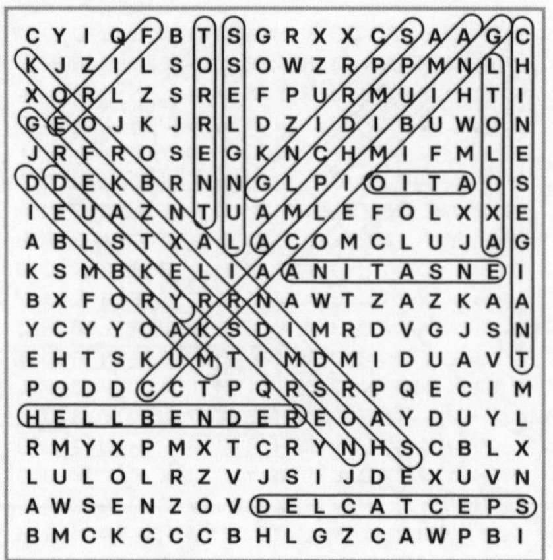

No. 152

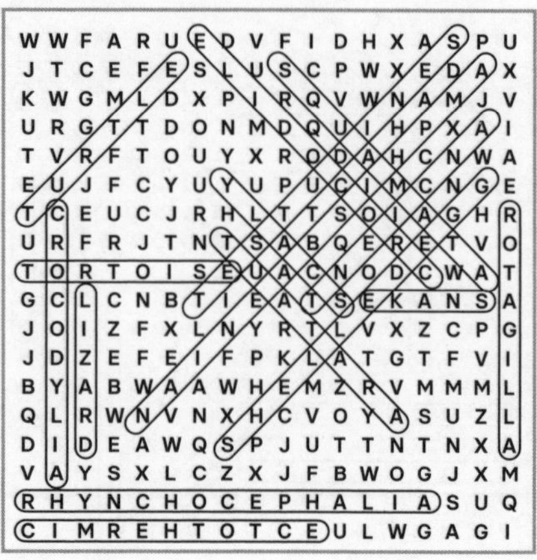

No. 153

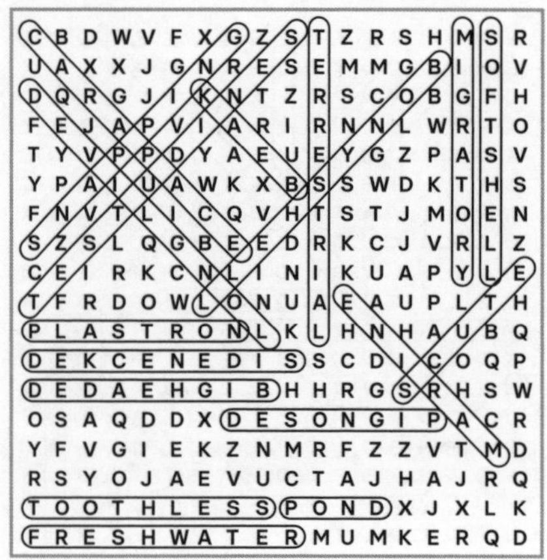

No. 154

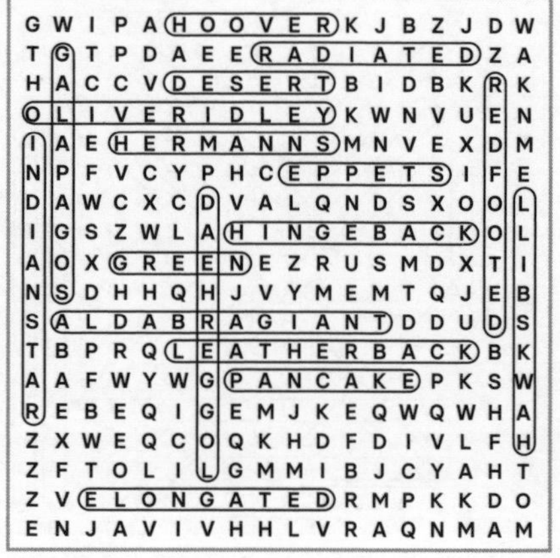

No. 155

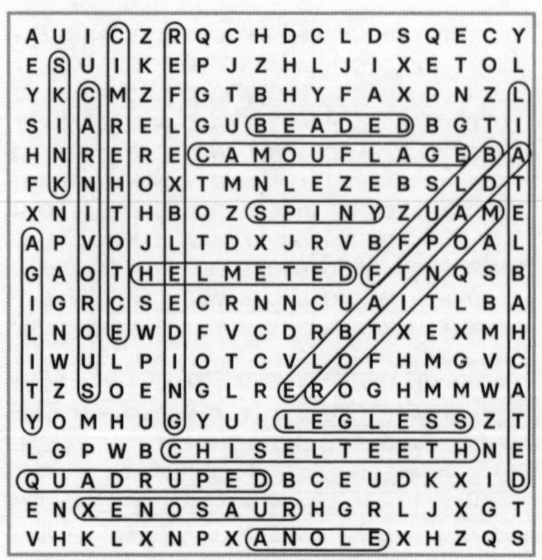

No. 156

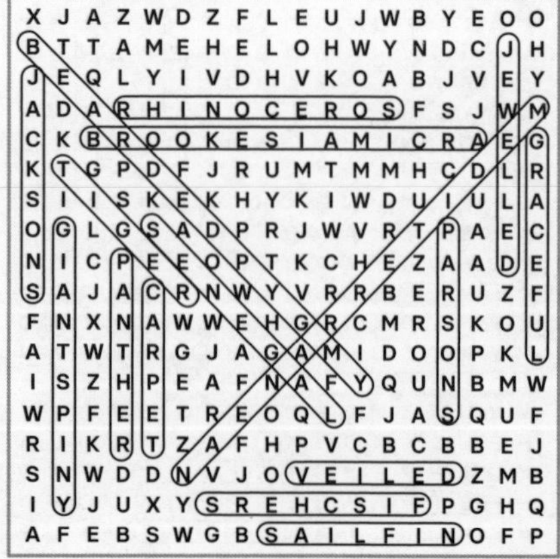

No. 157

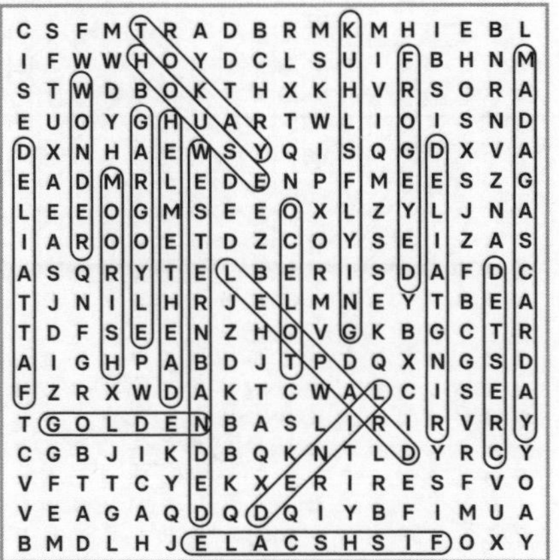

No. 158

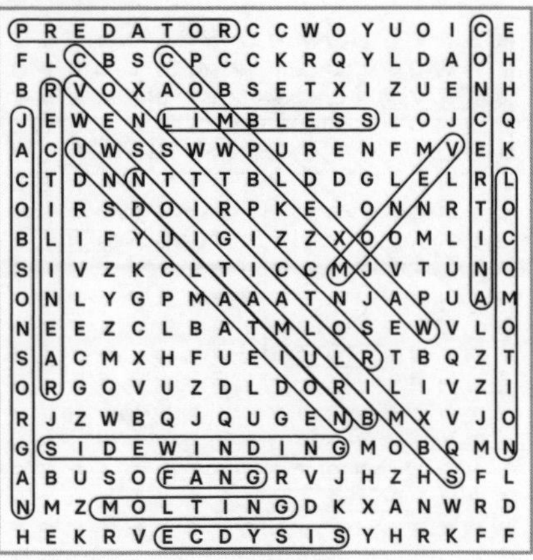

No. 159

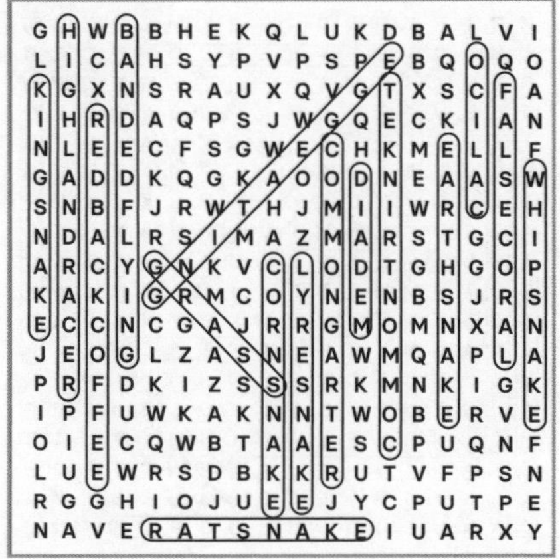

No. 160

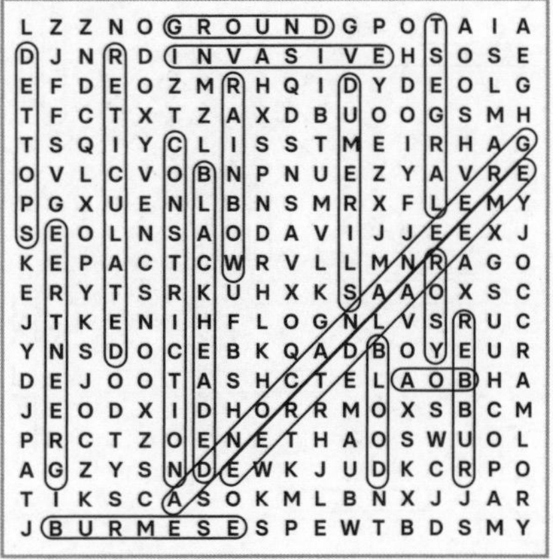

No. 161

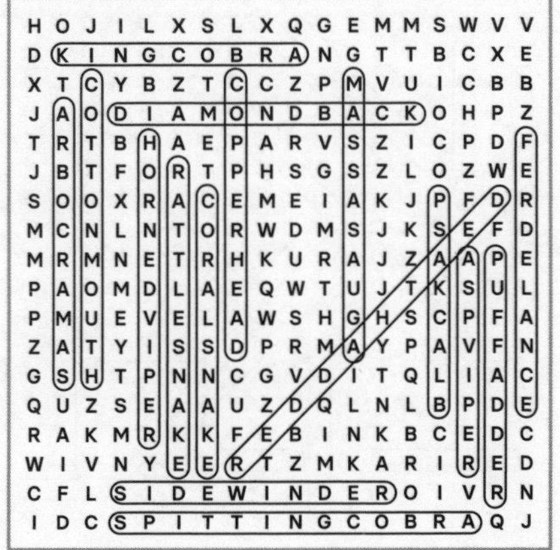

No. 162

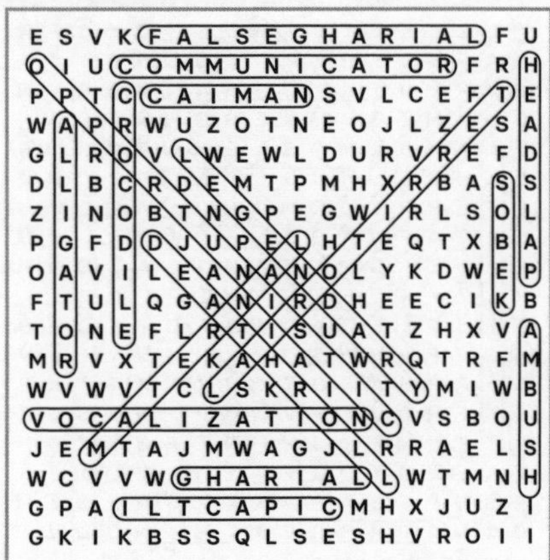

No. 163

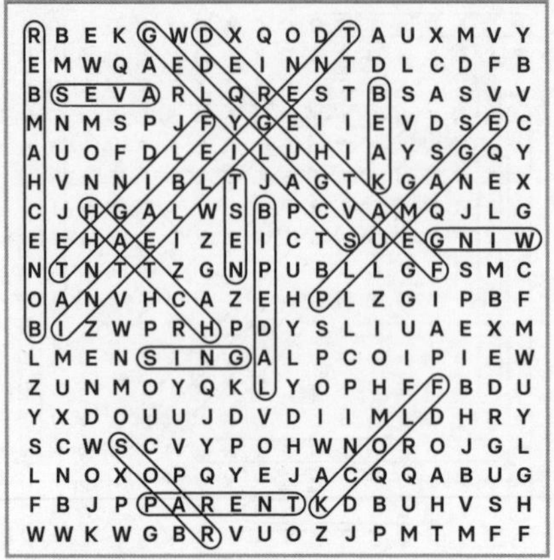

No. 164

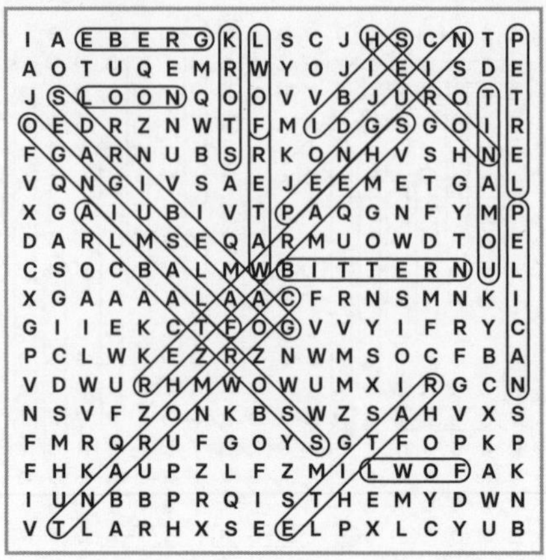

No. 165

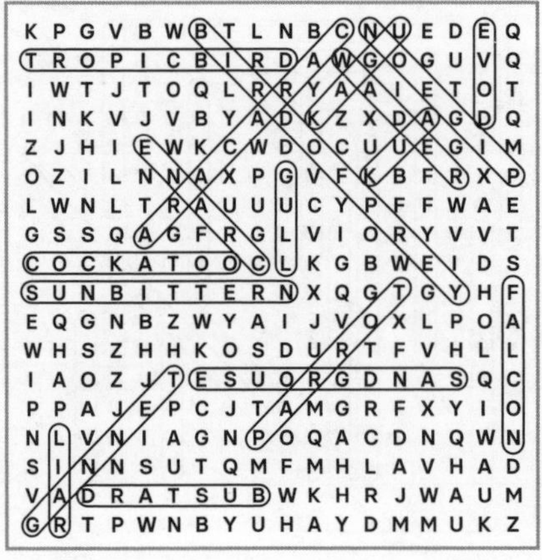

No. 166

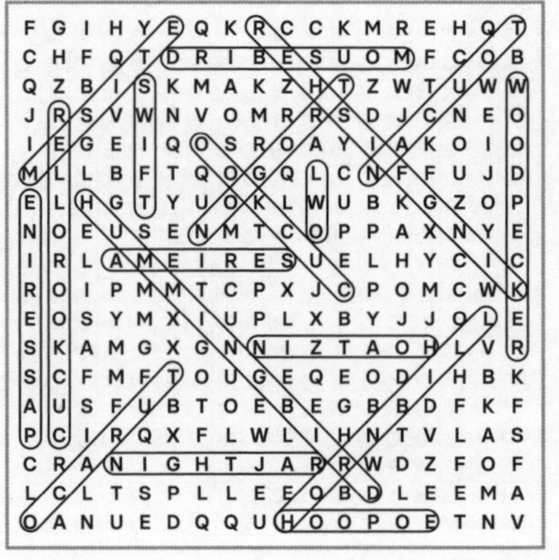

No. 167

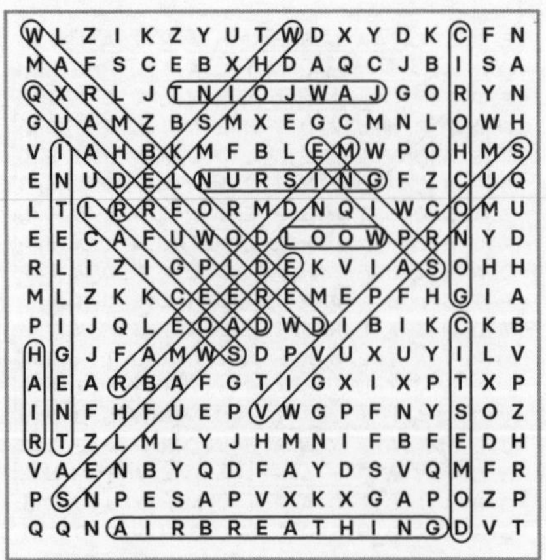

No. 168

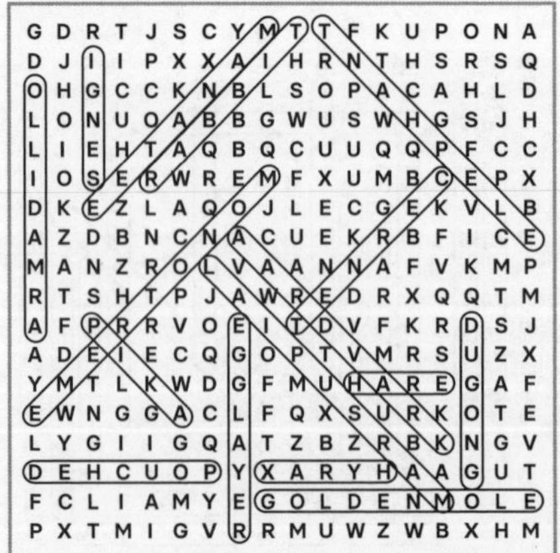

No. 169

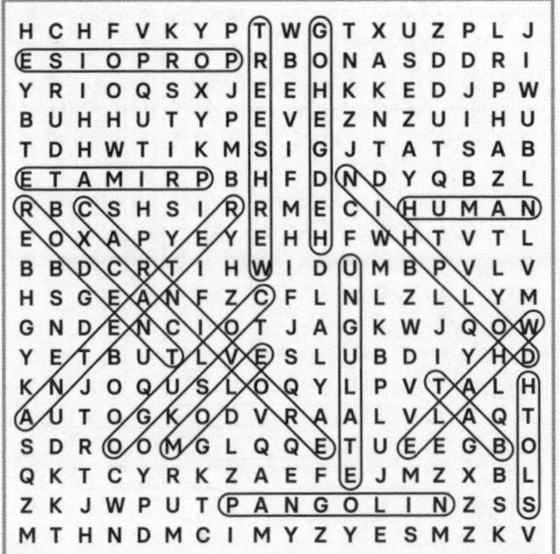

No. 170

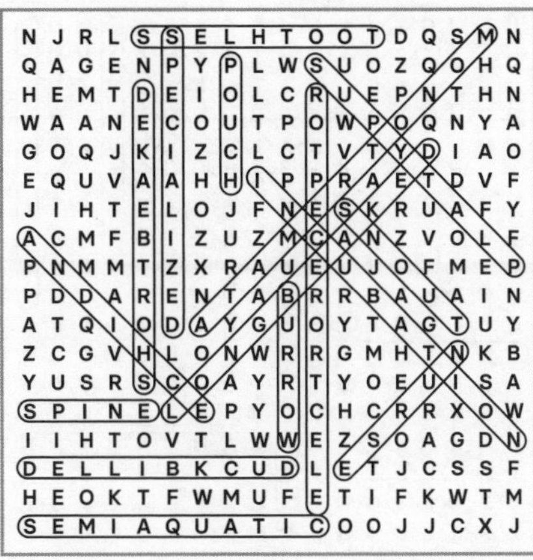

No. 171

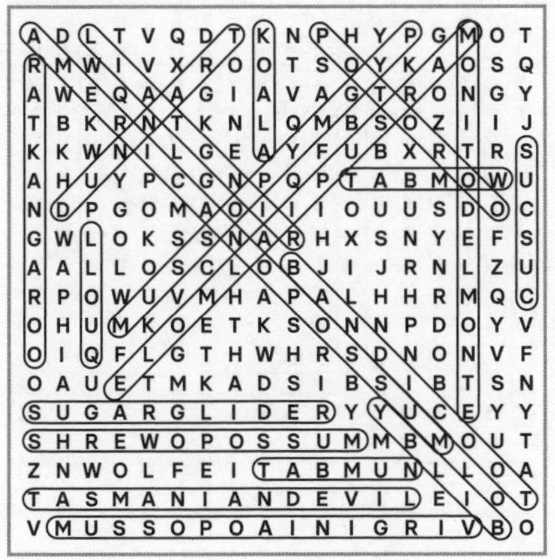

No. 172

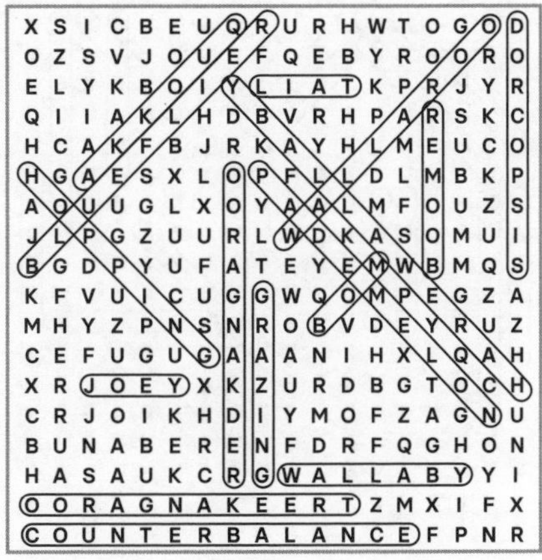

No. 173

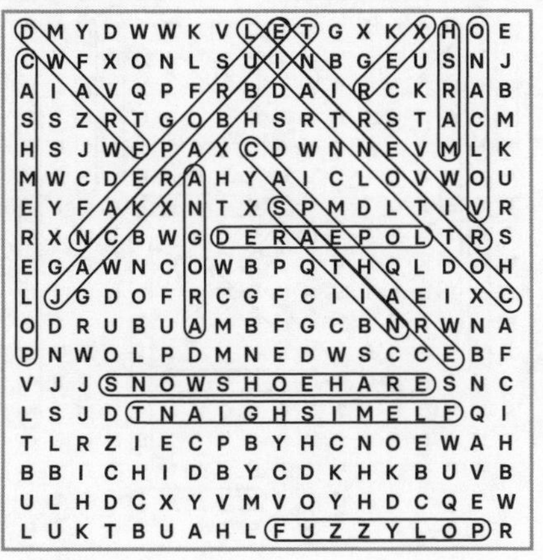

No. 174

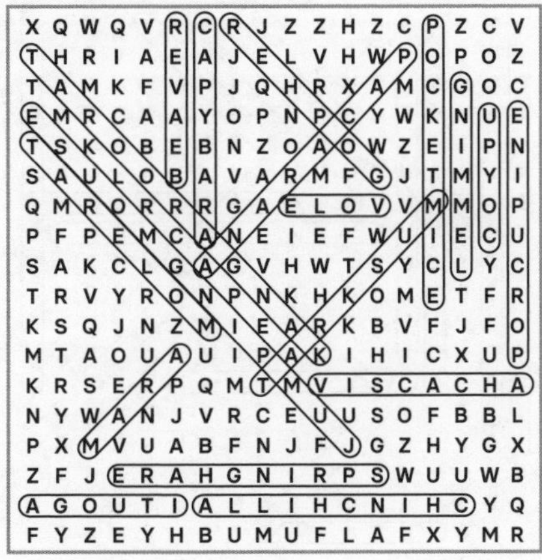

No. 175

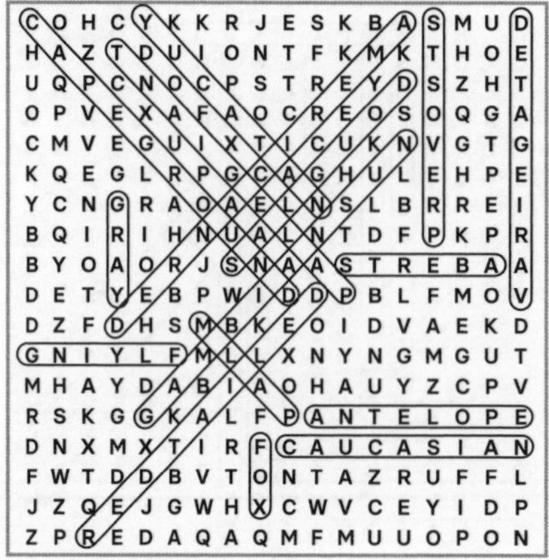

No. 176

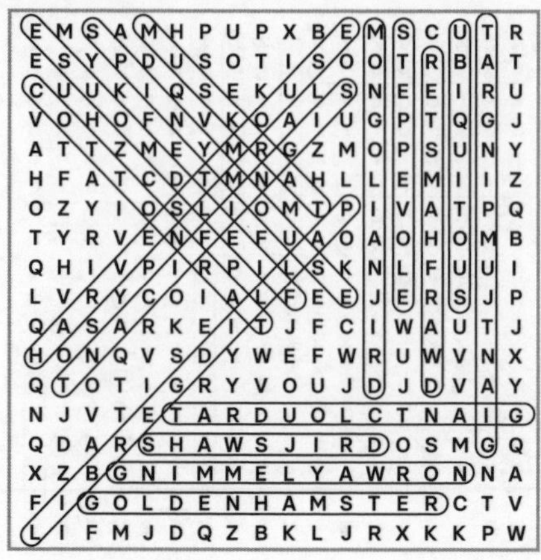

No. 177

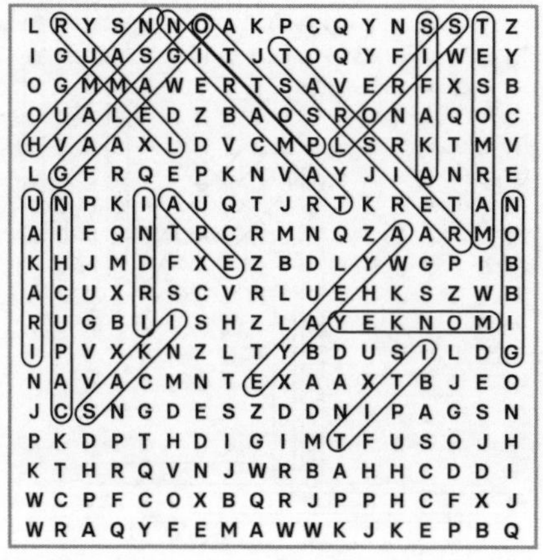

No. 178

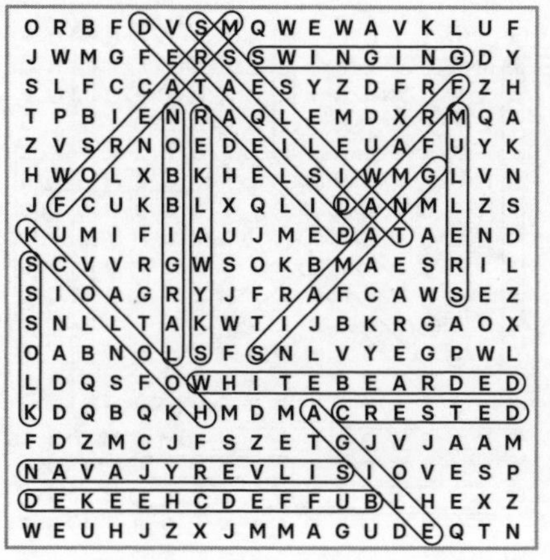

No. 179

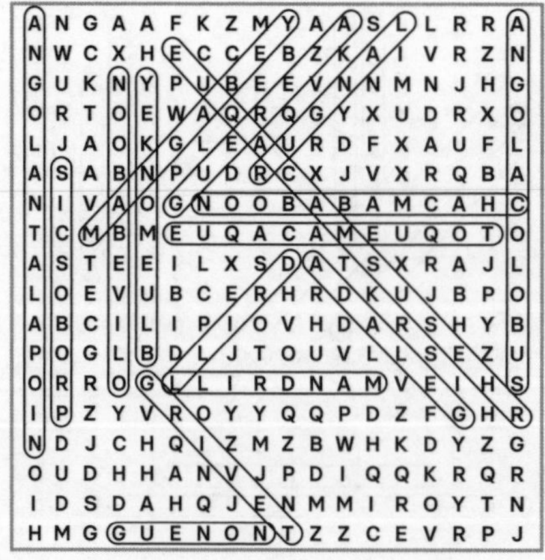

No. 180

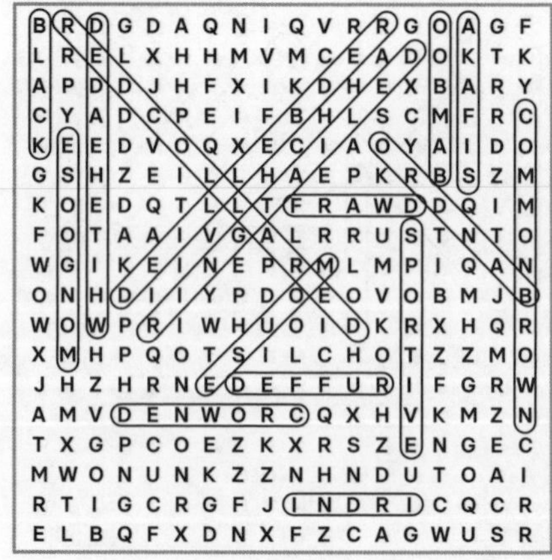

No. 181

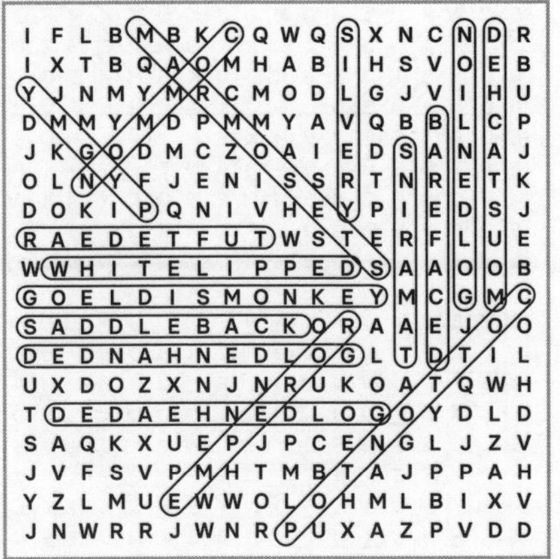

No. 182

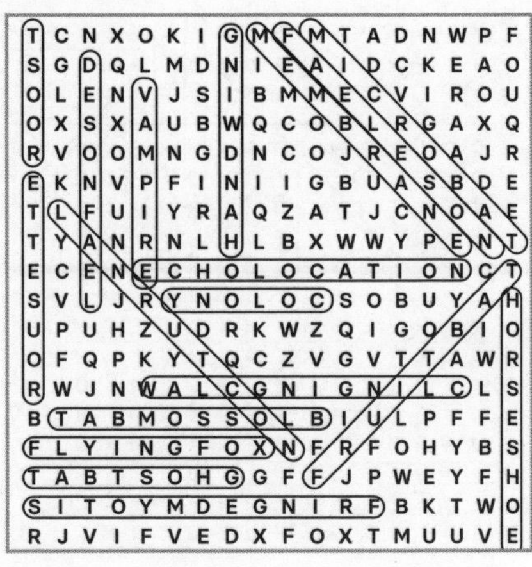

No. 183

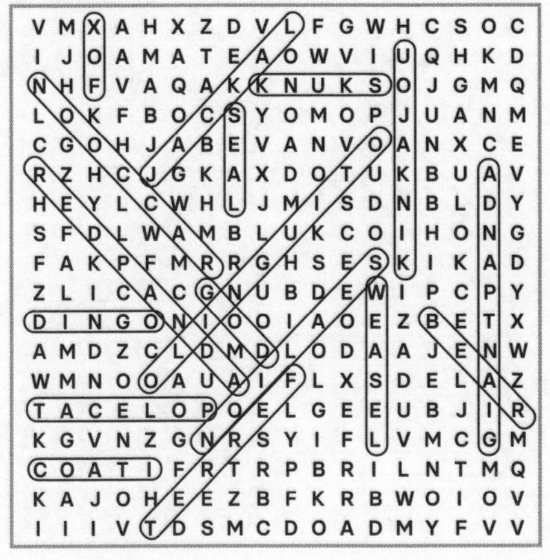

No. 184

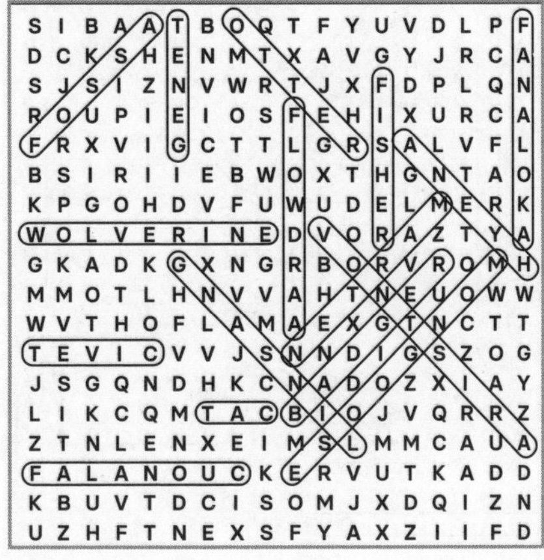

No. 185

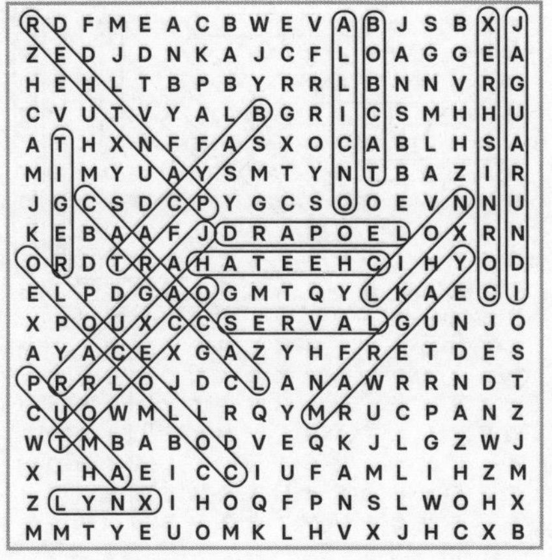

No. 186

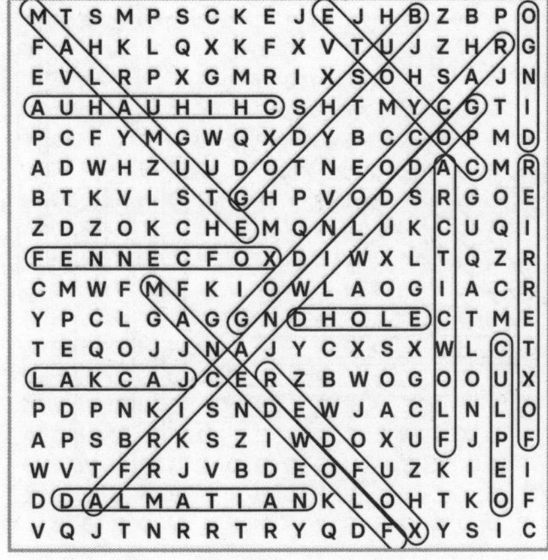

No. 187

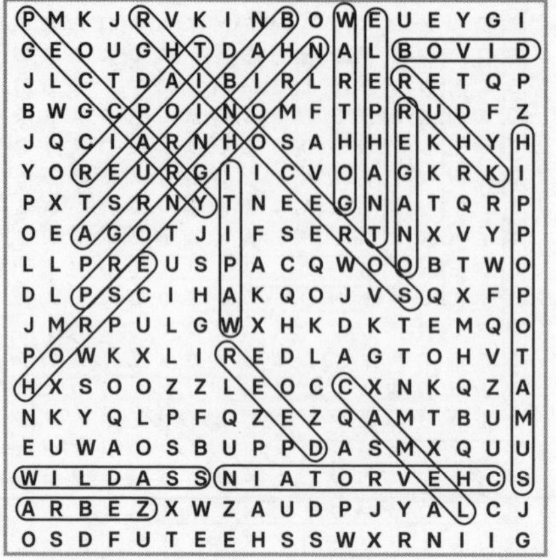

No. 188

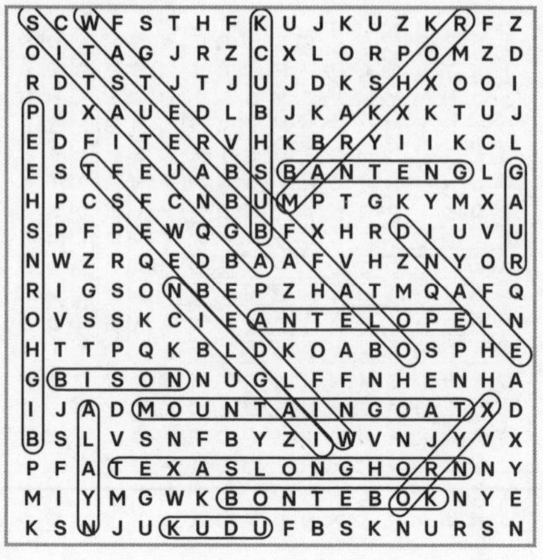

No. 189

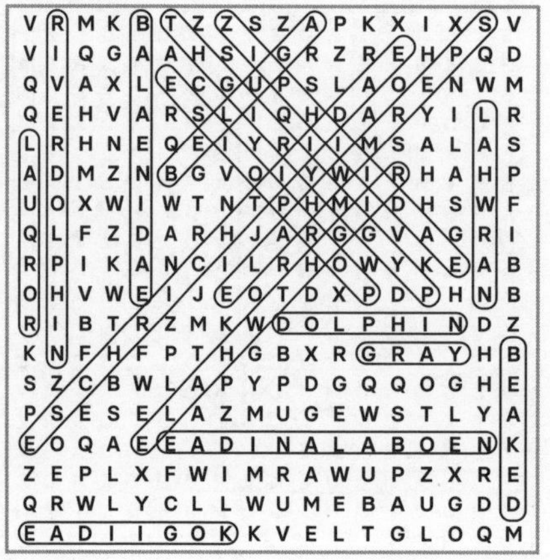

No. 190

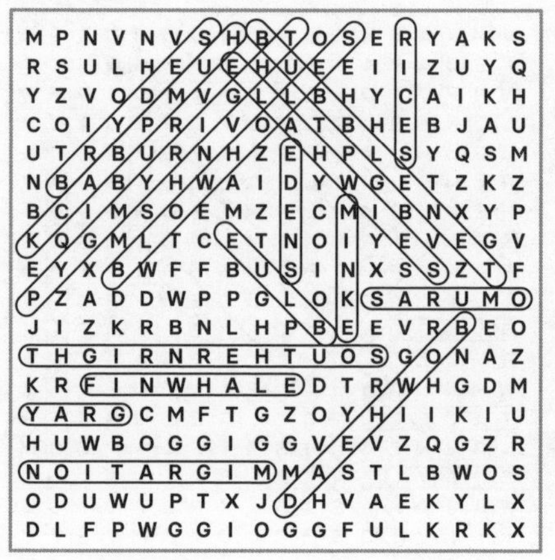

No. 191

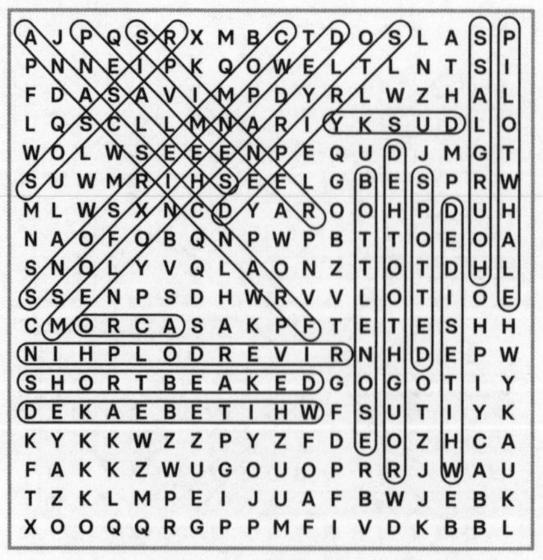

No. 192

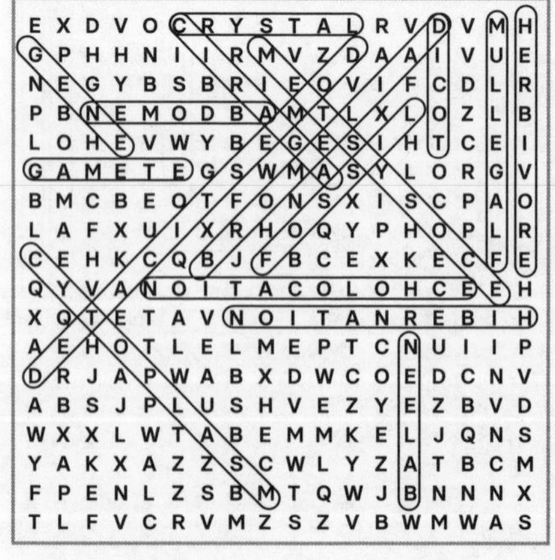

No. 193

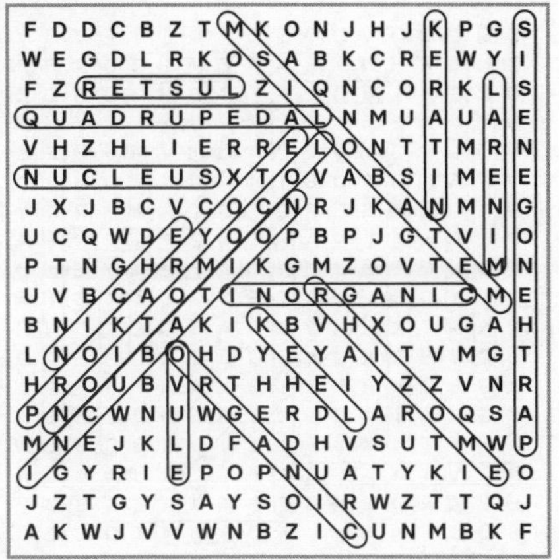

No. 194

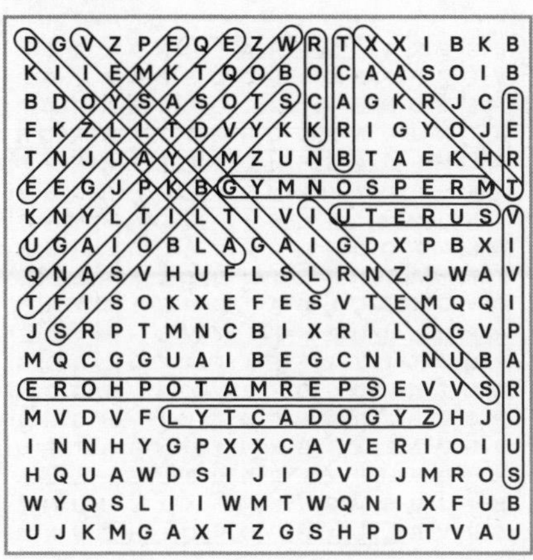

No. 195

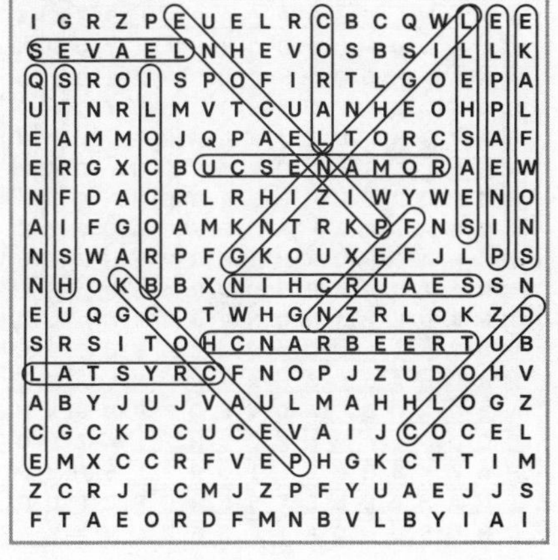

No. 196

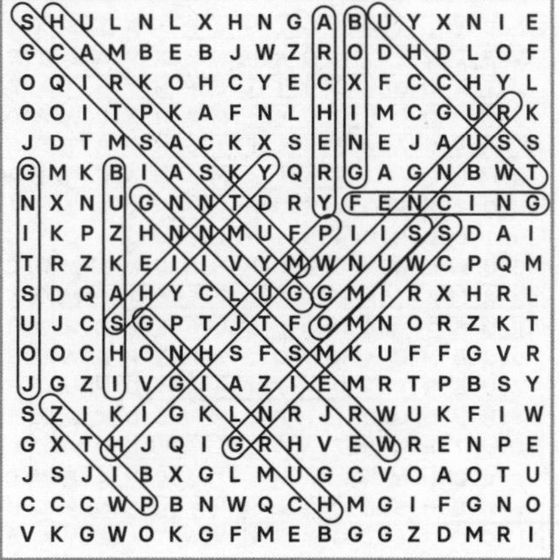

No. 197

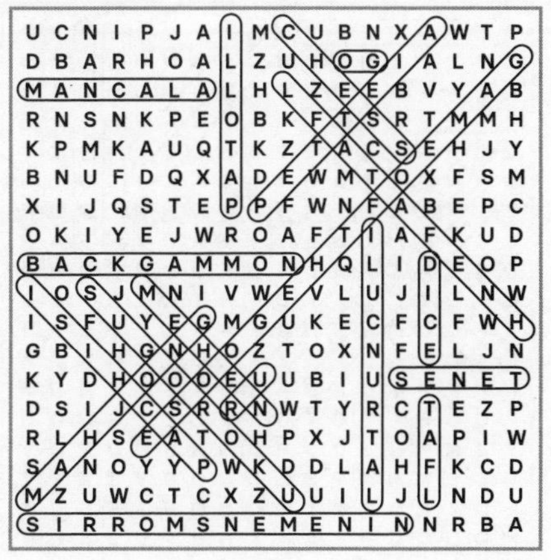

No. 198

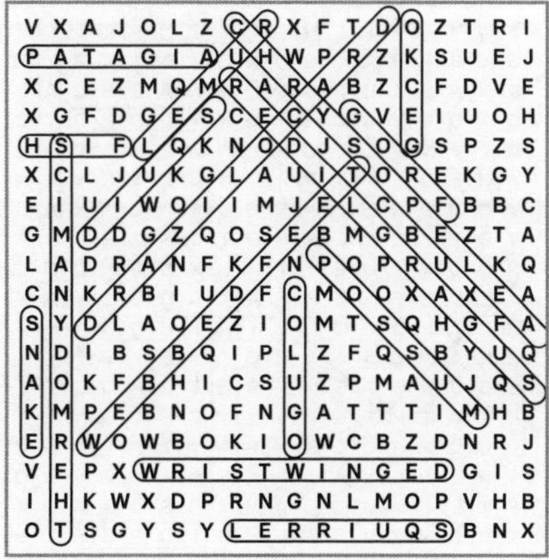

No. 199

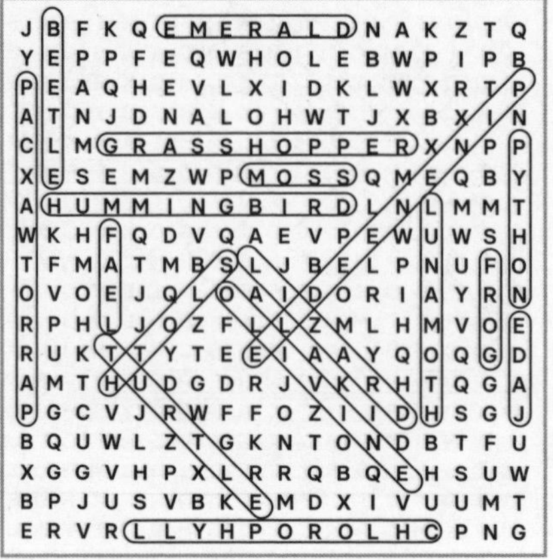

No. 200

No. 201

No. 202

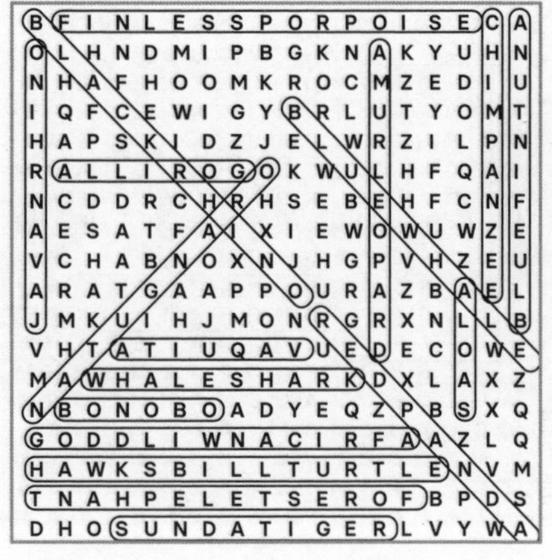

No. 203

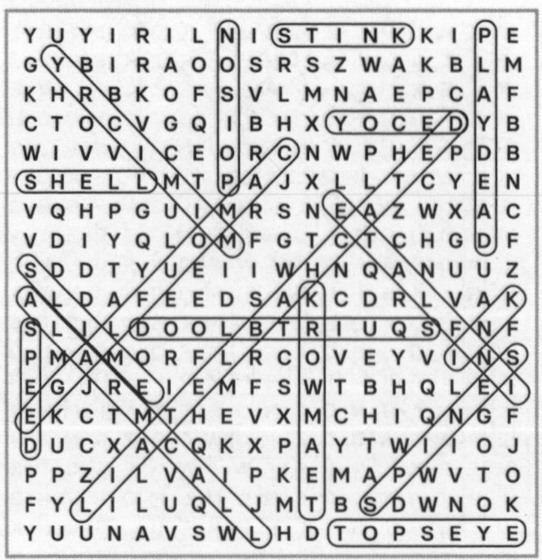

No. 204

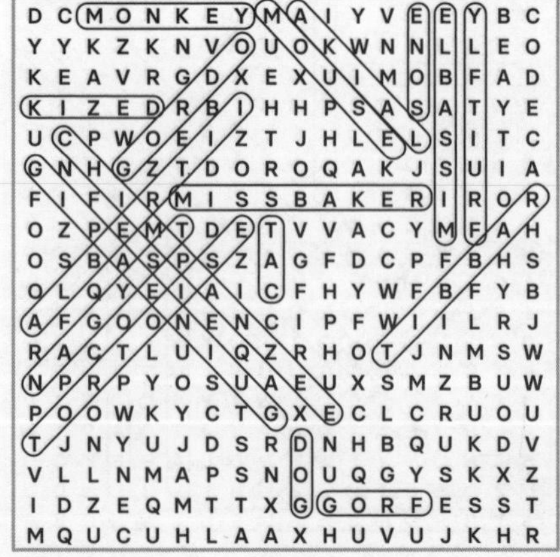